寒区冻土工程随机热力分析

王　涛　周国庆　王建州　陈　拓　著

科学出版社
北　京

内 容 简 介

本书是一本关于寒区冻土工程随机热力分析的专著，介绍了作者在该领域的研究成果。全书共分6章：第1章介绍了冻土工程随机热力特性研究意义和现状；第2章建立了冻土土性参数随机场描述方法，提出了实用性更广的三角形单元局部平均法；第3章介绍了冻土工程温度场随机有限元分析方法及程序开发原理；第4章推导了冻土本构模型，讨论了模型计算程序的数值实现过程；第5章考虑随机温度对冻土区土体基本力学参数的强烈决定作用，在第3、4章的基础上阐述了冻土工程变形场随机有限元分析方法；第6章基于所构建的随机温度场与变形场模型，分别对寒区的路基工程、管线工程和塔基工程的随机温度场、随机变形场及可靠性进行计算与分析。

本书可作为土木工程、工程地质相关领域的广大科学技术人员和高校师生的参考书。

图书在版编目(CIP)数据

寒区冻土工程随机热力分析/王涛等著. —北京：科学出版社，2016.12

ISBN 978-7-03- 050998 -7

Ⅰ. ①寒…　Ⅱ. ①王…　Ⅲ. ①冻土区-岩土工程-温度场-随机分析　Ⅳ. ①TU4

中国版本图书馆CIP数据核字(2016)第284368号

责任编辑：胡　凯　周　丹　丁丽丽/责任校对：郑金红

责任印制：张　伟 /封面设计：许　瑞

科学出版社出版

北京东黄城根北街16号

邮政编码：100717

http://www.sciencep.com

北京凌奇印刷有限责任公司印刷

科学出版社发行　各地新华书店经销

*

2016年12月第　一　版　开本：787×1092　1/16

2019年 6 月第三次印刷　印张：12 3/4

字数：300 000

定价：99.00元

(如有印装质量问题，我社负责调换)

“岩土体热力特性与工程效应”系列丛书序

“岩土体热力特性与工程效应”系列丛书汇聚了 20 余年来团队在寒区冻土工程、人工冻土工程和深部岩土工程热环境等领域的主要研究成果，共分六部刊出。《高温冻土基本热物理与力学特性》、《岩土体传热过程及地下工程环境效应》重点阐述了相变区冻土体、含裂隙（缝）岩体等特殊岩土体热参数（导热系数）的确定方法；0~ −1.5℃高温冻土的基本力学特性；深部地下工程热环境效应。《正冻土的冻胀与冻胀力》、《寒区冻土工程随机热力分析》详细阐述了团队创立的饱和冻土分离冰冻胀理论模型；揭示了冰分凝冻胀与约束耦合作用所致冻胀力效应；针对寒区，特别是青藏工程走廊高温冻土区土体的热、力学参数特点，首次引入随机有限元方法分析冻土工程的稳定性。《深部冻土力学特性与冻结壁稳定》、《深厚表土斜井井壁与冻结壁力学特性》则针对深厚表土层中的矿山井筒工程建设，揭示了深部人工冻土、温度梯度冻土的特殊力学性质，特别是非线性变形特性，重点阐述了立井和斜井井筒冻结壁的受力特点及其稳定性。

除作序者外，系列专著材料的主要组织者和撰写人是团队平均年龄不足 35 岁的 13 位青年学者，他们大多具有在英国、德国、法国、加拿大、澳大利亚、新加坡、香港等国家和地区留学或访问研究的经历。团队成员先后有 11 篇博士、22 篇硕士学位论文涉及该领域的研究。除专著的部分共同作者，别小勇、刘志强、夏利江、阴琪翔、纪绍斌、李生生、张琦、朱锋盼、荆留杰、李晓俊、钟贵荣、魏亚志、毋磊、吴超、熊玖林、鲍强、邵刚、路贵林、姜雄、陈鑫、梁亚武等的学位论文研究工作对系列专著的贡献不可或缺。回想起与他们在实验室共事的日子，映入脑海的都是阳光、淳朴、执着和激情。尚需提及的是，汪平生、赖泽金、季雨坤、林超、吕长霖、曹东岳、张海洋、常传源等在读博士、硕士研究生正在进行研究的部分结果也体现在了相关著作中，他们的论文研究工作也必将进一步丰富与完善系列专著的内容。

团队在这一领域和方向的研究工作先后得到国家“973 计划”课题（2012CB026103）、“863 计划”课题（2012AA06A401）、国家科技支撑计划课题（2006BAB16B01）、“111 计划”项目（B14021）、国家自然科学基金重点项目（50534040）、国家自然科学基金面上和青年项目（41271096、51104146、51204164、51204170、51304209、51604265）等 11 个国家级项目的资助。

作为学术团队的创建者，特别要感谢“深部岩土力学与地下工程国家重点实验室”，正是实验室持续支持的自主创新研究专项，营造的学术氛围，提供的研究环境和试验条件，团队得以发展。

期望这一系列出版物对岩土介质热力特性和相关工程问题的深入研究有点裨益。文中谬误及待商榷之处，敬请海涵和指正。

2016 年 12 月

前　言

全球冻土分布面积约占陆地面积的 50%，其中多年冻土区面积约 $35\times10^6\,km^2$，占陆地面积的 25%，我国冻土面积仅小于俄罗斯和加拿大，是世界第三冻土大国。我国的多年冻土地区与季节冻土区域面积约占国土总面积的 75%，其中多年冻土地区面积约 $215\times10^4\,km^2$，占全国陆地面积的 22.3%。青藏高原是我国乃至世界上面积最大的多年冻土区，冻土面积达 $147\times10^4\,km^2$，占我国多年冻土面积的 70%左右。由于特殊的历史、自然、地理、社会等各方面因素的影响，我国多年冻土地区人烟稀少，经济相对落后，经济开发建设活动受交通基础设施落后的制约。随着我国经济建设战略重心逐步向中西部转移以及西部大开发战略的实施，在冻土区大量修建铁路、公路、桥梁、管线等基础设施将成必然，其中以已建成的青藏铁路为代表，建设及维护过程中均投入了大量的物力、人力及财力，青藏高原走廊基础工程的建设与青藏高原的多年冻土密切相关。

冻土是一定历史时期内，大气圈与岩石圈在热质交换过程中形成的。与融土相比，冻土的组成成分除了土矿物颗粒骨架、水和气以外，还包含冰。由于水和冰的存在，冻土的物理、力学、热学和化学性质等都发生急剧的改变。当温度升高，冻土融化时，结构中的冰胶结作用随即产生破坏并发生显著变形，土结构的稳定性降低，压缩性和透水性显著增大，强度降低许多倍，发生局部融化下沉，并常伴随有从承重面挤出的融土。而当土体冻结时，伴随土中孔隙水和外界水补给结晶形成多晶体、透镜体和冰夹层等形式的冰侵入体，导致地表产生不均匀冻胀，这种变形如果超过一定的限度就会使冻土基础上的建筑物产生失稳破坏。在多年冻土地区修筑走廊基础工程会极大地改变多年冻土与大气圈的热质交换条件。由于多年冻土形成和发育条件的改变，必然会导致冻土的物理力学性质发生变化，从而引起一系列的冻土工程地质问题，其中最主要的就是土的冻胀和冻土的融沉问题。在走廊基础工程中，一旦发生基础土体的冻胀和融沉，一般都将产生大幅度的路基不均匀变形，从而使铁路、公路、桥梁、管线等基础设施遭到不同程度的破坏，形成工程灾害。这种工程灾害主要与多年冻土的热力学性状、地基下冻土人为上限的变化特征以及多年冻土的含冰状况有关，其中地基土的热力状态决定着地基强度、变形特征及在未来的发展趋势。同时，由于冻土材料自身的复杂性，以及人们认识客观世界水平和手段的限制，冻土工程系统中往往存在不同程度的误差或不确定性。虽然在多数情况下这些误差或不确定性可能很小，但累计在一起就可能对冻土结构系统的分析和设计产生较大的、意想不到的偏差或不可预知性。因此，在现实冻土工程强度及稳定性分析设计中有必要考虑温度、应力及变形的不确定性因素对结构的影响。

本书是作者基于多年研究积累和成果撰写而成。全书共分 6 章：第 1 章介绍了冻土工程随机热力特性研究意义和现状；第 2 章建立了冻土土性参数随机场描述方法，提出了实用性更广的三角形单元局部平均法；第 3 章介绍了冻土工程温度场随机有限元分析方法及程序开发原理；第 4 章推导了冻土本构模型，讨论了模型计算程序的数值实现过程；第 5 章考虑随机温度对冻土区土体基本力学参数的强烈决定作用，在第 3、4 章的基础上阐述了冻土工程变形场随机有限元分析方法；第 6 章对寒区的路基工程、管线工程和塔基工程的随机温度场、随机变形场及可靠性进行计算与分析。

本书研究成果得到国家重点基础研究发展计划“973 计划”(2012CB026103)、高等学校学科创新引智计划“111 计划”(B14021)、国家自然科学基金面上项目(41271096)、国家自然科学基金青年项目(51604265)的资助，在此著者们表示感谢。

应该指出，寒区冻土工程的随机热力分析问题涉及多学科、多领域，是一个非常复杂的随机水、热、力相互作用过程，有许多理论与实际问题尚需进一步研究和完善。由于作者水平及经验有限，书中定会存在欠妥乃至错误之处，敬请读者批评指正。

著　者

2016 年 9 月

目　　录

第1章　绪　　论

1.1　冻土工程随机热力特性研究意义

1.1.1　寒区冻土工程简况

青藏工程走廊跨越昆仑山、唐古拉山，穿过大片连续、岛状多年冻土地带632km（高于−1.5℃的占多年冻土地区路段的70%～80%），海拔4700～5200m，气温低，冰冻期长，施工期短，且雨、雪和冰雹不断。高原多年冻土区特有的不良地质条件包括地下冰、冰椎、冰丘及热融湖塘等，在这一有限的走廊范围内，目前已建成的工程主要包括青藏公路、青藏铁路、格拉成品油管道、兰西拉光缆通信工程、高压输变电工程5项重大工程。

青藏公路作为内地通往边疆的重要国防经济主干道，自1954年青藏公路建成通车以来，青藏公路格拉段经历了两次改建和两期整治。但是，由于该段公路的自然条件恶劣、复杂，交通量大，形成严重超载，再加上公路养护方面存在的诸多困难，路面老化、龟裂、网裂、横向裂缝，以及路基波浪、不均匀沉降、纵向开裂、冻胀、翻浆、融沉等各种病害在不同的时间和空间上均屡屡发生，公路沿线多年冻土段的年病害率均在30%左右，严重影响了公路的正常运营。同时，青藏铁路在多年冻土区个别地段也出现了比较严重的路基病害，主要有路基路基下沉、开裂、塌陷等病害，在整个青藏铁路沿线冻土区，超过85%的路基变形监测点的累计变形表现为沉降变形，其余15%的变形监测点表现为冻胀变形。对于冻胀变形而言，主要发生在季节冻土区普通路基、年平均地温小于−1.5℃的块石路基以及挖方换填路基。一般情况下，路基的累计冻胀变形通常较小，累计变形量值均小于5cm，年均变形速率小于1cm/a。对于沉降变形而言，块石路基沉降变形相对较小，而无冷却降温措施的普通路基沉降变形明显较大。

格尔木拉萨成品油管线是我国最长、世界海拔最高的成品油输送管道，建设于有“世界屋脊”之称的青藏高原。它北起青海省格尔木市，南讫西藏自治区首府拉萨，基本沿青藏公路铺设。管道于1977年建成并投入运行，全长1076km，埋深1.2~1.4m，管道干线直径159mm，壁厚6mm。其中，有900 km多的管线处在海拔4000m以上严寒地区，560km多管线铺设在多年冻土区。根据相关研究，影响格拉管道变形的主要因素包括：冻胀、融沉，以及地形坡向、植被覆盖、水体等环境因素。其中冻胀和融沉是冻土区管道地基工程中两大主要冻害。冻胀一般发生在季节冻土区或融区，管基土的冻胀作用累积结果导致管道向上翘起，致使管道发生不均匀变形，甚至弯折、泄露。在高温管道或正温季节的常温管道沿线融化圈内，融沉主要发生在高含冰量多年冻土地段。青藏工程走廊光缆通信基础工程——兰州—西宁—拉萨光缆通信干线工程，在西大滩至那曲段通过多年冻土和季节冻土地段，该地区光缆工程的主要冻害病害亦可分为冻胀和融沉两个方面。

在青藏直流线路工程建设过程中，输电线塔基是输电线路结构的重要组成部分，其工程稳定性主要受到冻融循环作用、冻土和地下冰稳定性、不良冻土现象、环境气候变迁，以及输电线路工程结构本身等诸多因素的影响，由此会导致输电线路塔基工程相应的病害。对于采用埋深较浅的装配式基础、墩式基础，下部土体的冻融会对基础的稳定性产生重要影响。对于穿越青藏高原多年冻土区的输电线路，面对高比例的高温、高含冰量冻土，随着工程活动的影响，以及环境气候的变迁，地下冰的融化、冻土的退化导致的融沉问题将是青藏输电线路面临最为严峻的挑战。同时，由于输电线路线路大量采用桩式基础，如果输电线路沿线的土壤水分充足，在季节交替中容易产生冻胀力，如果塔基设计深度、措施不尽合理，或是强度不够, 尤其是在冻融循环过程中产生的冻拔作用，会对塔基的稳定性会造成严重影响。另外，随着环境温度的不断升高，近 30 年来青藏高原多年冻土北界发生较大规模多年冻土退化，多年冻土面积从 1975 年的 160.5km^2 退化成现在的 141.0km^2，环境气候等自然变化过程会导致冻土、地下冰的不断融化，从而弱化输电线塔基冻土基础的热力稳定性。

1.1.2 寒区冻土工程随机热力特性研究意义

为了探求控制、削弱和治理冻土地基工程地质灾害的方法和措施，确保青藏高原多年冻土工程的稳定性和耐久性，并使其具有经济合理性，需要全面了解冻土工程温度场的变化过程及在其影响下的地基变形情况，预测工程环境随时间的演化所可能发生的问题，以便及时或提前采取措施。传统冻土工程温度、应力及变形研究一般不考虑随机性因素的影响，把模型中所有参数均视为确定性变量来处理。实际的传热及变形过程中，参数往往存在着变异性。由于这些参数随机性的客观存在，导致对温度场及变形场的响应不能忽视。然而，由于地质勘查和现场、室内试验受到经费和设备条件的限制，人们往往无法对土层参数的特性逐点精确的把握，只能通过少数测试点的现场试验和若干试样的室内试验对土性参数作出近似的估计。大量试验和统计结果表明，土性参数的变异性远比一般人工材料大，因此，考虑土性参数的不确定，引进随机场理论对冻土不确定性参数进行随机性描述，其在随机有限元理论计算及其工程应用中有重要意义。鉴于土性参数具有不确定性特征，建立多年冻土温度场随机有限元分析模型，研究典型结构断面的随机温度场计算方法，为青藏高原多年冻土工程的强度及稳定性分析奠定基础；考虑随机温度对冻土区土体基本力学参数的影响，建立多年冻土工程应力场与变形场随机有限元分析模型，研究典型结构断面的随机应力场与变形场数值算法，对青藏高原多年冻土工程可靠度计算和失效概率分析有重要意义。

1.2 冻土工程随机热力特性研究概况

1.2.1 岩土参数随机性描述方法

土体作为一种复杂的材料，其形成过程经历了各种复杂的地质环境以及物理、化学作用，这些过程仍然在改变目前存在的土体。由于这种自然形成的特性，土体在水平方向和垂直方向上都存在着空间变异性。土性参数的随机性研究是地基土体温度、变形、强度及稳定性分析的基础，人们很早就认识到不确定因素对岩土工程问题的影响，但直到20世纪70年代才对其进行真正有意义的研究与探索。

1. 随机场的引进

Lumb 率先对土体参数不确定性进行了深入的研究，通过大量的室内试验，获得很多有价值的试验研究成果[1,2]；Cornell 提出土性参数可以在空间上视为随机变量[3]；其后，Wu 采用概率理论对土性参数空间上的变异性进行了描述[4]。随着土体参数变异性研究的深入，人们逐渐认识到土体参数之间的相关性，Lumb 首次提到土体参数的空间变异性概念，并对香港土体滑坡问题进行了分析论述[5]。

Vanmarcke 首次提出了土层剖面的随机场模型，用波动范围来描述土体参数的空间变异性，其著作中详细阐述了随机场的由来，并认为随机场的建立是一种被动过程，是因为人们根本无法确知(或根本不可能确知)事物所有的方方面面，人们只能通过采集样本的方法获取事物个别部位的信息，虽然事物本身任一点处的特性是确定的(不考虑时间效应)，但人们只能通过样本点去估计未确知点，从而导致随机场模型的建立[6,7]。Vanmarcke 进一步完善了随机场理论，土性参数随机场模型的实质是用齐次正态随机场来模拟土层剖面，用方差、方差折减系数、相关函数、相关距离来描述土体的空间变异性，用方差折减系数把点的变异性和空间变异性联系起来，引入了相关距离的概念，指出在相关距离内，土性强相关；在相关距离外，土性可视为不相关，提出了计算土层相关距离的“空间递推平均法”[8]。Vanmarcke 的随机场理论得到了诸多学者的认可，并广泛应用于岩土工程不确定性问题分析中[9-15]。

Soulie [16]将地质统计理论应用于土体参数的空间变异性中，研究了土体不排水抗剪强度的变异性，证明了地质统计理论是分析土体参数变异性的有效方法，Soulie [17]对该方法做了进一步阐述。Chiasson [18]、张征[19,20]、Jaksa[21]、胡小荣 [22]等学者研究了地质统计理论在土体参数空间变异性模拟中的应用。

总体来说，岩土参数的空间变异性及相关性特征已得到诸多学者的认可，不确定性岩土参数描述方法早期以随机变量法为主，由于该方法无法反映土性参数空间变异性特性，应用较少；之后逐渐发展并引进了随机场方法及地质统计方法；目前，岩土工程不确定性土性参数描述方法中，将土性参数空间变异性模拟为随机场的情况较为合理，应用最为广泛，而地质统计理论则应用较少。

2. 随机场的离散

在随机性问题研究中，不确定参数随着时间而发生变化通常用随机过程来表示，而随着空间位置而变化，则可以用随机场来描述。因此，随机场可以看成是随机过程概念在空间区域上的自然推广。随机过程与时间有关，而随机场则可以看成是定义在场域参数集上的随机过程模型。Vanmarcke 提出“真正”的随机有限元法必须包含对随机场的离散处理，否则无法准确地对结构进行随机性描述与分析[23]。因此，随机场的离散处理是随机有限元理论的重要组成部分。随机场有两类离散方法：一类是在空间中离散，即将随机场也划分成网格；另一类是抽象离散，即将随机场展成级数，这种方法也称谱分解。

Kiureghian 提出了随机场中心离散法，该方法是用随机场在每个单元中心点的值来表示其在每个单元的属性，因而随机场在每个单元内部都是常量，且等于它在各个单元中心的值[24]。中心离散法简单方便，程序易于实现，但精度欠佳，现较少采用。

Baecher 提出了随机场的局部平均法[25]，Vanmarcke 对随机场的局部平均理论进行深入的研究，给出了一维、二维及多维随机场局部平均单元的定义及数字特征[41]。随机场局部平均法的思想是用随机场在单元上的局部平均来表征随机场在单元上的属性。

1) 一维随机场局部平均

对于一个一维连续宽平稳随机场 $X(x)$，其数学期望 $E[X(x)]=m$ 为常数，方差 $\mathrm{Var}[X(x)]=\sigma^2$ 亦为常数，随机场在第 i 个离散元 $[x_i-L_i/2, x_i+L_i/2]$ 上的局部平均定义为

$$X_i=\frac{1}{L_i}\int_{x_i-L_i/2}^{x_i+L_i/2}X(\xi)\mathrm{d}\xi \tag{1-1}$$

式中，L_i 是第 i 个局部平均单元的长度；X_i 称为一维局部平均随机场。

2) 二维随机场局部平均

对于一个二维连续宽平稳随机场 $X(x,y)$，其数学期望 $E[X(x,y)]=m$ 为常数，方差 $\mathrm{Var}[X(x,y)]=\sigma^2$ 亦为常数，第 i 个矩形离散单元的边平行于坐标轴，中心点为 (x_i,y_i)，边长为 L_{xi}、L_{yi}，单元面积为 $A_i=L_{xi}L_{yi}$，随机场在这个编号为 i 的离散单元上的局部平均定义为

$$X_i=X_{Ai}(x_i,y_i)=\frac{1}{A_i}\int_{x_i-(L_{xi}/2)}^{x_i+(L_{xi}/2)}\int_{y_i-(L_{yi}/2)}^{y_i+(L_{yi}/2)}X(\xi,\eta)\mathrm{d}\xi\mathrm{d}\eta \tag{1-2}$$

3) 多维随机场局部平均

对于一个多维连续宽平稳随机场 $X(\boldsymbol{t})$，$\boldsymbol{t}=(t_1,t_2,\cdots,t_n)$，其数学期望 $E[X(x,y)]=m$ 为常数，方差 $\mathrm{Var}[X(x,y)]=\sigma^2$ 亦为常数，第 i 个多维离散单元的中心点为 $(t_1,t_2,\cdots,t_n)$，随机场在这个编号为 i 的离散单元上的局部平均定义为

$$X_i=X_{Di}(\boldsymbol{t})=\frac{1}{D}\int_0^{\boldsymbol{T}}X(\boldsymbol{t})\mathrm{d}\boldsymbol{t} \tag{1-3}$$

式中，$\boldsymbol{T}=(T_1,T_2,\cdots,T_n)$；$D=T_1T_2\cdots T_n=\prod_{i=1}^{n}T_i$

研究表明[26,27]：随机场局部平均方法在随机场网格划分及随机计算中十分有效，对原始数据的要求低、收敛快、精度高，是随机有限元计算中最常用的方法。

Liu 提出了随机场的插值法，该方法将随机场在单元内的值用单元结点处值的插值函数来表示，随机场的统计特性可由各单元结点处随机变量间的统计特性近似反映[28]。

引进型函数 $N_i(X)$，随机场 $b(X)$ 离散为

$$b(X)=\sum_{i=1}^{q}N_i(X)b_i \tag{1-4}$$

式中，X 表示空间位置；b_i 为随机场在结点 i 处的值 $(i=1,2,\cdots,q)$；q 为单元结点数。

随机场 $b(X)$ 在单元内的均值和方差可表示为

$$E[b(X)]=\sum_{i=1}^{q}N_i(X)E(b_i) \tag{1-5}$$

$$\mathrm{Var}[b(X)]=\sum_{i,j=1}^{q}N_i(X)N_j(X)\mathrm{Cov}(b_i,b_j) \tag{1-6}$$

随机场的插值不是直接计算随机场引起的单元之间的相关性，而是通过随机场在各结点上的值间接地反映，因此只要给定随机场在各结点上的值即可，计算相对简单，且较易考虑非线性问题和局部平均法不能处理的非均匀随机场问题[29]。同时，随机场的插值法将原连续状态的随机场仍离散成一个连续函数，精度较高。然而，随机场的插值法须知相关函数，并且要求随机场对空间参数具有较高的连续性，以保证插值的顺利进行。

Takada 提出了随机场的局部积分法，该方法是在单元刚度矩阵的推导过程中采用随机场在单元上的加权积分以考虑材料参数的随机场[30]。之后，Deodatis 对随机场的局部积分法做了进一步论述[31]。

以结构分析为例，假设单元 e 的弹性模量 $E^e(X)$ 为

$$E^{(e)}(X)=E_0^{(e)}[1+f^{(e)}(X)] \tag{1-7}$$

式中，$E_0^{(e)}$ 为弹性模量的均值；$f^{(e)}(X)$ 为一维零均值均匀随机场。

两端铰接杆单元的刚度矩阵可近似表示为

$$K^{(e)}\approx K_0^{(e)}+X^{(e)}\Delta K_0^{(e)} \tag{1-8}$$

式中，$K_0^{(e)}$ 为弹性模量取均值时的单元刚度矩阵，$X^{(e)}=\int_0^L f^{(e)}(x)\mathrm{d}x$，$L$ 为杆长。

两端刚接杆单元的刚度矩阵可近似表示为

$$K^{(e)}\approx K_0^{(e)}+X_0^{(e)}\Delta K_0^{(e)}+X_1^{(e)}\Delta K_1^{(e)}+X_2^{(e)}\Delta K_2^{(e)} \tag{1-9}$$

式中，$X_1^{(e)}=\int_0^L xf^{(e)}(x)\mathrm{d}x$，$X_2^{(e)}=\int_0^L x^2 f^{(e)}(x)\mathrm{d}x$。

不难看出，局部积分法采用积分形式，其计算精度相对较高，而且该方法积分运算只需进行一次，刚度矩阵的波动性也由此得出，因此计算效率也较高。相关文献[30,31]认为，随机场局部积分法的精度与效率与随机场局部平均法相当，但该方法解决二维、三维问题较困难。

Spanos 提出了随机场的正交展开法。该法是将材料特性参数随机场进行 Karhumen-Loeve 正交展开，并由此推导出刚度矩阵的级数展开式，从而获得位移、应力的统计特性[32]。Ghanem 对该方法做了进一步补充[33]。

根据 Karhumen-Loeve 展开正交法，材料参数的随机场 $S(x)$可表示为

$$S(x)=\overline{S}(x)+\sum_{n=0}^{\infty}b_n\sqrt{\lambda}_n\varphi_n(x) \tag{1-10}$$

$$b_n = \frac{1}{\sqrt{\lambda_n}} \int_L S(x)\varphi_n(x)\mathrm{d}x \tag{1-11}$$

式中，λ_n、$\varphi_n(x)$ 分别为随机场 $S(x)$ 相关函数的特征值和特征函数，$\varphi_n(x)$ 具有如下正交性：

$$\int \varphi_m(x)\varphi_n(x)\mathrm{d}x = \delta_{mn} \tag{1-12}$$

式中，δ_{mn} 为 Kronecker 函数。

随机场的正交展开法只需一次分解刚度矩阵，可根据精度和工作量对有关方程进行取舍，在能获得特征值和特征函数的精确解条件下，该方法是随机场离散方法中精度最高的。刘宁认为，正交展开法精度与效率之间很难协调，并指出特征值和特征函数的获得需解积分方程，并非所有形式的随机场函数都能轻而易举地获得其特征值和特征函数，对于二维和三维问题，单元刚度矩阵表达式难以获得[34]。

综上所述，常见的 5 种随机场空间离散方法包括中心离散法、局部平均法、插值法、局部积分法及正交展开法，其优缺点如表 1-1 所示，总体可概括为：中心离散法和插值法计算效率较高，局部平均法与局部积分法计算效率相当，正交展开法计算精度与计算效率之间很难协调；中心离散法计算精度较低，局部平均法、局部积分法及插值法计算精度均较高，正交展开法在能获得特征值和特征函数的精确解条件下计算精度最高；中心离散法因精度较低采用较少，插值法较易考虑非均匀随机场问题，但需要知道原随机场的相关函数并要求随机场对空间参数具有较高的连续性；局部积分法和正交展开法解决二维、三维问题较困难；局部平均法对原始数据的要求低，在常见的宽平稳随机场中应用广泛。

表 1-1　随机场空间离散法比较

空间离散法	计算效率	计算精度	编程	应用条件及应用范围
中心离散法	较高	低	易	精度差、采用少
局部平均法	高	较高	易	数据结构要求低、收敛快，应用广
插值法	较高	较高	易	需已知原随机场的相关函数，且连续，应用受限
局部积分法	高	较高	较易	解决二维、三维问题较困难
正交展开法	效率与精度难协调	需已知特征值和特征函数	难	解决二维、三维问题较困难

以上随机场空间离散方法可以利用许多有限元的基本关系，方便随机有限元程序的开发。Spanos 提出了 Karhumen-Loeve 级数分解法[35]，该方法是将随机场离散为一组不相关的随机变量，在实际应用过程中，通常只需要少数几个随机变量便能较好地模拟随机场，降低了随机分析的计算量，具有很好的计算效率。但在应用过程中需要求解第二类 Fredholm 积分方程，针对指数型相关函数可得出解析解，而大多数协方差函数的解析解是无法求出的，这限制了该方法的应用。Ghanem 应用 Galerkin 法求解积分方程，克服了上述问题，但其中仍涉及复杂的数值积分运算，应用起来也不是很方便[36]。Phoon 应用 Wavelet-Galerkin 法求解积分方程，大大简化了特征值与特征函数的计算过程，同

时还应用 Karhumen-Loeve 级数模拟非高斯型随机场，并对其收敛性进行了深入研究[37-39]。Jun 提出了正交级数展开法，通过选择完备的正交函数系列，避免了直接求解积分方程特征值问题[40]。抽象离散随机场方法效率高于传统空间离散随机场方法，然而，其随机有限元公式计算复杂，且与确定性有限元区别较大，需做大量的编程工作来修改已有的有限元程序，因此应用不便。

综上所述，对于可以视为平稳过程的宽平稳随机场岩土参数，采用空间网格离散随机场方法可以利用许多有限元的基本关系，其中，随机场局部平均法对原始数据的要求低、效率高、精度好，并且可以利用许多确定性有限元基本关系，程序通用性强。鉴于此，本书采用对原始数据要求低、收敛快、精度高、应用较广的局部平均法对参数随机场进行离散分析。

3) 参数的计算

岩土参数随机场模型中，方差折减系数可由相关函数及相关距离求得。因此，土性随机场参数问题研究主要集中在相关函数及相关距离上。Vanmarcke 给出了随机场相关距离的数学定义，为随机场标准相关函数的计算提供了参数[41]。

若极限 $\lim\limits_{x\to\infty} x\Gamma^2(x)$ 存在，则可定义相关距离为

$$\theta = \lim_{x\to\infty} x\Gamma^2(x) \tag{1-13}$$

式中，$\Gamma^2(x)$ 为随机场 $X(x)$ 的方差函数，表示在局部平均下的“点方差” σ^2 的折减，亦称方差折减函数。

诸多学者在土体参数随机性方面做了许多基础性研究工作，在试验的基础上得到了不同土体参数的波动范围统计资料，为工程实践提供了有价值的参考。Asaoka 通过室内试验和现场测试，对软黏土空间变异性进行了简单而准确的描述[42]；Fenton 认为土体参数波动范围主要取决于土体沉积过程的地质作用，而不是特定的土体性质，因此可根据土体的地质成因统计资料来近似估计其波动范围[43]。DeGroot 对原位土体自协方差的估计进行了试验研究[44]；Phoon 对土体不确定性的 3 个主要来源(固有变异性、测量误差及相变变异性)进行了试验研究及理论分析[45]；Rackwitz 采用概率论与数理统计方法，对土性不确定性参数概率模型进行了详细论述[46]。国内学者在计算土体参数的相关距离方面也做了大量工作。傅旭东根据一维平稳高斯随机场理论，讨论了方差折减系数、相关距离等概念，归纳了相关范围和相关距离的计算方法，并提出了计算相关范围的自回归模拟方法[47]。徐斌通过现场工程静探曲线的相关距离研究，对用相关函数法求静探曲线相关距离过程中所出现的计算方法的选择问题、异常数据影响问题及样本容量选取问题进行了分析[48]。程强采用相关函数法计算相关距离时，对相关函数形式的选择，拟合范围等问题进行了探讨，并通过大量 CPT 资料得出了一般土层相关距离的分布范围[49]。刘春原通过理论分析和推导研究了岩土参数随机场的半变异函数和相关函数两种理论方法的内涵和联系，探讨了计算相关距离的不同方法[50]。李小勇等根据工程勘察资料和室内强度试验，分析了太原典型黏土强度指标的空间变异性，采用不同方法对比分析求得了参数的相关距离[51]。阎澍旺对求解土层相关距离的递推空间法和相关函数法进行比较和探

讨，指出了两种方法所求得的相关距离值存在偏差的原因，并从理论上证明当样本容量足够大时这两种方法的计算结果可以得到统一，并对相关函数法做出改进，使其更易于曲线的拟合和参数的确定[52]。陈虬[53]总结了常用的标准相关函数的形式，如表 1-2 所示，通过对 6 种标准相关函数的方差函数进行计算，得到了局部平均随机场具有对原始随机场的相关性不敏感的结论。

综上所述，土性参数随机场的计算主要包括方差折减系数、相关函数及相关距离，其中方差折减系数可由相关函数及相关距离计算求得，且不同的标准相关函数，其对应的方差折减系数差别较小，因此，相关距离在参数随机场的计算中起决定性作用。由于大多工程勘察资料缺少反映随机场特性的自相关函数和相关距离的统计结果，因此在实际应用中往往是通过对比相应文献中的结论进行假设或自行统计获得。

表 1-2　常用标准相关函数类型及形式

相关函数类型	相关函数形式
非协调阶跃型	$\rho(\xi)\begin{cases}1 & \lvert\xi\rvert \leqslant \theta \\ 0 & \lvert\xi\rvert > \theta\end{cases}$
协调阶跃型	$\rho(\xi)\begin{cases}1 & \lvert\xi\rvert \leqslant \theta/2 \\ 0 & \lvert\xi\rvert < \theta/2\end{cases}$
三角型	$\rho(\xi)\begin{cases}1-\lvert\xi\rvert/\theta & \lvert\xi\rvert \leqslant \theta/2 \\ 0 & \lvert\xi\rvert > \theta/2\end{cases}$
指数型	$\rho(\xi)=\exp(-2\lvert\xi\rvert/\theta)$
二阶 AR 型	$\rho(\xi)=[1+4\lvert\xi\rvert/\theta]\exp(-4\lvert\xi\rvert/\theta)$
高斯型	$\rho(\xi)=\exp(-\pi^2/\theta^2)$

1.2.2　随机有限元法

如今，有限元法已成为分析复杂岩土工程问题强有力的工具，随着计算机的发展，数值计算方法得到了广泛使用，然而精度越来越高的确定性有限元计算并不能有效解决不确定性问题。随机有限元法(stochastic finite element method, SFEM)也称概率有限元法(probabilistic finite element method, PFEM)，该方法是随机分析理论与确定性有限元方法相结合的产物，是在传统有限元方法基础上发展起来的随机数值分析方法，能有效解决试验与工程应用中的不确定性问题。一般来说，研究不确定系统的方法与手段可分为两大类：一类是统计方法，就是通过大量随机抽样，对结构反复进行有限元计算，将得到的结果做统计分析，得到研究系统的失效概率及可靠度，这种方法就是蒙特卡罗(Monte-Carlo)随机有限元法；另一类是分析方法，就是以数学、力学分析作为工具，找出结构系统输出随机信号与输入随机信号之间的关系，并据此得到输出信号的统计规律，从而得到研究系统的失效概率及可靠度。这一类随机有限元方法主要包括 Taylor 展开随机有限元法(TSFEM)、摄动随机有限元法(PSFEM)、纽曼随机有限元法(NSFEM)及验算点随机有限元法等。

随机有限元法是在确定性有限元法基础上发展起来的，结构系统分析最常采用的数值计算方法是有限元法，有限元法的核心可以归结为求解如下典型控制方程：

$$KU = F \tag{1-14}$$

式中，K 为控制算子(如刚度矩阵、温度刚度矩阵)，U 为系统输出(如位移、温度)，F 为系统输入(如力荷载、温度荷载)。

在传统确定性有限元法中，控制算子 K 和系统输入 F 均为确定量，因而方程(1-14)的解 U 为确定值。随机有限元法中，材料特性、几何尺寸、边界条件以及外荷载均带有不确定性，应将其建模为随机变量或随机场，即控制算子 K 和系统输入 F 均为随机量，因而系统输出 U 亦为随机量。

以 Shinozuka 和 Hisada 为代表，最初的随机有限元法为简单随机统计模拟法[54-56]，即将蒙特卡罗数值模拟法与有限元法直接结合，对随机变量样本使用有限元程序反复计算，再对结果进行统计分析，形成独特的统计有限元方法，称为直接 Monte-Carlo 法。

Monte-Carlo 法的理论基础是概率论中的大数定理。根据辛钦大数定理，设 $X_1, X_2, \cdots, X_n$ 为一系列相互独立相同分布的随机变量，且具有相同的数学期望 μ，对于任意的 $\varepsilon > 0$，当 $N \to \infty$ 时，有

$$\lim_{N\to\infty} P\left(\left|\frac{1}{n}\sum_{i=1}^{n} X_i - \mu\right| < \varepsilon\right) = 1 \tag{1-15}$$

根据伯努利大数定理，设在 N 次独立试验中，n 为事件出现的次数，而 $P(A)$ 为事件出现的概率，对于任意的 $\varepsilon > 0$，当 $N \to \infty$ 时，有

$$\lim_{N\to\infty} P\left(\left|\frac{n}{N} - P(A)\right| < \varepsilon\right) = 1 \tag{1-16}$$

Monte-Carlo 法是从同一母体中抽出简单子体来做抽样试验。简单子体 $x_1, x_2, \cdots, x_n$ 是 n 个具有相同分布的独立随机变量，由式(1-15)可知，当 n 足够大时，抽出子体的平均值收敛于数学期望 μ，由式(1-16)可知，当 n 足够大时，事件出现的频率 n/N 收敛于事件的概率。由于求解过程中仅将随机参数视为单一的随机变量，而没有涉及随机场问题，因此，最初的直接 Monte-Carlo 法只能称为随机变量有限元法，还不是严格意义上的随机有限元法(SFEM)。从理论上说，Monte-Carlo 法的应用范围几乎没有什么限制，然而直接应用 Monte-Carlo 法求解随机有限元问题，常因其计算工作量巨大而难以实施。为了提高计算效率，诸多学者[57~59]研究并提出了改进的 Monte-Carlo 法，但结果表明，Monte-Carlo 法不宜直接求解大型复杂结构。

Cambou 首次提出了一次二阶矩与有限元法相结合的思想[60]；接着，Dendrou[61]、Houstis[62]和 Ingra [63]在解决岩土及结构不确定问题中采用了类似的方法，考虑了材料特性、几何尺寸及载荷不确定性；由于这种方法是将随机变量影响进行泰勒级数(Taylor)展开，因此逐渐形成了泰勒展开随机有限元法(Taylor stochastic finite element method, TSFEM)。

TSFEM 的基本思路是将有限元格式中的控制量在随机变量均值点处进行 Taylor 级数一阶或二阶展开，经过适当的数学处理得到所需的计算方程式。设基本随机变量为

$\boldsymbol{X}=(X_1,X_2,\cdots,X_n)^{\mathrm{T}}$，将式(1-14)中输出量$U$在均值点$\bar{\boldsymbol{X}}=(\bar{X}_1,\bar{X}_2,\cdots,\bar{X}_n)^{\mathrm{T}}$处一阶 Taylor 级数展开，得

$$U=U(\bar{X})+\sum_{i=1}^{n}\left.\frac{\partial U}{\partial X_i}\right|_{X=\bar{X}}\left(X_i-\overline{X_i}\right) \tag{1-17}$$

式(1-17)中两边同时取均值(数学期望)，并忽略高次项，有

$$\overline{U}=E(U)\approx U(\bar{X})=\overline{K}^{-1}\overline{F} \tag{1-18}$$

式中，$E(U)$为求均值(数学期望)，$\overline{K}$为各变量参数取均值时的控制算子，$\overline{F}$为系统输入的均值。

将式(1-14)中输出量U在均值点$\overline{X}=(\overline{X}_1,\overline{X}_2,\cdots,\overline{X}_n)^{\mathrm{T}}$处二阶 Taylor 级数展开，得

$$U=U(\bar{X})+\sum_{i=1}^{n}\left.\frac{\partial U}{\partial X_i}\right|_{X=\overline{X}}\left(X_i-\overline{X_i}\right)+\frac{1}{2}\sum_{i=1}^{n}\sum_{j=1}^{n}\left.\frac{\partial^2 U}{\partial X_i\partial X_j}\right|_{X=\overline{X}}\left(X_i-\overline{X_i}\right)\left(X_j-\overline{X_j}\right) \tag{1-19}$$

式(1-19)中两边同时取均值(数学期望)，并忽略高次项，有

$$\overline{U}=E(U)\approx U+\frac{1}{2}\sum_{i=1}^{n}\sum_{j=1}^{n}\left.\frac{\partial^2 U}{\partial X_i\partial X_j}\right|_{X=\overline{X}}\mathrm{Cov}(X_i,X_j) \tag{1-20}$$

式(1-17)中两边同时取方差，并忽略高次项，有

$$\mathrm{Var}(U)\approx\sum_{i=1}^{n}\sum_{j=1}^{n}\left.\frac{\partial U}{\partial X_i}\right|_{X=\overline{X}}\left.\frac{\partial U}{\partial X_j}\right|_{X=\overline{X}}\mathrm{Cov}(X_i,X_j) \tag{1-21}$$

式中，Var(U)为求方差，$\mathrm{Cov}(X_i,X_j)$为变量X_i和X_j的协方差。

由式(1-14)可得

$$\frac{\partial U}{\partial X_i}=K^{-1}\left(\frac{\partial F}{\partial X_i}-\frac{\partial K}{\partial X_i}U\right) \tag{1-22}$$

$$\frac{\partial^2 U}{\partial X_i\partial X_j}=K^{-1}\left(\frac{\partial^2 F}{\partial X_i\partial X_j}-\frac{\partial K}{\partial X_i}\frac{\partial U}{\partial X_j}-\frac{\partial K}{\partial X_j}\frac{\partial U}{\partial X_i}-\frac{\partial^2 K}{\partial X_i\partial X_j}U\right) \tag{1-23}$$

任意两个分量U_i、U_j的协方差为

$$\mathrm{Cov}(U_i,U_j)\approx\sum_{i=1}^{n}\sum_{j=1}^{n}\left.\frac{\partial U_i}{\partial X_i}\right|_{X=\overline{X}}\left.\frac{\partial U_j}{\partial X_j}\right|_{X=\overline{X}}Cov(X_i,X_j) \tag{1-24}$$

从上述分析可以看出：一阶 TSFEM 只需在参数的均值点处形成一次刚度矩阵，也只需一次求解刚度矩阵的逆，计算一次刚度阵对各随机参数的偏导数即可求得待求量的均值和方差，因此效率较高。但由于忽略了二阶以上的高次项，使 TSFEM 对随机变量的变异性有所限制。一般要求一阶 TSFEM 随机变量的变异系数小于 0.2 或 0.3。如果随机变量的变异系数较大，需要采用二阶 TSFEM，二阶 TSFEM 可以放宽随机变量变异性大小的限制，但随机变量数目较多时，$\partial^2 U/\partial X_i\partial X_j$的计算量将十分庞大，而且一阶或二阶 TSFEM 均无法计算响应量三阶以上的统计特性。由于一阶 TSFEM 简单、易于编程，因此为我国许多学者采用这种方法。

Collins[64]及 Shinozuka[65]分别应用摄动技术研究了随机系统的特征值问题，其后，摄动技术在非线性问题分析得到了应用[66,67]。Handa[68]、Hisada[69]在考虑随机变量波动性时采用一阶、二阶摄动技术，对随机有限元进行了较为系统的研究，给出了二阶摄动有限元列式，形成了摄动随机有限元法(perturbation stochastic finite element method, PSFEM)，Handa 将该方法应用于框架结构的分析，而 Hisada 则将其应用于各种复杂结构的应力与位移随机性分析中[70]。PSFEM 假定基本随机变量在均值点处产生微小摄动，利用 Taylor 级数把随机变量表示为确定性部分和由摄动引起的随机性部分，从而将有限元典型控制方程(非线性的)转化为一组线性的递推方程，求解得出待求量的统计特性。

假设α_i为随机变量X_i在均值点$\bar{X}_i$处的微小摄动量，即$\alpha_i = X_i - \bar{X}_i \quad (i=1,2,\cdots,n)$，将式(1-14)中各变量在均值点进行泰勒级数展开，并取至二次项，得

$$K = K_0 + \sum_{i=1}^{n} \alpha_i \frac{\partial K}{\partial \alpha_i} + \frac{1}{2}\sum_{i=1}^{n}\sum_{j=1}^{n} \alpha_i \alpha_j \frac{\partial^2 K}{\partial \alpha_i \partial \alpha_j} \tag{1-25}$$

$$U = U_0 + \sum_{i=1}^{n} \alpha_i \frac{\partial U}{\partial \alpha_i} + \frac{1}{2}\sum_{i=1}^{n}\sum_{j=1}^{n} \alpha_i \alpha_j \frac{\partial^2 U}{\partial \alpha_i \partial \alpha_j} \tag{1-26}$$

$$F = F_0 + \sum_{i=1}^{n} \alpha_i \frac{\partial F}{\partial \alpha_i} + \frac{1}{2}\sum_{i=1}^{n}\sum_{j=1}^{n} \alpha_i \alpha_j \frac{\partial^2 F}{\partial \alpha_i \partial \alpha_j} \tag{1-27}$$

式中，K_0、U_0、F_0分别为K、U、F在各随机变量均值点的值。

将式(1-25)、式(1-26)、式(1-27)代入有限元典型方程式(1-14)，根据二阶摄动理论，可得如下方程：

$$U_0 = K_0^{-1} F_0 \tag{1-28}$$

$$\frac{\partial U}{\partial \alpha_i} = K_0^{-1}\left(\frac{\partial F}{\partial \alpha_i} - U_0 \frac{\partial K}{\partial \alpha_i}\right) \tag{1-29}$$

$$\frac{\partial^2 U}{\partial \alpha_i \partial \alpha_j} = K_0^{-1}\left(\frac{\partial^2 F}{\partial \alpha_i \partial \alpha_j} - U_0 \frac{\partial^2 K}{\partial \alpha_i \partial \alpha_j} - \frac{\partial U}{\partial \alpha_i}\frac{\partial K}{\partial \alpha_j} - \frac{\partial K}{\partial \alpha_i}\frac{\partial U}{\partial \alpha_j}\right) \tag{1-30}$$

取式(1-26)的线性项分析，可得输出量U一阶近似的均值及方差为

$$E[U] = U_0 \tag{1-31}$$

$$\mathrm{Var}[U] = \sum_{i=1}^{n}\sum_{j=1}^{n} \frac{\partial^2 U}{\partial \alpha_i \partial \alpha_j} E[\alpha_i \alpha_j] \tag{1-32}$$

若取式(1-26)至二次项分析，可得输出量U二阶近似的均值及方差为

$$E[U] = U_0 + \frac{1}{2}\sum_{i=1}^{n}\sum_{j=1}^{n} \frac{\partial^2 U}{\partial \alpha_i \partial \alpha_j} E[\alpha_i \alpha_j] \tag{1-33}$$

$$\mathrm{Var}[U]=\sum_{i=1}^{n}\sum_{j=1}^{n}\frac{\partial^2 U}{\partial\alpha_i\partial\alpha_j}E[\alpha_i\alpha_j]+\sum_{i=1}^{n}\sum_{j=1}^{n}\sum_{k=1}^{n}\frac{\partial U}{\partial\alpha_i}\frac{\partial^2 U}{\partial\alpha_j\partial\alpha_k}E(\alpha_i\alpha_j\alpha_k)$$
$$+\frac{1}{4}\sum_{i=1}^{n}\sum_{j=1}^{n}\sum_{k=1}^{n}\sum_{l=1}^{n}\frac{\partial^2 U}{\partial\alpha_i\partial\alpha_j}\frac{\partial^2 U}{\partial\alpha_k\partial\alpha_l}E(\alpha_i\alpha_j\alpha_k\alpha_l)-E(\alpha_i\alpha_j)E(\alpha_k\alpha_l) \tag{1-34}$$

PSFEM 从概念上要比 TSFEM 更加明确，且更易于考虑非线性问题[71]。由于任何量的随机性都可以引入摄动量，因此 PSFEM 适用范围较广，对于结构几何特性的随机性(包括随机边界问题)，PSFEM 易得出随机有限元控制方程。从推导过程可以得出，一阶 PSFEM 和一阶 TSFEM 一样，只需一次形成刚度矩阵，一次求解刚度矩阵的逆，因此计算效率较高。但 PSFEM 仍需以微小的摄动量为条件(一般应小于均值的 20%或 30%)。二阶 PSFEM 对摄动量的要求可以适当放宽，计算精度也有所提高。但是诸多学者研究已证明二阶 PSFEM 效率极低，实用性很差。

Shinozuka[72]、Yamazaki [73]将纽曼展开法与蒙特卡罗有限元相结合，提出了精度、效率均较高的纽曼展开蒙特卡罗随机有限元法(Neumann stochastic finite element method, NSFEM)，使蒙特卡罗法与有限元法得以完美结合。从本质上讲，Neumann 级数展开方法也是一类正则的小参数摄动方法。Neumann 展开式的引入是为了解决矩阵求逆的效率问题。如果对每一次随机抽样，只需形成刚度矩阵，进行前代、回代以及矩阵乘和矩阵加减，而无需矩阵分解，则可大大减少工作量。

在随机变量波动值的影响下，对于一般有限元方程，方程式(1-14)的控制算子 K 可分解为

$$\boldsymbol{K}=\boldsymbol{K}_0+\Delta\boldsymbol{K} \tag{1-35}$$

式中，$\boldsymbol{K}_0$ 为各随机变量参数在均值处对应的控制算子，$\Delta\boldsymbol{K}$ 为控制算子的波动部分。

每次 Monte-Carlo 随机抽样只改变矩阵 $\Delta\boldsymbol{K}$ 和 $\boldsymbol{F}$ 项，由 Neumann 级数展开公式有

$$\boldsymbol{K}^{-1}=\left(\boldsymbol{K}_0+\Delta\boldsymbol{K}\right)^{-1}=\left(\boldsymbol{E}-\boldsymbol{P}+\boldsymbol{P}^2-\boldsymbol{P}^3+\cdots\right)\boldsymbol{K}_0^{-1} \tag{1-36}$$

式中，$\boldsymbol{E}$ 为单位矩阵，$\boldsymbol{P}=\boldsymbol{K}_0^{-1}\Delta\boldsymbol{K}$。

根据有限元典型方程式(1-14)，有：

$$\boldsymbol{U}=\boldsymbol{K}^{-1}\boldsymbol{F}=\left(\boldsymbol{E}-\boldsymbol{P}+\boldsymbol{P}^2-\boldsymbol{P}^3+\cdots\right)\boldsymbol{K}_0^{-1}\boldsymbol{F} \tag{1-37}$$

令 $\boldsymbol{U}_0=\boldsymbol{K}_0^{-1}\boldsymbol{F}$，可得

$$\boldsymbol{U}=\boldsymbol{U}_0-\boldsymbol{P}\boldsymbol{U}_0+\boldsymbol{P}^2\boldsymbol{U}_0-\boldsymbol{P}^3\boldsymbol{U}_0+\cdots \tag{1-38}$$

令 $\boldsymbol{U}_i=\boldsymbol{P}\boldsymbol{U}_0$，可得如下递推公式：

$$\boldsymbol{U}_i=\boldsymbol{K}_0^{-1}\Delta\boldsymbol{K}\boldsymbol{U}_{i-1} \tag{1-39}$$

因此，根据式 $\boldsymbol{U}_0=\boldsymbol{K}_0^{-1}\boldsymbol{F}$ 求出 $\boldsymbol{U}_0$ 后，便可根据式(1-39)求出 $\boldsymbol{U}_1,\boldsymbol{U}_2,\boldsymbol{U}_3,\cdots$，代入式(1-38)便可求出输出量 $\boldsymbol{U}$。

由于 NSFEM 采用了 Monte-Carlo 随机模拟技术，因此不受随机变量波动范围的限制，同时 NSFEM 可以方便地调用确定性有限元计算程序。当变异系数小于 0.2 时，NSFEM 与一阶 TSFEM 或一阶 PSFEM 精度相当；当变异系数大于 0.2 时，后两者已不能满足精度要求，但 NSFEM 仍能得出满意的结果[74]。早期学者认为当系统输入量 F 随机变化时，

NSFEM 无法应用，后来证实 NSFEM 同样适用于系统输入量 F 随机变化的情况。

以美国加州大学 Berkeley 分校 Kiureghian[24]为代表的部分学者结合了结构可靠度梯度与有限元分析方法，提出了随机有限元的梯度分析法(gradient stochastic finite element method, GSFEM)。Ostoja-Starzewski [75]从微观力学角度论述了随机有限元法；Takada[76]和 Deodatis[77,78]提出了加权积分随机有限元法(weighted integral stochastic finite element method, WISFEM)，该方法在处理随机场问题方面占有较大的优越性；Ghanem[36]及 Kleiber[79]用谱分析方法将随机过程、随机场离散为独立的随机变量，在 Hillbert 空间中进行离散和数值求解，提出了基于位移混沌展开的谱随机有限元法(spectral stochastic finite element method, SSFEM)。SSFEM 方法需改变确定性有限元程序，随机有限元分析和确定性有限元分析不耦合，需要做大量的编程工作来修改已有的有限元程序。为解决随机分析与有限元计算的耦合问题，黄淑萍提出了一种基于配点法的谱随机有限元分析方法，即随机响应面法[80,81]；为了提高 SSFEM 的计算效率问题，Isukapalli[82]、Sachdeva[83]、Mohan[84]、Li[85]等学者进行了深入讨论，取得了一定的成果。Rajashekhar[86]采用改进的 Monte-Carlo 方法，通过由响应面近似取代原功能函数的处理手段，介绍了响应面随机有限元法(response surface stochastic finite element method, RSFEM)。

我国随机有限元的研究开始于 20 世纪 80 年代，朱位秋将随机结构的几何参数、物理参数及随机结构上的载荷参数皆模型化为随机场，提出了基于随机场局部平均理论的随机有限元法，随后又把标量随机场的局部平均理论随机有限元法推广到了向量随机场[87~89]。吴世伟较早地对有限元支配方程采用直接偏微分技术，提出了随机有限元的直接偏微分法[90]。温卫东对随机有限元方程一般式分别进行了泰勒级数展开和有限元方程求偏导两种方法的推导，并指出了各自的优缺点[91]。陈虬对随机有限元法从随机变量、变分原理、随机场、随机场的离散及随机有限元列式等多个方面进行了较为系统的总结，同时提出了随机场插值等多种新型的理论方法[92]。秦权从随机场的离散、反应矩、可靠度等方面进行了概括和总结[93,94]。张汝清 [95]、高行山 [96]、赵雷 [97]等学者分别对静态、动态随机有限元法变分原理进行了阐述。

综观国内外文献可以看出，随机有限元的研究主要围绕着两个问题展开：一是随机算子和随机矩阵的求逆问题，即如何求解随机有限元的列式；二是随机场的离散化问题。根据不同的随机算子和随机矩阵求逆方法可以得到不同的随机有限元列式，形成不用的随机有限元法；根据不同的随机场处理方法可以形成不用的随机场近似方法。目前，普遍使用的随机有限元法有 Monte-Carlo 随机有限元法、Taylor 展开随机有限元法(TSFEM)、摄动随机有限元法(PSFEM)、Neumann 展开 Monte-Carlo 随机有限元法(NSFEM)，其对比如表 1-3 所示。总体可概括为：NSFEM 比一阶 TSFEM 和一阶 PSFEM 计算效率低，比二阶 TSFEM 和二阶 PSFEM 计算效率高；只要给定 NSFEM 的迭代误差足够小，可以将 Neumann 展开式取至任意项，而 TSFEM 和 PSFEM 无法考虑二阶以上的高阶项；NSFEM 可以得到响应量的任意阶统计量，而 TSFEM 和 PSFEM 只能得出一阶、二阶统计量；一阶 TSFEM 和一阶 PSFEM 简单明了，易于编程；二阶 TSFEM 和二阶 PSFEM 编程非常复杂；而 NSFEM 可以很方便地调用确定性有限元计算程序；随机变量的变异系数小于 0.2 时，NSFEM 与一阶 TSFEM 和一阶 PSFEM 具有相当的精度；随机变量的变异系数大于 0.2 时，一阶 TSFEM 和一阶 PSFEM 已不能满足精度要求，需采用计算量十分庞大的二阶 TSFEM 和二阶 PSFEM，而 NSFEM 仍能得到较为满意的结果。

表 1-3　随机有限元法对比

随机有限元方法	效率	精度	统计量	编程	应用条件
一阶 TSFEM	高	低	一阶、二阶	易	小变异
一阶 PSFEM	高	低	一阶、二阶	易	小变异
二阶 TSFEM	低	中	一阶、二阶	难	较大变异
二阶 PSFEM	低	中	一阶、二阶	难	较大变异
Monte-Carlo	低	高	任意阶	易	大变异
NSFEM	较高	高	任意阶	较易	较大变异

1.2.3　冻土工程随机温度场

对于多年冻土区，温度的变化是诱发冻土区建筑物基础发生破坏的主要原因，因此冻土工程的研究首先应从温度场开始。确定性温度场方面，Stefan 首次用共扼变量法解出了含相变一维初值问题的动态解，开创了寒区冻土热动力学的研究，但是并没有真正地运用于工程实际[98]。Bonacina 对非线性相变温度场进行了数值模拟[99]。Harlan 提出了考虑水分迁移和冰水相变问题的一维非线性形式的水热耦合方程组，可研究正冻土中伴随冻结锋面前移、温度梯度变化条件下水分迁移量随时间的变化[100]。Comini 采用有限元方法对非线性非稳态热传导问题进行了分析，并考虑了冻土相变潜热的影响[101]。Taylor 提出了考虑冻土内水分迁移及含冰量变化的一维非稳态非线性方程[102]。Hromadka 以非饱和土水分迁移与非完全冻结土水分迁移为基础，对计算非线性扩散系数的五种常用方法进行了研究[103,104]。Jame、Raw、Newman 提出了考虑冻土在热质迁移与水分迁移情况下各自的分析模型[105~107]。

我国冻土温度场的研究起步较晚，正式开始温度场理论研究仅有 50 余年历史，初期的研究工作主要包括开展室内外观测和试验、计算经验方程、温度场变化规律分析，直到 20 世纪 70 年代才逐渐开展了相变温度场的数值模拟及寒区工程温度场研究。郭兰波采用求解一维线性问题的解析法和非解析法分析了立井冻结壁温度场的变化规律，提出了非线性相变温度场的数值差分格式及计算方法[108]。朱林楠经过长期的观测研究后提出青藏公路路基温度场计算的“附面层原理”，认为在进行冻土路基温度场计算时，宜将不受太阳辐射、地面紊流热交换等因素影响的附面层底的温度作为计算的边界条件，提出不同类型边界与年平均气温间的增温关系，将复杂气候因素简化为第 I 类边界条件[109]。王劲峰提出了用小参数法对上边界条件处于变化状态下的冻土动态温度场求解方法[110]。胡和平探讨了冻结过程中土壤的冻结特性，建立了土体水热耦合的数学模型，并用有限差分法对土体冻结过程进行了数值模拟计算[111]。王铁行提出了一套综合考虑路基高度、路基走向、边坡坡度、降雨、风速、辐射和蒸发等多种自然因素的冻土路基温度场的有限元计算方法[112]。田亚护运用有限元分析方法对多年冻土区含保温夹层的路基温度场进行了数值模拟，得出了在多年冻土区路基中铺设保温材料对路基面下多年冻土具有明显的保护作用，总结出在多年冻土区路基工程中铺设保温层的合理厚度与位置[113]。喻文兵根据青藏高原多年冻土区的气候、路基填土特征，利用室内模型试验预测了多年冻土区通风结构路基及道碴通风管结构铁路路基在修筑以后的温度场发展变化情况[114,115]。米隆应用有限元方法对冻土地区通风路基的温度特性进行了三维数值分析，并根据多孔介质中流体热对流的连续性方程、动量方程和能量方程，引进流函数并应用伽辽金法导出了多孔介质对流换热的有限元公式[116,117]。赖远明根据带相变瞬态温度场问题的热量平衡控制微分方程，应用伽辽金法推导出有限元计算公式，并编制出计算程序，获得了气温变暖条件下多年冻土区路基温度场演变规律[118,119]。张明义根据不同介质的传热特性，引入多孔介质非达西渗流理论和带有相变的传热理论，考虑外界风的作用，建立了多年冻土区开放块碎石路堤及管道通风路堤的非线性传热数学模型[120,121]。孙增奎利用有限元方法，以路堤冻土一个完整的冻、融周期内所测的实际监测数据为基础，通过引进新的变量“焓”来处理相变问题，对路堤的温度场进行了数值模拟[122]。汪双杰考虑冰水相变与水分迁移的热流传导等效参数模型，对高原多年冻土路基温度场变化进行了数值模拟，认为青藏高原多年冻土对公路空间效应反映敏感[123]。葛建军结合试验工程监测资料，采用数值模拟方法分析了青藏铁路多年冻土区路基保温护道的负面效果[124]。马元顺阐明了冻土区不同深度土体地温与气温的对应关系以及由于气温变化对不同深度土体地温的影响规律[125]。纵观国内外对冻土温度场的研究可知，冻土温度场研究已经从早期的定性描述及理论分析发展到以计算机为工具的数值模拟及数值计算。经历了观测实验经验方程，一维、二维线性稳定性分析到近期的二维非稳态温度场数值方法模拟研究的发展过程。为了解决冻土温度随时间变化及受相变影响等问题，又引进了伴有相变的非稳态温度场数值方法，该方法的提出使得冻土温度场数值计算与分析产生了新的突破。伴随着计算机和数值计算的进一步发展，有限元数值分析方法能使所考虑的数学模型更加接近于实际工程地质条件。然而，由于冻土材料本身及地质作用的复杂性，其热学参数在空间分布上并不一定是常数，其往往呈现出空间变异性特征，传统的计算与分析存在一定的缺陷，因此有待寻求新的方法来解决此类不确定性问题。

由于冻土土性参数随机性的客观存在，导致其对温度场响应的影响不能忽视，若在温度场计算过程中考虑土性参数随机性特性，则原来的确定性温度场分析变成了随机温度场分析。显然，传统的数值分析方法不能有效解决随机温度场问题，诸多学者已对随机温度场计算方法进行了研究探索，目前已有的随机温度场计算方法主要有脉冲响应法、谱密度法、有限元谱分析法和随机有限元法等。

Tsubaki [126]提出了求解随机温度场的脉冲响应函数法，该法最初是用于求解混凝土结构随机湿度场方面。

不计入内热源项，对于圆柱结构，结构温度场的脉冲响应函数可以写为

$$h(r,t)=\frac{1}{2\pi}\int_{-\infty}^{+\infty}H(r,\omega)e^{\mathrm{i}\omega t}\mathrm{d}\omega \tag{1-40}$$

式中，$H(r,\omega)$ 为复频响应函数，可由谱密度法求得。

假设环境温度可以描述为

$$T = T_{\mathrm{m}} + \varphi(t) = T_{\mathrm{m}} + A\mathrm{e}^{\mathrm{i}(\omega_0 t + \omega_0)} \tag{1-41}$$

式中，T_{m}为均值温度，A为随机变量，$E(A)=0$，$E(A^2)=\sigma_0^2$。

根据环境温度的自相关特性便可求出温度场的统计特性。脉冲响应函数法可以说是针对特殊形式结构的精确求解方法，其优点在于可以考虑环境因素的非平稳效应，该效应由自相关函数反映。但是该法所得温度场仍局限于稳定或准稳定温度场，也无法考虑材料参数的随机性。另外，对一些实际工程结构，系统的脉冲响应函数往往不易求得，由此极大地限制了脉冲响应函数法的应用。

Heller[127,128]最先提出了一维温度场问题的谱密度法，求解了无限厚平板和圆柱结构的随机温度场响应问题，对于无限厚平板，结构的温度场可以表示为

$$T(x,t) = H(\omega,x)T_a(t) \tag{1-42}$$

式中，$H(\omega,x)$为复频响应函数，$T_a(t)$为正弦环境温度。

通过分离变量法，结合功率谱密度相关理论，温度场的均方值可以由下式表示：

$$E\left[T^2(x)\right] = \int_0^{\infty}\left|H(\omega,x)\right|^2 W_0(\omega)\mathrm{d}\omega \tag{1-43}$$

式中，$W_0(\omega)$为$x=0$处的单边功率谱密度。

Heller 的研究仅局限于周期平稳环境温度影响下结构的一维散热问题，从数学处理手段来看，对于处于同样条件下的复杂结构，很难得出随机温度场的表达式。谱密度法与脉冲响应函数法可以说是针对特殊形式结构的精确求解方法，对于许多实际工程结构，上述方法根本不能求解。

Bazant[129,130]以 Heller 的研究为基础，采用有限元谱分析方法对随机温度场进行了分析。基于环境因素可以描述为若干周期(正弦或余弦)平稳过程迭加的假设，考虑其中任一项的影响，经有限元离散后，结点温度列阵可以表示为

$$T = H(\omega,t)\mathrm{e}^{\mathrm{i}\omega(t-t_0)} \tag{1-44}$$

式中，$H(\omega,t)$为结点温度复频响应函数列阵。

对于温度场问题，一般可以认为导温系数a是与时间无关的随机变量，$H(\omega,t)$可以退化为$H(\omega)$。结合节点温度有限元控制方程，可得以下递推式：

$$\left.\begin{aligned}
&K_a H_{i+1} = K_b H_i \\
&K_a = \left[a(t_{i+1/2})K_2 + \mathrm{i}\omega K_1\right]/2 + K_1/\Delta t \\
&K_b = \left[a(t_{i+1/2})K_2 + \mathrm{i}\omega K_1\right]/2 - K_1/\Delta t
\end{aligned}\right\} \tag{1-45}$$

如果导温系数$a(t)$为常量a，则无需递推公式，可得如下的简化计算式：

$$(K_1 + \mathrm{i}\omega K_2)H(\omega) = \sum_{\mathrm{e}} a\iint_{ce}\frac{b}{\lambda}N_i N A\mathrm{d}s \tag{1-46}$$

式中，$\boldsymbol{N}$为结构整体形函数矩阵，$\boldsymbol{N}_i$为单元形函数矩阵，求出各结点的复频响应函数后，各结点温度的方差可由下式求出：

$$\mathrm{Var}(T) = Var\left(A^{\mathrm{T}}\right)\left|H(\omega,t)\right|^{2} \tag{1-47}$$

有限元谱分析法对于求解实际工程结构的随机温度场已较有效，但该法仍不能考虑材料热学参数的随机性。

冻土土性参数的随机性将导致冻土路基温度场的随机性，若在计算过程中将以上参数视为随机变量，则原来的确定性温度场分析变成了含有随机变量的不确定性温度场分析，即所谓的随机变量有限元分析；若在计算过程中将以上参数视为随机场，则原来的确定性温度场分析变成了含有随机场的不确定性温度场分析，即所谓的随机场有限元分析。从广义上讲，只要在有限元计算中考虑了不确定因素即为随机有限元法。但Vanmarcke[23]指出，“真正”的随机有限元法必须包含对随机场的处理，结构性质或荷载含有随机性时，为了将随机场反映到有限元典型方程中，就必须将随机场离散化。

Shigekazu[131]率先采用随机有限元法对计算机冷却过程的温度场进行了随机有限元分析，该方法直观明了，可以考虑材料热学参数的随机性，也计入了内热源项，有一定的实用价值，但该方法未能考虑内热源的随机性以及环境温度的随机性。刘宁[132]给出了可以反映材料参数随机性的基于随机场局部平均的温度场随机变分原理和随机有限元列式，利用叠加原理，将温度场定解问题分离为随机环境温度定解问题和随机绝热温升定解问题，然后再分别进行求解。祁长青[133]利用一阶 Taylor 展开随机有限元法分析了环境温度和冻土的热学参数具有随机性时青藏铁路路基温度场。王小兵[134]通过引入随机因子并提出一类关于热传导矩阵和热容矩阵的近似处理方法，实现了对随机温度场 Monte-Carlo 数值模拟时间的节省。李金平[135]在稳态随机温度场的计算中引入 Neumann 展开式，采用 Monte-Carlo 随机有限元法进行了分析计算。孙红[136]利用 Monte-Carlo 随机有限元法计算了青藏铁路沿线冻土区的路基随机温度场，得到了随机温度场的均值和标准差。Xiu[137]、Emery[138]在随机热传导理论分析中考虑了参数的随机过程作用。张德兴[139]引入随机过程理论对结构温度场和温度应力进行了分析。王玉芝[140]将随机过程与热传导理论相结合，分析了内燃机随机热冲击成分对活塞温度场的影响。随机过程可视为一维随机场，但与二维及三维随机场问题仍有较大差异。祁长青[141]、刘志强[142~145]在冻土路基随机温度场分析中均提到了随机场离散问题，但未给出土性参数随机场的详细描述及局部平均随机场的数字特征，且采用的一阶 TSFEM 和一阶 PSFEM 均对摄动量有严格的限制条件(一般应小于均值的 20%或 30%)。

综上所述，随机温度场的计算方法研究中以随机有限元法占优，该方法可以全面考虑材料不确定性参数及外界环境的随机性。直接采用 Monte-Carlo 随机有限元方法计算随机温度场，对于简单问题尚可，对于大型复杂工程问题，计算工作量大，效率低；采用一阶 TSFEM 和一阶 PSFEM 计算随机温度场，易于编程且效率较高，但对摄动量有严格的限制条件；采用二阶 TSFEM 和二阶 PSFEM 计算随机温度场，摄动量的要求可以适当放宽，但计算量成倍增加，效率极低，实用性很差。因此，本书拟采用效率较高，受随机波动影响较小，方便调用确定性有限元计算程序的 NSFEM；同时对冻土不确定性热学参数进行随机场描述，采用局部平均理论对各参数随机场进行空间离散，结合有限元网格和随机场网格对应关系，自行研制开发冻土温度场随机有限元程序，建立寒区冻土工程温度场随机有限元分析模型。

1.2.4 冻土工程随机变形场

要进行冻土工程随机变形场的研究，首先需要解决冻土本构模型问题。所谓本构关系是指自然界的作用与由该作用产生的效应两者之间的关系。土体本构模型有线性弹性模型、非线性弹性模型、弹塑性模型以及超塑性模型和次塑性模型等多种类型[146~148]。其中，Duncan-Chang 双曲线模型是目前应用范围较广的非线性弹性模型，剑桥模型、Lade-Dunan 模型以及边界面模型则是应用较多的弹塑性模型，南水模型、黄文熙模型等是国内提出的比较著名土体模型[149]。冻土作为一种特殊的岩土类材料，由于土中冰包裹体和未冻黏滞水膜的存在，使得构建冻土材料的本构模型成为一项相当困难的工作，尽管如此，许多学者还是在这方面进行了大胆的探索。早期对于冻土本构模型的研究，都是基于连续介质的假设，从分析冻土受力后的表现性状入手，利用试验得出的应力-应变关系，应用曲线拟合或弹性理论、塑性理论及其他理论来建立本构模型，这种模型将颗粒材料的力学特性用状态参数(孔隙比、温度、相对密度及各向异性张量等)来描述，忽略颗粒之间接触特性的所有细节，可以较容易的应用数学分析工具。在这一研究阶段以 Vyalov 的幂函数单轴应力-应变关系[150]以及朱元林[151,152]等提出的冻土三轴蠕变模型和冻土的单轴压缩本构关系，另外还有蔡中民[153]等提出的适用于静荷或重复加载的能够反映温度效应的黏弹塑本构模型。但由于冻土中冰的存在，对冻土受力的分析，不仅要考虑冻土受力后的宏观表现，更要关注发生在其内部的温度变化以及由此引起的相变过程，所以说，对于冻土本构关系的研究，进展很慢。直到 1995 年，苗天德[154]等采用复膜-电镜方法开展冻土蠕变损伤的研究，将损伤力学理论引入冻土力学的研究中，为冻土本构模型的研究开辟了一条新途径。在随后的十几年里，诸多学者基于损伤力学理论，试图从细微观角度建立冻土本构模型[155~156]。近年来，刘增利[157]采用连续介质力学与热力学方法，建立了含损伤的冻土单轴压缩本构模型，并以冻结兰州黄土单轴压缩 CT 试验获得的冻土损伤作为基础，建立了冻土损伤与应变之间的关系，为进一步研究冻土的复杂受力提供了基础。赖远明[158~160]团队从高温冻土强度的随机分布出发，采用概率与数理统计方法，建立了可以反映冻土力学性质较强离散性的随机损伤本构模型。高温冻土实际上并不是完全弹性体，将其作为弹性体的损伤本构模型研究存在一定的缺陷。金龙[161]为了解决低围压下冻土应变软化现象，引入损伤变量，在应力空间中定义了各向异性损伤的能量指标，建立了冻结砂土的弹塑性损伤本构模型，但该模型计算参数多，求解过程相当复杂，工程应用十分不便。总体来说，由于冻土材料本身的复杂性，其本构模型的研究工作还是处于探索阶段，已经构建的本构模型大多处于试验及理论分析研究阶段，且一般只能反映冻土剪缩、剪胀、硬化和软化特性中的一种或两种，而寒区工程应力与变形分析中，研究对象可能同时存在剪缩、剪胀、硬化和软化局部区域，因此，目前真正能应用于寒区工程变形与力学特征分析的本构模型基本没有，值得进一步研究。

冻土工程病害潜在的发生和发展可以用冻土温度场特征进行预测，但冻土工程病害最终还是以工程变形表现出来。因此，要实现对寒区冻土工程长期稳定性的综合评价，分析其结构实用性及稳定性，有必要对变形场进行研究。在冻土区的各项工程建设中常常遇到许多问题，这些问题的产生都是由于土中水冻结成冰或冻土中冰的消融而引起地基土的冻胀或融沉，进而导致建筑物基础发生破坏。融沉变形和冻胀变形是冻土地区路基变形的主要组成部分。融沉方面，前苏联学者 H. A. 崔托维奇[162]采用室内实验和现场实测的方法对冻土的融沉量进行了相关研究，并首次提出了一维情形下冻土融化后的稳定沉降量计算公式。Waston[163]将冻土的压密沉降分解为两个部分，即由自重引起的压密沉降和由附加荷载引起的压密沉降，从而得到了融沉量计算公式。Crory[164]提出可分别采用土体干容重和含水量来计算融沉系数。我国学者张喜发[165]根据 2000～2002 年间对吉林省几条高速公路所做的路基冻害钻探调查和现场观测获得的资料，对融沉系数与含水量和干容重的关系进行了统计分析。何平[166]基于冻土融沉试验结果，引入界限孔隙率，将融沉分为非饱和、饱和及过饱和 3 种状态，并给出 3 种状态下的融沉系数计算方法。梁波 [167]通过室内试验研究了不同土质在不同含水率、密实度、荷载条件下，反复冻融过程中的融沉特性，并探讨了循环融沉系数与融沉系数的关系及表达式。Foriero[168]、Sally [169]和侯曙光[170]均采用数值分析方法对融沉变形现象进行了深入分析。冻胀方面，Taber[171]和 Beskow[172]分别进行了一系列有关土体冻胀的试验研究，结果表明：土体内孔隙水结冰产生相变会造成土体体积增加 9%，而冻结过程中的水分迁移才是造成冻胀现象的主要因素。20 世纪 60 年代，Everest[173]首先根据毛细理论分别对冻胀和冻胀力进行定量的解释和估计，毛细理论被称为第一冻胀理论，曾一度被广为接受并且很快发展，但毛细理论不能解释不连续分凝冰层的形成，并且该理论低估了细颗粒土中的冻胀压力[174]。Miller[175,176]提出在冻结锋面和最暖冰透镜底面存在一个低含水量、低导湿率和无冻胀的带，称为冻结缘。冻结缘理论克服了毛细理论的不足，得到了广大学者的认可，称为第二冻胀理论。Harlan[177]对寒区工程病害中的聚冰冻胀作用进行了深入探讨，提出了著名的 Harlan 方程。

以上研究主要集中在冻胀、融沉试验与基础理论方面，而真正要对冻土工程进行实用性及稳定性评价时，需要进行冻土区路基应力及变形方面的研究。最初的研究者主要提出了一些便于工程应用的经验和半经验预测公式，喻文学[178]通过对青藏公路长期变形资料的分析，提出了冻土区路基沉降变形计算的经验公式。张建明[179]认为冻土路基沉降变形主要由路基下多年冻土的融沉和压缩变形组成，并提出了相应的计算模型，而且预测了青藏铁路北麓河试验段冻土路基在未来 50 年内沉降变形发展状况。毛雪松[180]采用数值计算方法研究了多年冻土地区路基变形及应力状况。汪双杰[181]针对青藏公路路基下发育多年冻土融化盘的实际情况，选择两种模型，应用 ABAQUS 有限元分析软件，对冻土路基从修筑到开放交通过程中的路基路面位移及应力进行了分析。李建军[182]、郑波[183]利用温度场的计算结果，采用随温度变化的力学参数对青藏铁路路基若干年后的变形进行了分析。温智[184]基于实际监测数据分析结果，考虑到温度对多年冻土地区土体力学性质的强烈决定作用，建立冻土路基热弹塑性融沉压缩本构模型，进行了温度场和变形场的单向耦合分析。李双洋[185]建立了冻土路基的热、力学(蠕变)稳定性分析模型，对路基运营若干年后的热、力学状况进行了分析和预测。朱志武[186]从材料的细观力学机理出发，建立了含损伤的冻土弹性本构模型，并进行了冻土路基的三场耦合计算。穆彦虎[187]开展了考虑阴阳坡效应下的高含冰量路段普通路基的蠕变变形数值模拟，预测由高含冰量冻土蠕变变形引起的路基沉降变形。纵观国内外对冻土变形特性的研究可知，冻土应力场及变形场研究已经从早期的冻胀、融沉定性描述、试验研究及理论分析发展到以电子计算机为工具的实际寒区工程数值模拟与数值计算。然而，由于冻土材料本身及地质作用的复杂性，其力学参数在空间分布上并不一定是常数，其往往呈现出空间变异性特征，传统的计算与分析存在一定的缺陷，因此有待寻求新的方法来解决此类不确定性问题。

随着我国寒区道路工程及管线工程建设步伐的加快，寒区冻土工程变形的预测和评价越来越受到工程界和学术界的关注，然而人们对于冻土工程变形的研究尚处在探索阶段，还没有形成比较有效的评估体系。目前，采用可靠性理论解决地基变形问题研究较多。可靠性理论萌芽于二次世界大战期间，在战后得到了飞速的发展，并在许多工程领域得到应用，取得显著的成效。Freudenthal[188]率先将概率分析和概率设计的思想引入到实际工程中，研究了传统安全系数和结构失效概率间的内在联系，提出了各种因素的影响；之后，Cornell[189]创建了结构可靠度的一次二阶矩理论，提出了在可靠度分析中应用直接与结构失效概率相联系的可靠指标 β 来衡量结构可靠度理论；随后，由 Lind[190]提出了一种新理论，将可靠指标化为分项系数的形式，从而也推动了可靠度理论在设计规范中的有效应用。Rackwitze[191]提出了当量正态化理论(JC 法)，解决了随机变量为非正态分布情况下的可靠度计算问题。我国学者盛崇文[192]采用贝斯定理把砂性土弹性模量进行综合更新，提出了更加可靠的计算指标，然后根据要求的可靠度确定了出现沉降真值的置信区间。高大钊[193]对岩土工程可靠性问题进行了较为系统的综述。郭志川[194]首次推导了基于一阶 Taylor 展开的地基沉降随机有限元方程及其有关计算公式，并对地基沉降对模型中各参数的敏感性逐一进行了分析，同时考虑参数随机场的影响，对地基沉降进行了随机有限元分析，并基于随机有限元对地基点沉降和各点之间的差异沉降的可靠度进行了计算。傅旭东[195]将随机土性分布参数模拟为随机场，用矩形和任意四边形局部平均随机场单元来离散随机场，提出了多维相关正态分布随机数的计算机模拟方法，采用 Neumann 随机有限元法进行了地基沉降和非均沉降概率分析。徐军[196]提出了一种基于数值模拟、BP 网络和优化技术三者相结合的可靠度分析方法，模拟了实际工程中常见的功能函数不能明确的可靠度计算问题。祁长青[197]在冻土路基融沉变形极限状态方程的基础上，从可靠度指标的几何含义出发，提出了基于遗传算法的冻土路基融沉可靠度指标和失效概率的计算方法，并对青藏铁路冻土路基进行了计算。

总体来说，现行岩土工程变形分析方法主要有一次二阶矩法、蒙特卡罗法、响应面法及随机有限元法。一次二阶矩法不考虑随机变量的相关性，而岩土工程中土性指标具有很强的自相关和互相关性，因此运用该法求解岩土工程的可靠指标会引起较大误差。并且该方法适用于极限状态方程非线性程度不高的情况，而且要求极限状态方程在展开点可以求导，对于复杂的具有高度非线性的岩土工程极限状态方程求导困难。蒙特卡罗法是唯一可以检验其他方法精确性的方法，但是由于失效概率一般都较小，用该方法所需的模拟次数会相当多，耗时巨大。响应面法可以解决极限状态方程难以用显式函数表达的问题，但该方法需要的循环次数取决于随机变量的个数，如果随机变量数量较大，那么其效率也难以保证；同时该方法要求随机变量间的函数关系必须是光滑连续的，当随机输入变量变化不大，而输出变量有突变时，该方法就不再适用。随机有限元法是采用确定性分析与概率统计相结合的方法，综合考虑了各物理量的随机性，目前，随机有限元法得到了相当的发展，而且在岩土工程中也得到了较多的应用，随着研究的进一步深入，该方法还将有更广阔的应用前景，然而，对于寒区工程应力及变形问题的分析却鲜有报道。因此，本书拟采用效率较高，受随机变量波动范围较小，方便调用确定性有限元计算程序的 NSFEM；同时考虑温度对冻土基本力学参数的影响，将冻土不确定性力学参数模拟为随机场，通过局部平均理论对各参数随机场进行空间离散，结合有限元网格和随机场网格对应关系，自行研制开发冻土应力场与变形场随机有限元程序，建立寒区冻土工程应力场与变形场随机有限元分析模型。

主要参考文献

[1] Lumb P. The variability of natural soils [J]. Canadian Geotechnical Journal, 1966, 3(2): 74-97.

[2] Lumb P. Probability of Failure in Earth Works [C]. Proceedings of the 2nd Southeast Asian Conference on Soil Engineering, Singapore, 1970: 139-147.

[3] Cornell C A. First order uncertainty analysis in soils deformation and stability [C]. Proceedings of the 1st International Conference on Applications of Probability and Statistics in Soil and Structural Engineering, London: Oxford University Press, 1971: 32-40.

[4] Wu T H. Uncertainty safety and decision in soil engineering [J]. Journal of Geotechnical and Geoenvironmental Engineering, 1974, 100(3): 329-348.

[5] Lumb P. Slope failures in Hong Kong [J]. Quarterly Journal of Engineering Geology and Hydrogeology, 1975, 8: 31-65.

[6] Vanmarcke E. Probabilistic modeling of soil profiles [J]. Journal of the Geotechnical Engineering Division, 1977, 103(11): 1227-1246.

[7] Vanmarcke E. Reliability of earth slopes [J]. Journal of the Geotechnical Engineering Division, 1977, 103(11): 1247-1265.

[8] Vanmarcke E, Grigoriu M. Stochastic finite element analysis of simple beams [J]. Journal of engineering mechanics, 1983, 109(5): 1203-1214.

[9] Soulie M, Montes P, Silvestri V. Modelling spatial variability of soil parameters [J]. Canadian Geotechnical Journal, 1990, 27(5): 617-630.

[10] Phoon K K, Kulhawy F H. Characterization of geotechnical variability. Canadian Geotechnical Journal [J], 1999, 36(4): 612-624.

[11] Ramly H E, Morgenstern N R, Cruden D M. Probabilistic slope stability analysis for practice [J]. Canadian Geotechnical Journal, 2002, 39(3): 665-683.

[12] Elkateb T, Chalaturnyk R, Robertson P K. An overview of soil heterogeneity: quantification and implications on geotechnical field problems [J]. Canadian Geotechnical Journal, 2003, 40(1): 1-15.

[13] Griffiths D V, Fenton G A. Probabilistic slope stability analysis by finite elements [J]. Journal of Geotechnical and Geoenvironmental Engineering, 2004, 130(5): 507-518.

[14] Dasaka S M, Zhang L M. Spatial variability of in situ weathered soil [J]. Geotechnique, 2012, 62(5): 375-384.

[15] Zhu H, Zhang L M. Characterizing geotechnical anisotropic spatial variations using random field theory [J]. Canadian Geotechnical Journal, 2013, 50(7): 723-773.

[16] Soulie M, Favre M, Konrad J M. Analyse geostatistique d'un noyau de barrage tel que construit [J]. Canadian Geotechnical Journal, 1983: 20(3). 453-467.

[17] Soulie M, Montes P, Silvestri V. Modelling spatial variability of soil parameters [J]. Canadian Geotechnical Journal, 1990, 27(5): 617-630.

[18] Chiasson P, Lafleur J, Soulie M. Characterizing spatial variability of a clay by geostatistics [J]. Canadian Geotechnical Journal, 1995, 32(1): 1-10.

[19] 张征，刘淑春，邹正盛，等. 岩土参数的变异性及其评价方法[J]. 土木工程学报，1995，28(6): 43-51 .

[20] 张征，刘淑春，鞠硕华. 岩土参数空间变异性分析原理与最优估计模型[J]. 岩土工程学报，1996，18(4): 40-47.

[21] Jaksa M B, Brooker P I, Kaggwa W S. Inaccuracies associated with estimating random measurement errors [J]. Journal of Geotechnical and Geoenvironmental Engineering, 1997, 123 (5): 393-401.

[22] 胡小荣，俞茂宏，唐春安. 岩土体的非均质性及力学参数的条件模拟赋值[J]. 岩石力学与工程学报, 2002, 21(l): 13-17.

[23] Vanmarcke E, Shinozuka M, Nakagiri S, et al. Random fields and stochastic finite elements [J]. Structural Safety, 1986, 3(3-4): 143-166.

[24] Kiureghian A D, Ke J B. The stochastic finite element method in structural reliability [J]. Probabilistic Engineering Mechanics, 1988, 3(2): 83-91.

[25] Beacher G B, Ingra T S. Stochastic FEM in settlement predictions [J]. Journal of the Geotechnical Engineering Division, 1981, 107(4): 449-463.

[26] Zhu W Q, Wu W Q. On the local average of random field in stochastic finite element analysis [J]. Acta Mechanica Solida Sinica (English Edition), 1989, 3(1): 27-42.

[27] Phoon K K, Quek S T, Chow Y K, et al. Reliability analysis of pile settlement [J]. Journal of Geotechnical Engineering, 1990, 116(11): 1717-1734.

[28] Liu W K, Belytschko T, Mani A. Random field finite elements [J]. International Journal for Numerical Methods in Engineering, 1986, 23 (10): 1831-1845.

[29] Liu W K, Belytschko T, Mani A. Probabilistic finite elements for nonlinear structural dynamics [J]. Computer Methods in Applied Mechanics and Engineering, 1986, 56(1): 61-81.

[30] Takada T, Shinozuka M. Local integration method in stochastic finite element analysis [C]. PICSSR, 1989, 1072-1080.

[31] Deodatis G. Bounds on response variability of stochastic finite element systems [J]. Journal of Engineering Mechanics, 1990, 116 (3): 565-585.

[32] Spanos P D, Ghanem R. Stochastic finite element expansion for random media [J]. Journal of Engineering Mechanics, 1989, 115(5): 1035-1053.

[33] Ghanem R, Spanos P D. Polynomial chaos in stochastic finite elements [J]. Journal of Applied Mechanics, 1990, 57 (4): 197-202.

[34] 刘宁，吕泰仁. 随机有限元及其工程应用[J]. 力学进展, 1995, 25(1): 114-126.

[35] Spanos P D, Ghanem R. Stochastic finite element expansion for random media [J]. Journal of Engineering Mechanics, 1989, 115(5): 1035-1053.

[36] Ghanem R, Spanos P D. Stochastic Finite Element: A Spectral Approach [M]. New York: Springer-Verlag, 1991 .

[37] Phoon K K, Huang S P, Quek S T. Implementation of Karhunen-Loeve expansion for simulation using a

wavelet-Galerkin scheme [J]. Probabilistic Engineering Mechanics, 2002, 17(3): 293-303.

[38] Phoon K K, Huang S P, Quek S T. Simulation of second-order processes using Karhunen-Loeve expansion [J]. Computers & Structures, 2002, 80(12): 1049-1060.

[39] Phoon K K, Huang H W, Quek S T. Comparison between Karhunen-Loeve and wavelet expansions for simulation of Gaussian processes [J]. Computers & Structures, 2004, 82(13-14): 985-991.

[40] Jun Z, Bruce E. Orthogonal series expansions of random fields in reliability analysis [J]. Journal of Engineering Mechanics, 1994, 120(12): 2660-2677.

[41] Vanmarcke E. Random fields: Analysis and synthesis [M]. Cambrige: The MIT Press, 1983 .

[42] Asaoka A, A-Grivas D. Spatial variability of the undrained Strength of Clay [J]. Journal of the Geotechnical Engineering Division, 1982, 108(5): 743-756.

[43] Fenton G A, Vanmarcke E H. Spatial variation in liquefaction risk assessment [J]. Géotechnique, 1991, 48(6): 819-831.

[44] DeGroot D J, Baecher G B. Estimating Auto-covariance of In-Situ Soil Properties [C]. Proceedings of the ASCE Geotechnical Engineering Congress. Colorado, Boulder, 1991: 594-607.

[45] Phoon K K, Kulhawy F H. Evaluation of geotechnical property variability [J]. Canadian Geotechnical Journal, 1999, 36(4): 625-639.

[46] Rackwitz R. Reviewing Probabilistic soils modeling [J]. Computers and Geotechnics, 2000, 26(3-4): 199-223.

[47] 傅旭东. 土工参数相关范围及相关距离的计算方法[J]. 西南交通大学学报, 1996, 31(5): 510-515.

[48] 徐斌, 王大通, 高大钊. 用相关函数法求静探曲线相关距离的讨论[J]. 岩土力学, 1998, 19(l): 55-59.

[49] 程强, 罗书学. 相关函数法计算相关距离的分析探讨[J]. 岩土力学, 2000, 21(3): 281-283.

[50] 刘春原, 阎澎旺. 随机场相关距离的研究[J]. 天津大学学报: 自然科学与工程技术版, 2003, 36(l): 68-72.

[51] 李小勇, 谢康和, 虞颜. 土性指标相关距离性状的研究[J]. 土木工程学报, 2003, 36(8): 91-95 .

[52] 闫澎旺, 朱红霞, 刘润, 等. 关于土层相关距离计算方法的研究[J]. 岩土力学, 2007, 28(8): 1581-1586.

[53] 陈虬, 刘先斌. 随机有限元法及其工程应用[M]. 成都: 西南交通大学出版社, 1993..

[54] Shinozuka M, Jan C M. Digital simulation of random processes and its applications [J]. Journal of Sound and Vibration, 1972, 25(1): 111-128.

[55] Shinozuka M, Lenoe E. A probabilistic model for spatial distribution of material properties [J]. Engineering Fracture Mechanics, 1976, 8(1): 217-227.

[56] Hisada T, Nakagiri S. Stochastic finite element method developed for structural safety and reliability [C]. Proceedings of the 3rd International Conference on Structural Safety and Reliability, Trondheim, Norway, 1981: 395-408.

[57] 徐钟济. 蒙特卡罗方法[M]. 上海: 上海科学技术出版社, 1985.

[58] Ayyup M, Haldar A. Improved simulation techniques as structural reliability models [C]. structural safety and reliability, IASSAR, Japan, 1985: 27-29.

[59] 王小兵, 陈建军, 梁震涛, 等. 随机温度场 Monte-Carlo 法的一类近似处理[J]. 系统仿真学报, 2007, 19(10): 2156-2160.

[60] Cambou B. Application of first order uncertainty analysis in the finite element method in 1inear elasticity [C]. Proceedings of the 2nd International Conference on Applications of Probability and Statistics in Soil

and Structural Engineering, London, England, 1971: 117-122.
[61] Dendrou B A, Houstis E N. An inference-finite element model for field applications [J]. Applied Mathematical Modeling, 1978, 2(2): 109-114.
[62] Houstis E N. The complexity of numerical methods for elliptic partial differential equations [J]. Journal of Computational and applied mathematic, 1978, 4(3): 191-197.
[63] Ingra T S, Baecher G B. Uncertainty in bearing capacity of sands [J]. Journal of Geotechnical Engineering, 1983, 109(7): 899-914.
[64] Collins J D, Thomson W T. The eigenvalue problem for structural systems with statistical properties [J]. AIAA Journal, 1969, 7(4): 642-648.
[65] Shinozuka M, Astill J. Random Eigenvalue Problems in Structural Analysis [J]. AIAA Journal, 1972, 10(4): 456-462.
[66] Nayfeh A H. Perturbation method [M]. New York: John Wiley and sons, 1973.
[67] Jordan D W, Smith P. Nonlinear ordinary differential equation [M]. Oxford: Oxford University Press, 1977.
[68] Handa K, Anderson K. Application of finite element methods in statistical analysis of structures [C]. Proceedings of the 3rd International Conference on Structural Safety and Reliability, Trondheim, Norway, 1981, 409-417.
[69] Hisada T, Nakagiri S. Stochastic finite element method developed for structural safety and reliability [C]. Proceedings of the 3rd International Conference on Structural Safety and Reliability, Trondheim, Norway, 1981, 395-408.
[70] Hisada T, Nakagiri S. Stochastic finite element analysis of uncertain structural system [C]. Proceedings of the 4th International Conference on Finite Element Methods in Engineering, Australia, 1982: 133-137.
[71] Liu W K, Besterfield G, Belytschko T. Transient probabilistic systems [J]. Computer Methods in Applied Mechanics and Engineering, 1988, 67(1): 27-54.
[72] Shinozuka M, Deodatis G. Response variability of stochastic finite element systems [J]. Journal of engineering mechanics, 1988, 114(3): 499-519.
[73] Yamazaki F, Shinozuka M, Dasgupta G. Neumann expansion for stochastic finite element analysis [J]. Journal of engineering mechanics, 1988, 114(8): 1335-1354.
[74] 林育梁. 岩土与结构工程中不确定性问题及其分析方法[M]. 北京：科学出版社, 2009 .
[75] Ostoja-Starzewski M. Micromechanics as a basis of stochastic finite element and differences-an overview [J]. Applied Mechanical Reviews, 1993, (46): 129-147.
[76] Takada T. Weighted integral method in stochastic finite element analysis [J]. Probabilistic Engineering Mechanics, 1990, 5(3): 146-156.
[77] Deodatis G. Weighted Integral Method I: Stochastic Stiffness Matrix [J]. Journal of Engineering Mechanics, 1991, 117(8): 1851-1864.
[78] Deodatis G, Shinozuka M. Weighted Integral Method Ⅱ: Response Variability and Reliability [J]. Journal of Engineering Mechanics, 1991, 117(8): 1865-1877.
[79] Kleiber M, Hien T D. The Stochastic Finite Element Method: Basic Perturbation Technique and Computer Implementation [M]. New York: John Wiley & Sons, 1992 .
[80] Huang S P. A collocation-based spectral stochastic finite element analysis-stochastic response surface approach [J]. Chinese Journal of Computational Mechanics, 2007(2): 173-180.
[81] Huang S P, Liang B, Phoon K K. Geotechnical probabilistic analysis by collocation-based stochastic

response surface method: An Excel add-in implementation [J]. Georisk, 2009, 3(2): 75-86.
[82] Isukapalli S S. Uncertainty analysis of transport-transformation models [D]. New Jersey: The state university of New Jersey, 1999 .
[83] Sachdeva S K, Nair P B, Keane A J. Hybridization of stochastic reduced basis methods with polynomial chaos expansions [J]. Probabilistic Engineering Mechanics, 2006, 21(2): 182-192.
[84] Mohan P S, Nair P B, Keane A J. Multi-element stochastic reduced basis methods [J]. Computer Methods in Applied Mechanics and Engineering, 2008, 197(17-18): 1495-1506 .
[85] Li D Q, Chen Y F, Lu W B. Stochastic response surface method for reliability analysis of rock slopes involving correlated non-normal variables [J]. Computers and Geotechnics, 2011, 38(1): 58-68.
[86] Rajashekhar M R, Ellingwood B R. A new look at the response surface approach for reliability analysis [J]. Structural Safety, 1993, 12(3): 205-220 .
[87] 朱位秋，任永坚. 随机场的局部平均与随机有限元[J]. 航空学报, 1986, 7(6): 604-611 .
[88] 朱位秋，任永坚. 基于随机场局部平均的随机有限元法[J]. 固体力学学报, 1988, (4): 285-293 .
[89] Zhu W Q, Wu W Q. On the local average of random field in stochastic finite element analysis [J]. Acta Mechanica Solida Sinica (English Edition), 1989, 3(1): 27-42.
[90] 吴世伟，李同春. 重力坝最大可能失效模式初探[J]. 水利学报, 1990, (8): 20-28.
[91] 温卫东，高德平. 随机有限元方程一般式的两种推导方法[J]. 南京航空航天大学学报, 1993, 25(6): 832-838.
[92] 陈虬，刘先斌. 随机有限元法及其工程应用[M]. 成都: 西南交通大学出版社, 1993.
[93] 秦权. 随机有限元及其进展Ⅰ: 随机场的离散和反应矩的计算[J]. 工程力学, 1994, 11(4): 1-10.
[94] 秦权. 随机有限元及其进展Ⅱ: 可靠度随机有限元和随机有限元的应用[J]. 工程力学. 1995, 12(1): 1-9.
[95] 张汝清，高行山. 随机变量的变分原理及有限元法[J]. 应用数学和力学, 1992, 13(5): 383-388.
[96] 高行山，张汝清. 有限变形弹性理论随机变量变分原理及有限元法[J]. 应用数学和力学，1994, 15(10): 855-862.
[97] 赵雷，陈虬. 结构动力分析的随机变分原理及随机有限元法[J]. 计算力学学报，1998, 15(3): 263-274.
[98] 费里德曼著. 冻土温度状况计算方法[M]. 徐学祖, 成果栋, 丁德文，等译.北京：科学出版社, 1982 .
[99] Bonacina C, Comini G. On the solution of the nonlinear heat conduction equations by numerical methods [J]. International Journal of Heat and Mass Transfer, 1973, 16(3): 581-589.
[100] Harlan R L. Analysis of coupled heat-fluid transport in partially frozen soil [J]. Water Resources Research, 1973, 9(5): 1314-1323.
[101] Comini G, Guidice S D, Lewis R W, et al. Finite element solution of non-linear heat conduction problems with special reference to phase change [J]. International Journal for Numerical Methods in Engineering, 1974, 8(3): 613-624.
[102] Taylor G S, Luthin J N. A model for coupled heat and moisture transfer during soil freezing [J]. Canadian Geotechnical Journal, 1978, 15: 548-555.
[103] Hromadka T V, Guymon G L. Some effects of linearizing the unsaturated soil moisture transfer diffusivity model [J]. Water Resources research, 1980, 16(4): 643-650 .
[104] Hromadka T V, Guymon G L, Berg R L. Some approaches to modeling phase change in freezing soils [J]. Cold Regions Science and Technology, 1981, 4(2): 137-145 .
[105] Jame Y W, Norum D I. Heat and mass transfer in a freezing unsaturated porous medium [J]. Water

Resources Research, 1980, 16(4): 811-819.

[106] Raw M J, Schneider D E. A new implicit solution procedure for multidimensional finite-difference modeling of the Stefan problem [J]. Numerical Heat Transfer, 1985, 8(5): 559-571 .

[107] Newman G P, Wilson G W. Heat and mass transfer in unsaturated soils during freezing [J]. Canadian Geotechnical Journal, 1997, 34(1): 63-70.

[108] 郭兰波，庞荣庆，史文国. 竖井冻结壁温度场的有限元分析[J]. 中国矿业学院学报，1981, (3): 37-55.

[109] 朱林楠. 高原冻土区不同下垫面的附面层研究[J]. 冰川冻土, 1988, 10(1): 35-39.

[110] 王劲峰. 土冻结动态温度场计算公式[J]. 科学通报, 1989, (13): 1002-1005.

[111] 胡和平，杨诗秀，雷志栋. 土壤冻结时水热迁移规律的数值模拟[J]. 水利学报, 1992, (7): 1-8.

[112] 王铁行，胡长顺，王秉纲，等. 考虑多种因素的冻土路基温度场有限元方法[J]. 中国公路学报，2000, 13(4): 8-11.

[113] 田亚护，刘建坤，钱征宇，等. 多年冻土区含保温夹层路基温度场的数值模拟[J]. 中国铁道科学，2002, 23(2): 59-64.

[114] 喻文兵，赖远明，牛富俊，等. 多年冻土区铁路通风路基室内模型试验的温度场特征[J]. 冰川冻土, 2002, 24(5): 601-607 .

[115] 喻文兵，赖远明，张学富，等. 多年冻土区道碴、通风管结构铁路路基室内试验研究[J]. 岩土工程学报, 2003, 25(4): 436-440.

[116] 米隆，赖远明，张克华. 冻土通风路基温度场的三维非线性分析[J]. 冰川冻土，2002, 24(6): 765-769.

[117] 米隆，赖远明，吴紫汪，等. 高原冻土铁路路基温度特性的有限元分析[J]. 铁道学报，2003, 25(2): 62-67.

[118] Lai Y M, Zhang L X, Zhang S J, et al. Cooling effect of ripped-stone embankments on Qing-Tibet railway under climatic warming [J]. Chinese Science Bulletin, 2003, 48 (6): 598-604.

[119] Lai Y M, Wang Q S, Niu F J, et al. Three-dimensional nonlinear analysis for temperature characteristic of ventilated embankment in permafrost region [J]. Cold Regions Science and Technology, 2004, 38(1): 165-184.

[120] Zhang M Y, Lai Y M, Liu Z Q, et al. Nonlinear analysis for the cooling effect of Qinghai-Tibetan railway embankment with different structures in permafrost regions [J]. Cold Regions Science and Technology, 2005, 42(3): 237-249.

[121] Zhang M Y, Lai Y M, Dong Y H. Numerical study on temperature characteristics of expressway embankment with crushed-rock revetment and ventilated ducts in warm permafrost regions [J]. Cold Regions Science and Technology, 2009, 59(1): 19-24.

[122] 孙增奎，王连俊，白明洲，等. 青藏铁路多年冻土路堤温度场的有限元分析[J]. 岩石力学与工程学报, 2004, 23(20): 3454-3459.

[123] 汪双杰，陈建兵. 青藏高原多年冻土路基温度场公路空间效应的非线性分析[J]. 岩土工程学报，2008, 30(10): 1544-1549 .

[124] 葛建军. 青藏铁路多年冻土区保温护道路基温度场数值模拟研究[J]. 冰川冻土，2008, 30(2): 274-279.

[125] 马元顺. 季节冻土区高填土路堤温度场与边坡稳定性分析[D]. 哈尔滨: 哈尔滨工业大学, 2010 .

[126] Tsubaki T, Bazant Z P. Random shrinkage stresses in aging viscoelastic vessel [J]. Journal of the Engineering Mechanics Division, 1982, 108(3): 527-545.

[127] Heller R A. Temperature response of an infinitely thick slab to random surface temperature [J]. Mechanics Research Communication, 1976, 3(2): 379-385.
[128] Heller R A. Thermal stress as a narrow-band random load [J]. Journal of the Engineering Mechanics Division, 1976, 102(5): 787-805.
[129] Bazant Z P, Wang T S. Spectral Analysis of Random Shrinkage Stresses in Concrete [J]. Journal of Engineering Mechanics, 1984, 110(2): 173-186.
[130] Bazant Z P. Response of Aging Linear Systems to Ergodic Random Input [J]. Journal of Engineering Mechanics, 1986, 112(3): 322-342.
[131] Shigekazu K, Noriyuki A, Takahiro D. Application of SFEM to Thermal Analysis for Computer Cooling [J] . Journal of Electronic Pakaging, 1993, 1: 270-275.
[132] 刘宁，刘光延. 大体积混凝土结构温度场的随机有限元算法[J]. 清华大学学报(自然科学版), 1996, 36(1) : 41-47.
[133] 祁长青，吴青柏，施斌，等. 青藏铁路冻土路基温度场随机有限元分析[J]. 工程地质学报，2005, 13(3): 330-335.
[134] 王小兵，陈建军，梁震涛，等. 随机温度场 Monte-Carlo 法的一类近似处理[J]. 系统仿真学报, 2007, 19(10): 2156-2160 .
[135] 李金平，陈建军，刘海锋，等. 基于 Neumann 展开 Monte -Carlo 有限元法的随机温度场分析[J]. 西安电子科技大学学报(自然科学版), 2007, 34(3): 454-457.
[136] 孙红，牛富俊，陈哲等. 基于 Monte-Carlo 法的冻土路基随机温度场分析[J]. 上海交通大学学报, 2011, 45 (5): 738-742.
[137] Xiu D B, Karniadakis G E. A new stochastic approach to transient heat conduction modeling with uncertainty [J]. International Journal of Heat and Mass Transfer, 2003, 46(24): 4681-4693.
[138] Emery A F. Solving Stochastic Heat Transfer Problems[J]. Engineering Analysis with Boundary Elements, 2004, 28(3): 279-291.
[139] 张德兴，李美玲. 双向限制弹性地基板块随机温度应力分析[J]. 同济大学学报，1993, 21(1): 91-97.
[140] 王玉芝，胡亚才，洪荣华，等. 活塞热冲击集总参数模型的随机温度分析[J]. 内燃机学报，2003, 21(1): 81-85.
[141] 祁长青. 青藏铁路冻土路基温度场随机有限元分析与变形可靠性研究[D]. 南京：南京大学, 2005 .
[142] 刘志强，赖远明，张明义，等. 冻土路基的随机温度场[J]. 中国科学(D 辑：地球科学) , 2006, 36(6): 587-592.
[143] Liu Z Q, Lai Y M, Zhang X F, et al. Random temperature fields of embankment in cold regions [J]. Cold Regions Science and Technology, 2006, 45(2): 76-82.
[144] Liu Z Q, Lai Y M, Zhang M Y, et al. Numerical analysis for random temperature fields of embankment in cold regions [J]. Science in China Series D: Earth Sciences, 2007, 50(3): 404-410.
[145] Liu Z Q, Yang W H, Wei J. Analysis of random temperature field for freeway with wide subgrade in cold regions [J]. Cold Regions Science and Technology, 2014, 106-107: 22-27.
[146] Chen W F, Mizuno E. Nonlinear analysis in soil mechanics: theory and implementation [M]. Amsterdam: Elsevier Amsterdam, 1990 .
[147] Wu W, Yu H S. Modern trends in geomechanics [M]. Berlin: Springer, 2006 .
[148] Radampola S S, Gurung N, Mcsweeney T, et al. Evaluation of the properties of railway capping layer

soil [J]. Computers and Geotechnics, 2008, 35(5): 719-728.
[149] 黄文熙. 土的工程性质[M]. 北京：水利电力出版社, 1983 .
[150] Vialov S S, Grigorieva V Q, Zaretskii Y K, et al. The strength and creep of frozen soil sand calculations for ice-soil retaining structures [R]. Annual Report of US Army Cold Regions Research and Engineering Laboratory. Translation 76. 1962.
[151] 朱元林，何平，张家懿，等. 冻土在振动荷载作用下的三轴蠕变模型[J]. 自然科学进展，1998, 8(1): 60-62.
[152] 朱元林，张家懿，彭万巍，等. 冻土的单轴压缩本构模型[J]. 冰川冻土, 1992, 14(3): 210-217.
[153] 蔡中民，朱元林，张长庆. 冻土的黏弹塑性本构模型及材料参数的确定[J]. 冰川冻土，1990, 12(1): 31-40.
[154] 苗天德，魏雪霞，张长庆. 冻土蠕变过程的微结构损伤理论[J]. 中国科学 B 辑，1995, 25(3): 309-317 .
[155] 何平，程国栋，朱元林. 冻土黏弹塑损伤耦合本构理论[J]. 中国科学 D 辑, 1999, 29(增刊): 34-39.
[156] 宁建国，王慧，朱志武，等. 基于细观力学方法的冻土本构模型研究[J]. 北京理工大学学报, 2005, 25(10): 847-851.
[157] 刘增利，张小鹏，李洪升. 基于动态 CT 识别的冻土单轴压缩损伤本构模型[J]. 岩土力学，2005, 26(4): 543-546.
[158] Lai Y M, Li S Y, Qi J L, et al. Strength distributions of warm frozen clay and its stochastic damage constitutive model [J]. Cold Regions Science and Technology, 2008, 53: 200-215.
[159] Li S Y, Lai Y M, Zhang S J, et al. An improved statistical damage constitutive model for warm frozen clay based on Mohr-Coulomb criterion [J]. Cold Regions Science and Technology, 2009, 57: 154-159.
[160] Lai Y M, Li J B, Li Q Z. Study on damage statistical constitutive model and stochastic simulation for warm ice-rich frozen silt [J]. Cold Regions Science and Technology, 2012, 71: 102-110.
[161] 金龙. 冻结砂土的屈服准则及弹塑性损伤本构模型试验研究[D]. 兰州：中国科学院寒区旱区环境与工程研究所, 2008 .
[162] H. A. 崔托维奇. 冻土力学[M]. 北京：科学出版社, 1985 .
[163] Waston G H, Slusarchuk W A, Rowley R K. Determination of some frozen and thawedproperties of permafrost soils [J]. Canadian Geotechnical Journal, 1973, 10: 592-606.
[164] Crory F. Settlement associated with the thawing of permafrost [C]. Proceedings of 2rd International Conference on Permafrost, Yakutsk, USSR, 1973: 599-607.
[165] 张喜发，陈继，张冬青. 融沉系数在季冻区高速公路路基冻害研究中的应用[J]. 冰川冻土，2003, 24(5): 634-638.
[166] 何平，程国栋，杨成松，等. 冻土融沉系数的评价方法[J]. 冰川冻土, 2003, 25(6): 608-613.
[167] 梁波，张贵生，刘德仁. 冻融循环条件下土的融沉性质试验研究[J]. 岩土工程学报，2006, 28(10): 1213-1217.
[168] Foriero A, Ladanyi B. FEM assessment of large-strain thaw consolidation [J]. Cold Regions Science and Technology, 1995, 23(2): 121-136.
[169] Sally S. Cap plasticity model for thawing soil [J]. Calibration of Constitutive Models. 2005, (3): 139-150.
[170] 侯曙光，沙爱民. 土体冻融过程温度场与位移场耦合分析[J]. 长安大学学报(自然科学版)，2009, 29(5): 25-29.
[171] Taber S. The mechanics of frost heaving [J]. Journal of Geology, 1930, 38: 303-317.

[172] Beskow G. Soil freezing and frost heaving with special application to roads and railroads[J]. Soil Science, 1947, 65(4).
[173] Everest D H. The thermodynamics of frost damage to porous solids [J]. Trans. Faraday Soc. , 1961, 57: 1541-1551. .
[174] Loch J P G, Miler R D. Tests of the concept of secondary frost heaving [J]. Soil Science, 1972, 393: 1-11.
[175] Miller R D. Freezing and heaving of saturated and unsaturated soils[J]. Highway Research Record, 1972(393): 1-11 .
[176] Miller R D. Lens initiation in secondary frost heaving [R]. Int. Symp. on Frost action in soils, Sweden, 1977 .
[177] Harlan R L. Analysis of coupled heat-fluid transport in partially frozen soil [J]. Water Resource Research, 1973, 9(5): 1314-1323.
[178] 喻文学，宴启鹏. 青藏公路多年冻土地区路基冻融变形的初步分析[J]. 西安公路学院学报, 1986, 6(2): 49-64.
[179] 张建明. 青藏高原冻土路基稳定性及公路工程多年冻土分类[D]. 兰州：中国科学院研究生院, 2004 .
[180] 毛雪松，王秉刚，胡长顺，等. 多年冻土地区路基变形场和应力场的数值分析[J]. 冰川冻土, 2006, 28(3): 396-400.
[181] 汪双杰，黄晓明，侯曙光. 多年冻土区路基路面变形及应力的数值分析[J]. 冰川冻土, 2006, 28(2): 217-222.
[182] 李建军. 青藏铁路冻土区路基病害分析和整治技术研究[D]. 兰州：中国科学院研究生院, 2006.
[183] 郑波. 高温—高含冰量冻土力学特性及冻土路基变形研究[D]. 兰州：中国科学院研究生院, 2007.
[184] 温智，盛煜，马巍，等. 多年冻土区铁路保温路基变形特征研究[J]. 岩石力学与工程学报, 2007, 26(8): 1670-1677.
[185] 李双洋. 多年冻土区铁路路基热——力稳定性数值仿真研究[D]. 兰州：中国科学院研究生院, 2008.
[186] 朱志武，宁建国，马巍. 基于损伤的冻土本构模型及水、热、力三场耦合数值模拟研究[J]. 中国科学：物理学 力学 天文学, 2010, 40(6): 758-772.
[187] 穆彦虎. 青藏铁路冻土区路基温度和变形动态变化分析研究[D]. 兰州：中国科学院研究生院, 2012.
[188] Freudenthal M A. The Safety of Structures [J]. Transactions of the American Society of Civil Engineers, 1947, 112(1): 125-159.
[189] Cornell C A. A Probability-Based Structural Code [J]. ACI Journal Proceedings, 1969, 66 (12): 974-985.
[190] Lind N C. Consistent Partial Safety Factors [J]. Journal of the Structural Division, 1971, 97 (6): 1651-1669.
[191] Rackwitze R, Fiessler B. Structural reliability under combined random load sequences [J]. Computers and Structures, 1978, 9(5): 489-494. .
[192] 盛崇文. 用概率方法预报砂性土地基的沉降[J]. 岩土工程学报, 1982, 4(1): 63-75.
[193] 高大钊. 岩土工程的可靠性分析[J]. 岩土工程学报, 1983, 5(3): 124-134.
[194] 郭志川，刘宁，余登飞. 地基沉降的随机有限元法和可靠度计算[J]. 土木工程学报, 2001, 34 (5): 62-67.

[195]　傅旭东，茜平一，刘祖德. 浅基础沉降可靠性的 Neumann 随机有限元分析[J]. 岩土力学, 2001, 22 (3): 285-290.
[196] 徐军，张利民，郑颖人. 基于数值模拟和 BP 网络的可靠度计算方法[J]. 岩石力学与工程学报, 2003, 22(3): 395-399.
[197] 祁长青，吴青柏，施斌. 基于遗传算法的冻土路基融沉可靠性分析[J]. 岩土力学, 2006, 27 (8): 1429-1436.

第2章　土性参数随机场描述与离散

岩土体是在长期风化、搬运、磨蚀、沉积作用下形成的，经历了漫长的地质年代，其成因的复杂性以及不确定性使得岩土体本身存在着固有的变异性，即使是经历了类似地质作用所形成的同种类型的土，不同位置的土的性质也存在差异性。同时，在形成过程中，不同位置的土的矿物成分、所处的环境条件及应力历史等并不相同，若两个取样点的位置越接近，则成土环境越相似，这两个位置的土的性质便也越相关，随着两点之间距离的增大，这种相关性会逐渐减弱，直至互不相关，因此，岩土参数存在较强的空间变异性及相关性特征。研究土性参数随机性描述与离散是冻土工程结构随机温度场、随机应力场及随机变形场分析的基础，本章首先介绍参数随机场及局部平均理论的相关概念，并对土性参数模拟为随机变量与随机场的情况进行比较与分析，然后提出了岩土参数随机场离散的三角形单元局部平均法，为后面章节建立随机有限元分析模型奠定基础。

2.1　基 本 概 念

土性参数的随机场描述需涉及随机变量、随机过程及随机场等基本概念，下面分别进行简单阐述。

2.1.1　随机变量

设随机试验 E 的样本空间为 $\Omega=\{e\}$，如果对于每一个样本点 $e\in\Omega$ 都有唯一的一个实数 $X=X(e)$ 与之对应，则称 X 为随机变量。

2.1.2　随机过程

设随机试验 E 的样本空间为 $\Omega=\{e\}$，T 是一个参数集，对于每一个固定的 $t\in T$，都有随机变量 $X(t)$ 与之对应，那么就称 $X(t)$ 为一随机过程。显然，随机过程是依赖于时间 t 的一组随机变量。

设随机过程 $\{X(t),t\in T\}$，如果它的有限维分布不随时间推移而变化，即对于任意的 n 个 $t_1<t_2<\cdots<t_n(t_i\in T,i=1,2,\cdots,n)$ 和任意实数 τ，当 $t_1+\tau,t_2+\tau,\cdots,t_n+\tau\in T$ 时，有

$$\begin{aligned}F(t_1,t_2,\cdots,t_n;x_1,x_2,\cdots,x_n)&=P\{X(t_1)\leqslant x_1,X(t_2)\leqslant x_2,\cdots,X(t_n)\leqslant x_n\}\\&=P\{X(t_1+\tau)\leqslant x_1,X(t_2+\tau)\leqslant x_2,\cdots,X(t_n+\tau)\leqslant x_n\}\\&=F(t_1+\tau,t_2+\tau,\cdots,t_n+\tau;x_1,x_2,\cdots,x_n)\end{aligned}\tag{2-1}$$

则称 $X(t)$ 为严平稳过程。

设随机过程 $\{X(t),t\in T\}$，对于每一个 $t\in T$，$X(t)$ 的均值函数 $m(t)=E[X(t)]=m$，方差函数 $D[X(t)]$ 存在，相关函数 $R(t_1,t_2)$ 仅依赖于 $\tau=t_1-t_2$，即

$$R(t_1,t_2)=E[X(t_1)X(t_2)]=B(\tau) \tag{2-2}$$

则称 $X(t)$ 为宽平稳过程，简称平稳过程。

2.1.3 随机场

随机场是随机过程的概念在空间域上的推广，随机过程 $X(t)$ 的基本参数是时间 t，而随机场 $X(u)$ 的基本参数是空间 $u=(x,y,z)$。随机场可以视为定义在一个场域参数集上的随机变量系，对于场域参数集内的任一点 u_i 都有随机变量 $X(u_i)$ 与其对应。

设随机场 $\{X(u),u\in D\in R^n\}$，如果它的有限维分布不随位置变化而变化，即对于任意的 n 个 $u_1<u_2<\cdots<u_n(u_i\in D,i=1,2,\cdots,n)$ 和任意实数 Δu，当 $u_1+\Delta u,u_2+\Delta u,\cdots,u_n+\Delta u\in T$ 时，有

$$F(u_1,u_2,\cdots,u_n;x_1,x_2,\cdots,x_n)=F(u_1+\Delta u,u_2+\Delta u,\cdots,u_n+\Delta u;x_1,x_2,\cdots,x_n) \tag{2-3}$$

则称 $X(u)$ 为严平稳随机场。

设随机场 $\{X(u),u\in D\in R^n\}$，对于每一个 $u\in D\in R^n$，$X(u)$ 的均值函数为常数，即 $m(u)=E[X(u)]=m$，协方差函数 $C_X[u_1,u_2]$ 只是距离 $u_r=u_1-u_2$ 的函数，与 u_1、u_2 本身无关，则认为 $X(u)$ 为宽平稳随机场，简称平稳随机场。

2.2 随机场的数字特征

Vanmarcke 提出的随机场模型将土层视为统计均匀，土性的空间分布视为随机场，该模型的实质是用连续平稳随机场模拟土性剖面，用自相关函数(或自相关距离)刻画岩土材料的自相关性，确立了由试验数据求得的点特性过渡到空间平均特性的方差计算方法。随机场的统计特性可由其有限维联合分布函数或概率密度表示，然而实际问题中，确定分布函数或概率密度往往很困难，因此可以采用随机场的数字特征来反应随机场特性。随机场的数字特征主要包括均值函数、方差函数、相关函数(自相关函数和互相关函数)、协方差函数和相关系数。已有研究表明[1,2]，岩土参数随机场可视为一个平稳过程的宽平稳随机场，以下只讨论平稳随机过程的宽平稳随机场情况。

1. 均值和方差

对于平稳随机过程的宽平稳随机场 $X(e)$，均值(数学期望)和方差为

$$\left.\begin{aligned}E\left[X(e)\right]&=\text{const}=m\\Var\left[X(e)\right]&=\text{const}=\sigma^2\end{aligned}\right\} \tag{2-4}$$

式中，m 为随机场的均值，σ 为随机场的标准差。

2. 自相关函数和互相关函数

对于平稳随机过程的宽平稳随机场 $X(e)$，自相关函数为

$$R_X(e_1,e_2)=E[X(e_1)X(e_2)]=R_X(e_2-e_1)=R_X(\tau) \tag{2-5}$$

对于平稳随机过程的宽平稳随机场 $X(e)$、$Y(e)$ 互相关函数为

$$\left.\begin{aligned} R_{XY}(e_1,e_2)=E\left[X(e_1)Y(e_2)\right]=E\left[X(e)Y(e+\tau)\right]=R_{XY}(\tau) \\ R_{YX}(e_1,e_2)=E\left[Y(e_1)X(e_2)\right]=E\left[Y(e)X(e+\tau)\right]=R_{YX}(\tau) \end{aligned}\right\} \tag{2-6}$$

3. 自协方差函数和互协方差函数

对于平稳随机过程的宽平稳随机场 $X(e)$，自协方差函数为

$$\begin{aligned} \mathrm{Cov}_X(e_1,e_2)&=E\{[X(e_1)-m_X(e_1)][X(e_2)-m_X(e_2)]\} \\ &=R_X(\tau)-m^2=Cov_X(\tau) \end{aligned} \tag{2-7}$$

对于平稳随机过程的宽平稳随机场 $X(e)$、$Y(e)$，互协方差函数为

$$\begin{aligned} \mathrm{Cov}_{XY}(e_1,e_2)&=E\{[X(e_1)-m_X(e_1)][Y(e_2)-m_Y(e_2)]\} \\ &=R_{XY}(\tau)-m_X m_Y=\mathrm{Cov}_{XY}(\tau) \end{aligned} \tag{2-8}$$

4. 自相关系数、互相关系数和标准相关系数

由自协方差函数 $\mathrm{Cov}_X(e_1,e_2)$ 可定义自相关系数为

$$\rho_X(e_1,e_2)=\frac{\mathrm{Cov}_X(e_1,e_2)}{\sigma_X^2}=\frac{\mathrm{Cov}_X(\tau)}{\sigma_X^2}=\rho_X(\tau) \tag{2-9}$$

由互协方差函数 $\mathrm{Cov}_{XY}(e_1,e_2)$ 可定义互相关系数为

$$\rho_{XY}(e_1,e_2)=\frac{\mathrm{Cov}_{XY}(e_1,e_2)}{\sigma_X\sigma_Y}=\frac{\mathrm{Cov}_{XY}(\tau)}{\sigma_X\sigma_Y}=\rho_{XY}(\tau) \tag{2-10}$$

由自相关函数 $R_X(e_1,e_2)$ 可定义标准相关系数为

$$\rho(e_1,e_2)=\frac{R_X(e_1,e_2)}{\sigma_X^2}=\frac{R_X(\tau)}{\sigma_X^2}=\rho(\tau) \tag{2-11}$$

2.3 随机场的局部平均理论

任何一个随机场的统计特性都可以由其有限维联合分布函数或概率密度函数表达出来，然而在实际问题分析中，要确定有限维联合分布函数或概率密度函数往往是很困难的，将岩土参数随机场视为一个平稳过程的宽平稳随机场后，随机场 $X(e)$ 的一维概率密度 $f(x)$ 和一维分布函数 $F(e,x)$ 是常数，二维概率密度函数 $f(x_1,x_2)$ 和二维分布函数 $F(e_1,x_1;e_2,x_2)$ 只是距离 $\tau=x_2-x_1$ 的函数，与具体位置 e_1、e_2 本身无关。随机场局部平均理论主要思想是将随机场在定义区域内进行网格离散，N 维随机场 $\{X(R),R\in R^N\}$ 均可被离散成为随机变量 $\{X_1,X_2,\cdots,X_N\}$，随机变量 X_i 的总数取决于随机场的个数和网格数目，各随机变量的统计特征可由各随机场单元的均值 $E[X_i(R)]$、方差 $\mathrm{Var}[X_i(R)]$ 来描述，随机变量之间的相关性可以由协方差 $\mathrm{Cov}[X_i(R),X_j(R)]$ 来描述。

根据概率论与数理统计相关理论，对于 N 维连续宽平稳随机场 $\{X(R),R\in R^N\}$，若

数学期望 $E[X(R)]=m$ 为常数，方差 $\mathrm{Var}[X(x)]=\sigma^2$ 亦为常数，则 N 维连续宽平稳随机场 $\{Y(R)=X(R)-m, R\in R^N\}$ 的均值、方差及协方差为

$$E\left[Y(R)\right]=E\left[X(R)-m\right]=E\left[E(R)\right]-m=0 \tag{2-12}$$

$$\mathrm{Var}\left[Y(R)\right]=D\left[X(R)-m\right]=D\left[Y(R)\right]=\sigma^2 \tag{2-13}$$

$$\begin{aligned}\mathrm{Cov}\left[Y_i(R),Y_j(R)\right]&=E\left\{\left[Y_i(R)-E\left(Y_i(R)\right)\right]\left[Y_j(R)-E\left(Y_j(R)\right)\right]\right\}\\&=E\left[Y_i(R)Y_j(R)\right]=E\left\{\left[X_i(R)-m\right]\left[X_j(R)-m\right]\right\}\\&=\mathrm{Cov}\left[X_i(R),X_j(R)\right]\end{aligned} \tag{2-14}$$

因此，分析局部随机场的数字特征时可假设其均值函数为零而不失一般性。

2.3.1　一维局部平均随机场的数字特征

在一维不确定性问题分析中，材料参数可建模为一维随机场，分析中首先假定随机场的均值函数为零，对于一个一维零均值连续宽平稳随机场 $X(x)$，其数学期望 $E[X(x)]=m=0$，方差 $\mathrm{Var}[X(x)]=\sigma^2$ 为常数。根据式(1-1)对一维局部平均随机场的定义可得，局部平均随机场的均值与方差分别为

$$E\left(X_i\right)=E\left(\frac{1}{L_i}\int_{x_i-L_i/2}^{x_i+L_i/2}X(\xi)\mathrm{d}\xi\right)=m \tag{2-15}$$

$$\mathrm{Var}\left(X_i\right)=\mathrm{Var}\left(\frac{1}{L_i}\int_{x_i-L_i/2}^{x_i+L_i/2}X(\xi)\mathrm{d}\xi\right)=\sigma_{L_i}^2=\Gamma^2\left(L_i\right)\sigma^2 \tag{2-16}$$

式中，$\Gamma^2(L_i)$ 为 $X(x)$ 的方差函数，表示在局部平均下的“点方差”σ^2 的折减，亦称方差折减函数。

方差折减函数 $\Gamma^2(L)$ 与标准相关系数 $\rho(\tau)$ 之间的关系为

$$\begin{aligned}\Gamma^2(L)&=\frac{1}{L^2}\int_0^L\int_0^L\rho(t_2-t_1)\mathrm{d}t_1\mathrm{d}t_2\\&=\frac{1}{L^2}\int_{-L}^{L}(L-|\xi|)\rho(\xi)\mathrm{d}\xi=\frac{2}{L}\int_0^L\left(1-\frac{\xi}{L}\right)\rho(\xi)\mathrm{d}\xi\end{aligned} \tag{2-17}$$

对于两个长度分别为 L_i、L_j 的局部平均单元，如图 2-1 所示。

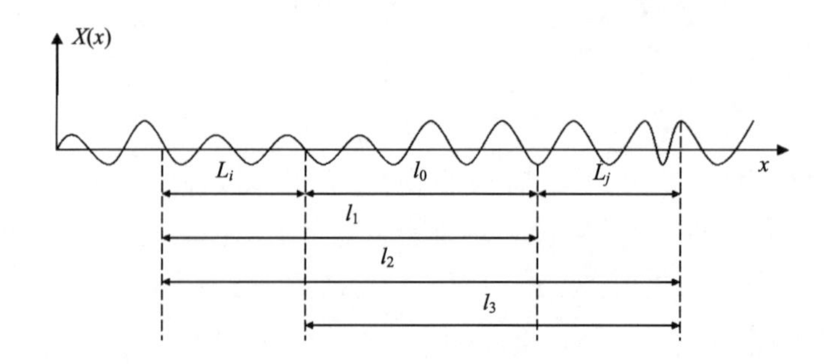

图 2-1　一维局部平均随机场单元

根据式(1-1)对一维局部平均随机场的定义可得，局部平均随机场的协方差为

$$\begin{aligned}\mathrm{Cov}(X_{L_i},X_{L_j})&=\mathrm{Cov}\left(\frac{1}{L_i}\int_{x_i-L_i/2}^{x_i+L_i/2}X(\xi)\,\mathrm{d}\xi,\frac{1}{L_j}\int_{x_j-L_j/2}^{x_j+L_j/2}X(\xi)\mathrm{d}\xi\right)\\&=\frac{1}{L_iL_j}\mathrm{Cov}(Y_{L_i},Y_{L_j})\end{aligned}\tag{2-18}$$

式中，$Y_{L_i}=\int_{x_i-L_i/2}^{x_i+L_i/2}X(\xi)\,\mathrm{d}\xi$，$Y_{L_j}=\int_{x_j-L_j/2}^{x_j+L_j/2}X(\xi)\mathrm{d}\xi$。

Y_{L_i} 与 Y_{L_j} 的协方差为

$$\mathrm{Cov}(Y_{L_i},Y_{L_j})=E(Y_{L_i}Y_{L_j})=\frac{1}{2}\sum_{k=0}^{3}(-1)^k\,\mathrm{Var}(Y_{l_k})=\frac{\sigma^2}{2}\sum_{k=0}^{3}(-1)^k l_k^2\Gamma^2(l_k)\tag{2-19}$$

将式(2-19)代入式(2-18)，化简得

$$\mathrm{Cov}(X_{L_i},X_{L_j})=\frac{\sigma^2}{2L_iL_j}\sum_{k=0}^{3}(-1)^k l_k^2\Gamma^2(l_k)\tag{2-20}$$

由以上分析可知，只要已知标准相关系数 $\rho(\xi)$，方差折减函数 $\Gamma^2(L)$ 即可由式(2-17)求出，得到方差折减函数 $\Gamma^2(L)$ 后，局部平均一维随机场的均值、方差及协方差均可求出。

文献[3]是一维随机场及其局部平均理论的一个算例应用，分析中将导热系数和体积比热容分别模拟为随机场和随机变量，结果表明，模拟为随机场和随机变量得到的温度均值分布相同，模拟为随机场得到的温度方差明显小于模拟为随机变量得到的温度方差，这与理论分析相符，因为一维随机场局部平均理论分析中，计算参数由点特性过渡到一维空间平均特性时，需要采用方差折减函数 $\Gamma^2(L)$ 对每个局部平均随机场单元的方差进行折减，因此，对于一维不确定性问题，将分布随机参数模拟为单一随机变量会高估其变异性。

2.3.2　二维局部平均随机场的数字特征

在二维不确定性问题分析中，材料参数可建模为二维随机场，分析中同样可假定随机场的均值函数为零，对于一个二维零均值的连续宽平稳随机场 $X(x, y)$，其数学期望 $E[X(x, y)]=m=0$，方差 $Var[X(x, y)]=\sigma^2$ 为常数。当采用图 2-2 所示的矩形单元进行随机场网格离散时，根据式(1-2)对二维局部平均随机场的定义可得，局部平均随机场的均值与方差分别为

$$E(X_i)=E\left(\frac{1}{L_{xi}L_{yi}}\int_{x_i-(L_{xi}/2)}^{x_i+(L_{xi}/2)}\int_{y_i-(L_{yi}/2)}^{y_i+(L_{yi}/2)}X(\xi,\eta)\mathrm{d}\xi\mathrm{d}\eta\right)=m\tag{2-21}$$

$$\mathrm{Var}(X_i)=\mathrm{Var}\left(\frac{1}{L_{xi}L_{yi}}\int_{x_i-(L_{xi}/2)}^{x_i+(L_{xi}/2)}\int_{y_i-(L_{yi}/2)}^{y_i+(L_{yi}/2)}X(\xi,\eta)\mathrm{d}\xi\mathrm{d}\eta\right)=\sigma^2\Gamma^2(L_{xi},L_{yi})\tag{2-22}$$

式中，$\Gamma^2(L_{xi},L_{yi})$ 为 $X(x, y)$的方差函数，表示在局部平均下的“点方差” σ^2 的折减，亦称方差折减函数。

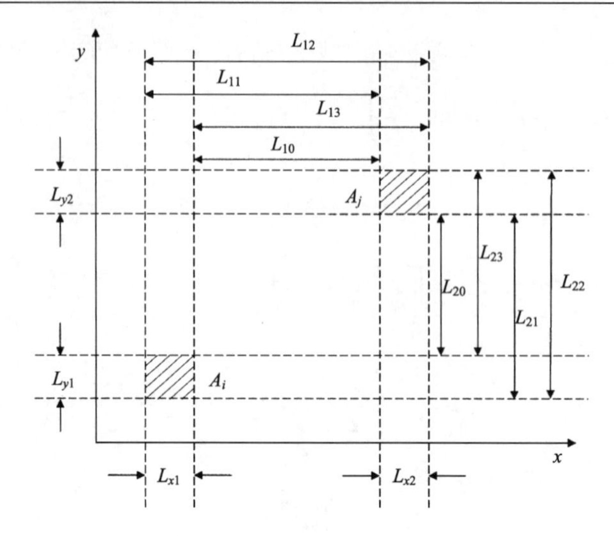

图 2-2　二维局部平均随机场矩形单元

方差折减函数$\Gamma^2(L_{xi},L_{yi})$与标准相关系数$\rho(\xi,\eta)$之间的关系为

$$\Gamma^2(L_{xi},L_{yi})=\frac{4}{L_{xi}L_{yi}}\int_0^{L_{xi}}\int_0^{L_{yi}}(1-\frac{\xi}{L_{xi}})(1-\frac{\eta}{L_{yi}})\rho(\xi,\eta)\mathrm{d}\xi\mathrm{d}\eta \tag{2-23}$$

若二维连续宽平稳随机场$X(x, y)$的相关结构是可分离的，即

$$\rho(\xi,\eta)=\rho(\xi)\rho(\eta) \tag{2-24}$$

则方差折减函数$\Gamma^2(L_{xi},L_{yi})$可以表示为两个方差折减函数的乘积形式：

$$\begin{aligned}\Gamma^2(L_{xi},L_{yi})&=\frac{4}{L_{xi}L_{yi}}\left(\int_0^{L_{xi}}(1-\frac{\xi}{L_{xi}})\rho(\xi)\mathrm{d}\xi\right)\left(\int_0^{L_{yi}}(1-\frac{\xi}{L_{yi}})\rho(\eta)\mathrm{d}\eta\right)\\&=\Gamma^2(L_{xi})\Gamma^2(L_{yi})\end{aligned} \tag{2-25}$$

对于两个面积分别为A_i、A_j的局部平均单元，按照一维随机场类似的推导过程，可得二维随机场协方差函数为

$$\begin{aligned}\mathrm{Cov}(X_i,X_j)&=\mathrm{Cov}\left(\frac{1}{A_i}\int_{x_i-(L_{xi}/2)}^{x_i+(L_{xi}/2)}\int_{y_i-(L_{yi}/2)}^{y_i+(L_{yi}/2)}X(\xi,\eta)\mathrm{d}\xi\mathrm{d}\eta,\frac{1}{A_j}\int_{x_j-(L_{xj}/2)}^{x_j+(L_{xj}/2)}\int_{y_j-(L_{yj}/2)}^{y_j+(L_{yj}/2)}X(\xi,\eta)\mathrm{d}\xi\mathrm{d}\eta\right)\\&=\frac{\sigma^2}{4A_iA_j}\sum_{k=0}^{3}\sum_{l=0}^{3}(-1)^k(-1)^l(L_{1k}L_{2l})^2\Gamma^2(L_{1k},L_{2l})\end{aligned} \tag{2-26}$$

由以上分析可知，只要已知标准相关系数$\rho(\xi)$，方差折减函数$\Gamma^2(L_{xi},L_{yi})$即可由式(2-23)求出，得到方差折减函数$\Gamma^2(L_{xi},L_{yi})$后，局部平均二维随机场的均值、方差及协方差均可求出。

文献[4]是二维随机场及矩形单元局部平均法的一个算例应用，分析中将导热系数、质量密度及质量比热容分别模拟为随机场和随机变量，结果表明，模拟为随机场和随机

变量得到的温度均值分布相同，模拟为随机场得到的温度变异系数明显小于模拟为随机变量得到的温度变异系数，这与理论分析相符，因为二维随机场局部平均理论分析中，计算参数由点特性过渡到二维空间平均特性时，需要采用方差折减函数 $\Gamma^2(L_{xi}, L_{yi})$ 对每个局部平均随机场单元的方差进行折减，因此，对于二维不确定性问题，将分布随机参数模拟为单一随机变量亦会高估其变异性。

上面讨论的矩形单元局部平均法仅仅适用于规则的矩形随机场单元，在应用中受到极大的限制，采用线性变换可将二维局部平均随机场推广到任意四边形单元。对于一个二维零均值的连续宽平稳随机场 $X(x, y)$，其数学期望 $E[X(x, y)]=m=0$，方差 $\mathrm{Var}[X(x, y)]=\sigma^2$ 亦为常数，当采用图 2-3 所示的任意四边形单元离散随机场时，定义单元 e 的局部平均随机场为

$$X_e = \frac{1}{A_e}\int_{\Omega_e} X(\xi,\eta)\mathrm{d}\xi\mathrm{d}\eta \tag{2-27}$$

局部平均随机场的均值、协方差分别为

$$E(X_e) = E\left(\frac{1}{A_e}\int_{\Omega_e} X(\xi,\eta)\mathrm{d}\xi\mathrm{d}\eta\right) = m \tag{2-28}$$

$$\mathrm{Cov}(X_e, X_{e'}) = E(X_e, X_{e'}) = \frac{\sigma^2}{A_e A_{e'}}\int_{\Omega_e}\int_{\Omega_{e'}} \rho(x-x', y-y')\mathrm{d}x\mathrm{d}x'\mathrm{d}y\mathrm{d}y' \tag{2-29}$$

引进线性坐标变换：

$$x = \sum_{i=1}^{4} N_i x_i\ ,\quad y = \sum_{i=1}^{4} N_i y_i\ ,\quad x' = \sum_{i=1}^{4} N_i' x_i'\ ,\quad y' = \sum_{i=1}^{4} N_i' y_i' \tag{2-30}$$

式中，$N_i = (1/4)(1+\xi_i\xi)(1+\eta_i\eta)$ 是单元 e 的形函数，x_i 和 y_i 为单元 e 的节点坐标；$N_i' = (1/4)(1+\xi_i'\xi')(1+\eta_i'\eta')$ 是单元 e'的形函数，x_i' 和 y_i' 为单元 e'的节点坐标。

将式(2-30)代入式(2-29)可得

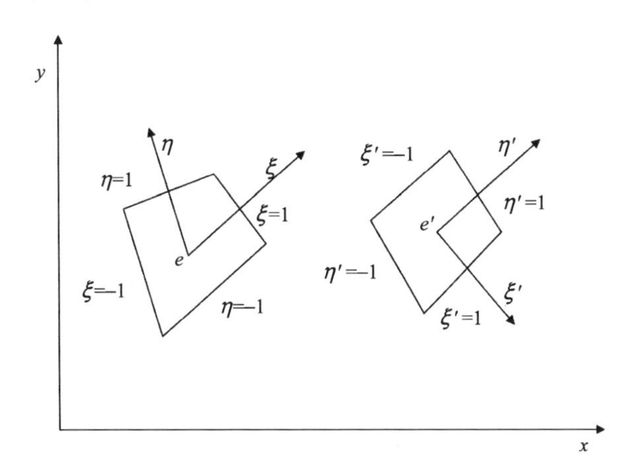

图 2-3　二维局部平均随机场任意四边形单元

$$\mathrm{Cov}(X_e, X_{e'}) = \frac{\sigma^2}{A_e A_{e'}} \int_{-1}^{1}\int_{-1}^{1}\int_{-1}^{1}\int_{-1}^{1} \rho(r,s)\,|J|\,|J'|\,\mathrm{d}\xi \mathrm{d}\eta \mathrm{d}\xi' \mathrm{d}\eta' \tag{2-31}$$

式中，$\rho(r,s)$ 为标准相关系数，$|J|$、$|J'|$ 是坐标变换的雅可比行列式，各参数的具体计算表达式为

$$r = \sum_{i=1}^{4}(N_i x_i - N_i' x_i'),\quad s = \sum_{i=1}^{4}(N_i y_i - N_i' y_i') \tag{2-32}$$

$$\begin{cases} \xi_k = \xi_k' = -1 & k = 1,4 \\ \xi_l = \xi_l' = 1 & l = 2,3 \\ \eta_k = \eta_k' = -1 & k = 1,2 \\ \eta_l = \eta_l' = 1 & l = 3,4 \end{cases} \tag{2-33}$$

$$|\boldsymbol{J}| = \begin{vmatrix} \dfrac{\partial x}{\partial \xi} & \dfrac{\partial y}{\partial \xi} \\ \dfrac{\partial x}{\partial \eta} & \dfrac{\partial y}{\partial \eta} \end{vmatrix} = \begin{vmatrix} \sum\limits_{i=1}^{4} \dfrac{N_i}{\partial \xi} x_i & \sum\limits_{i=1}^{4} \dfrac{N_i}{\partial \xi} y_i \\ \sum\limits_{i=1}^{4} \dfrac{N_i}{\partial \eta} x_i & \sum\limits_{i=1}^{4} \dfrac{N_i}{\partial \eta} y_i \end{vmatrix}$$

$$|\boldsymbol{J'}| = \begin{vmatrix} \dfrac{\partial x'}{\partial \xi'} & \dfrac{\partial y'}{\partial \xi'} \\ \dfrac{\partial x'}{\partial \eta'} & \dfrac{\partial y'}{\partial \eta'} \end{vmatrix} = \begin{vmatrix} \sum\limits_{i=1}^{4} \dfrac{N_i'}{\partial \xi'} x_i' & \sum\limits_{i=1}^{4} \dfrac{N_i'}{\partial \xi'} y_i' \\ \sum\limits_{i=1}^{4} \dfrac{N_i'}{\partial \eta'} x_i' & \sum\limits_{i=1}^{4} \dfrac{N_i'}{\partial \eta'} y_i' \end{vmatrix}$$

(2-34)

式(2-31)四重积分一般很难积出它的显式，需采用数值积分法，本书利用高斯数值积分公式可得

$$\mathrm{Cov}(X_e, X_e) = \frac{\sigma^2}{A_e A_{e'}} \sum_{i=1}^{4}\sum_{j=1}^{4}\sum_{m=1}^{4}\sum_{l=1}^{4} H_i H_j H_m H_l \rho(r,s)\,|\boldsymbol{J}|\,|\boldsymbol{J'}| \tag{2-35}$$

式中，H_i、H_j、H_m 和 H_l 为加权系数，为了保证变换的正确性，要求 $|\boldsymbol{J}| \neq 0$ 及 $|\boldsymbol{J'}| \neq 0$，即四边形单元的每个内角必须小于 180°。

文献[5]是二维随机场及任意四边形单元局部平均法的一个算例应用，分析中将导热系数及体积比热容分别模拟为随机场和随机变量，结果表明，模拟为随机场和随机变量得到的温度均值分布相同，模拟为随机场得到的温度方差明显小于模拟为随机变量得到的温度方差，这与二维随机场局部平均理论分析相符，因为方差折减函数要对每个局部平均随机场单元的方差进行折减。

2.3.3 相关距离及其计算

土性参数分析中，相关距离为土体固有属性，其定义可以解释为这样一种距离：在该范围内土性指标参数基本上是相关的，反之，在该范围之外，土性指标参数基本上不相关。式(1-13)为 Vanmarcke 给出了随机场相关距离的数学定义，为随机场标准相关系

数的计算提供了参数。

将方差折减函数 $\Gamma^2(L)$ 代入式(1-13)，得

$$\theta = \lim_{x\to\infty}\left(x\cdot\frac{2}{x}\int_0^x(1-\frac{\xi}{x})\rho(\xi)\,\mathrm{d}\xi\right)$$
$$= \lim_{x\to\infty}\left(2\int_0^x\rho(\xi)\,\mathrm{d}\xi - \frac{2}{x}\int_0^x\xi\rho(\xi)\,\mathrm{d}\xi\right) = 2\int_0^\infty\rho(\xi)\,\mathrm{d}\xi \tag{2-36}$$

将标准相关系数代入式(1-13)，并引进随机场的单边谱密度函数 $G(\omega)$，可得

$$\theta = \frac{\pi G(0)}{\sigma^2} \tag{2-37}$$

式中，$G(0)$ 是频率为零处的单边谱密度。

2.3.4　方差折减函数及其计算

以上分析表明，局部平均随机场的方差与协方差均与方差折减函数密切相关，确定方差折减函数可以利用标准相关系数确定，也可以利用相关距离近似确定。根据局部平均随机场具有对原随机场相关结构不敏感的特点。对于常见的宽平稳随机场，Vanmarcke[6]推荐了一个方差折减函数的近似表达式：

$$\Gamma^2(L) = \left[1+\left(\frac{L}{\theta}\right)^m\right]^{-\frac{1}{m}} \tag{2-38}$$

参数 m 控制着方差函数在 $L=\theta$ 附近的取值水平，通常 m 取 1~3 的值。由上式可以看出，只要确定了相关距离 θ 和控制参数 m，方差折减函数 $\Gamma^2(L)$ 即可很方便的求出。

2.3.5　局部平均随机场的独立变换

宽平稳随机场经局部平均理论离散化后，原随机场的统计特性可用有限个随机变量的均值与协方差近似描述。协方差矩阵为满秩矩阵，对大型复杂结构来说，要用大量的随机变量来描述，无论是采用 TSFEM、PSFEM 或者 NSFEM，其计算量均很大。若能将相关随机变量进行独立变换，得到一组不相关的随机变量，其计算量大大减小。

(1) Cholesky 分解变换

假定局部平均法求得的协方差矩阵为 $\boldsymbol{A}=[\mathrm{Cov}(\alpha_i,\alpha_j)]$，对应的待求相关随机向量为 $\boldsymbol{\alpha}=[\alpha_1,\alpha_2,\cdots,\alpha_N]^{\mathrm{T}}$，由于协方差矩阵一般为对称正定满秩矩阵，因此可以采用 Cholesky 分解将矩阵 $\boldsymbol{A}$ 分解为下三角阵 $\boldsymbol{L}$ 和上三角阵 $\boldsymbol{L}^{\mathrm{T}}$ 的乘积，使得 $\boldsymbol{A}=\boldsymbol{L}\boldsymbol{L}^{\mathrm{T}}$，构造一个不相关标准正态随机向量 $\boldsymbol{\beta}=[\beta_1,\beta_2,\cdots,\beta_N]^{\mathrm{T}}$，则局部平均随机向量为

$$\boldsymbol{\alpha}=\boldsymbol{L}\boldsymbol{\beta} \tag{2-39}$$

其协方差为

$$\mathrm{Cov}\left(\boldsymbol{\alpha},\boldsymbol{\alpha}^{\mathrm{T}}\right)=E\left[(\boldsymbol{\alpha}-\boldsymbol{m})(\boldsymbol{\alpha}-\boldsymbol{m})^{\mathrm{T}}\right]=E\left[\boldsymbol{\alpha}\boldsymbol{\alpha}^{\mathrm{T}}\right]$$
$$=E\left[\boldsymbol{L}\boldsymbol{\beta}(\boldsymbol{L}\boldsymbol{\beta})^{\mathrm{T}}\right]=\boldsymbol{L}\boldsymbol{E}\left(\boldsymbol{\beta}\boldsymbol{\beta}^{\mathrm{T}}\right)\boldsymbol{L}^{\mathrm{T}}=\boldsymbol{L}\boldsymbol{L}^{\mathrm{T}}=\boldsymbol{A} \tag{2-40}$$

式中，$\boldsymbol{m}$ 为相关随机向量 $\boldsymbol{\alpha}$ 的均值向量。

于是，只要对各随机单元产生 $N(0,1)$ 分布的正态随机变量，代入式(2-39)即可获得离散化局部平均随机场的样本。

(2) 特征正交化变换

Gram-Schmidt 特征正交化变换方法的实质是将相关随机变量进行独立变换，得到一组不相关的随机变量。由于协方差矩阵为实对称非负定矩阵，根据矩阵特征值理论，实对称矩阵的特征值都是实数，并且对于 n 阶实对称矩阵，必存在 n 个线性无关的正交特征向量。

假定局部平均法求得的协方差矩阵为 $\boldsymbol{A}=[\mathrm{Cov}(\alpha_i,\alpha_j)]$，对应的待求相关随机向量为 $\boldsymbol{\alpha}=[\alpha_1,\alpha_2,\cdots,\alpha_N]^{\mathrm{T}}$，构造一个不相关随机向量 $\boldsymbol{\beta}=[\beta_1,\beta_2,\cdots,\beta_N]^{\mathrm{T}}$，其对应的对角方差矩阵为 $\boldsymbol{B}=[\mathrm{Var}(\beta_i)]_{M\times M}$，$\boldsymbol{P}$ 为一线性变换矩阵，由对称矩阵特征值及特征向量相关理论，存在如下关系：

$$\boldsymbol{P}^{-1}\boldsymbol{A}\boldsymbol{P}=\boldsymbol{P}^{\mathrm{T}}\boldsymbol{A}\boldsymbol{P}=\boldsymbol{B} \tag{2-41}$$

$$\boldsymbol{\alpha}=\boldsymbol{P}\boldsymbol{\beta} \tag{2-42}$$

$$\begin{aligned}\mathrm{Cov}\left(\boldsymbol{\alpha},\boldsymbol{\alpha}^{\mathrm{T}}\right)&=E\left[(\boldsymbol{\alpha}-\boldsymbol{m})(\boldsymbol{\alpha}-\boldsymbol{m})^{\mathrm{T}}\right]=E\left[\boldsymbol{\alpha}\boldsymbol{\alpha}^{\mathrm{T}}\right]=E\left[\boldsymbol{P}\boldsymbol{\beta}(\boldsymbol{P}\boldsymbol{\beta})^{\mathrm{T}}\right]\\&=\boldsymbol{P}E\left(\boldsymbol{\beta}\boldsymbol{\beta}^{\mathrm{T}}\right)\boldsymbol{P}^{\mathrm{T}}=\boldsymbol{P}\left[\mathrm{Var}\left(\boldsymbol{\beta}_i\right)\right]\boldsymbol{P}^{\mathrm{T}}=\boldsymbol{P}\boldsymbol{B}\boldsymbol{P}^{\mathrm{T}}=\boldsymbol{P}\boldsymbol{B}\boldsymbol{P}^{-1}=\boldsymbol{A}\end{aligned} \tag{2-43}$$

式中，$\boldsymbol{P}$ 为协方差矩阵 $\boldsymbol{A}$ 的特征向量矩阵，$\boldsymbol{B}$ 为协方差矩阵 $\boldsymbol{A}$ 的特征值矩阵，$\boldsymbol{m}$ 为相关随机向量 $\boldsymbol{\alpha}$ 的均值向量。

于是，只要对各随机单元产生 $N[0,\mathrm{Var}(\beta_i)]$ 分布的正态随机变量，代入式(2-42)即可获得离散化局部平均随机场的样本。

数值试验表明：当随机场网格划分后，局部平均随机变量较少时，Cholesky 分解变换法计算速度较快，当随机场网格划分后，局部平均随机变量较多时，特征正交化变换法计算速度较稳定。

2.4　三角形单元局部平均法

对于二维随机场，矩形单元局部平均法是将参数随机场离散成规则的矩形网格单元；任意四边形单元局部平均法是将参数随机场离散成任意四边形网格单元。在随机场局部平均离散分析中，当计算模型采用规则的矩形单元进行有限元网格划分时，参数随机场可采用规则的矩形网格进行离散，随机场单元的数字特征与有限元单元可以一一对应；当计算模型采用任意四边形单元进行有限元网格划分时，参数随机场可采用任意四边形网格进行离散，随机场单元的数字特征与有限元单元亦可以一一对应；当计算模型采用矩形单元与任意四边形单元相结合的方式进行有限元网格划分时，参数随机场可采用矩形单元与任意四边形单元相结合的网格进行离散，随机场单元的数字特征与有限元单元仍然可以一一对应。

然而，如图 2-4(d)所示，当有限元网格采用应用更广的三角形单元进行网格划分时，随机场必须采用另外一套网格，且使每个随机场单元包含两个有限元单元，才能对参数随机场进行如图 2-4(a)所示的四边形单元离散，此时，随机场单元的数字特征与有限元单元不能一一对应。学者们[7~10]一般认为被包含的两个三角形单元[图 2-4(d)中单元 1 与 2、3 与 4、5 与 6 等]数字特征相同且等于包含的四边形随机场单元[图 2-4(a)中单元 1、2、3 等]的数字特征。该方法存在两方面争议和一方面缺陷：争议一，被包含的两个三角形单元数字特征不一定相同；争议二，被包含的两个三角形单元数字特征不一定等于包含的四边形随机场单元的数字特征；缺陷为，要使四边形随机场网格与三角形有限元网格相对应，需要大量的程序编制工作，应用不便。

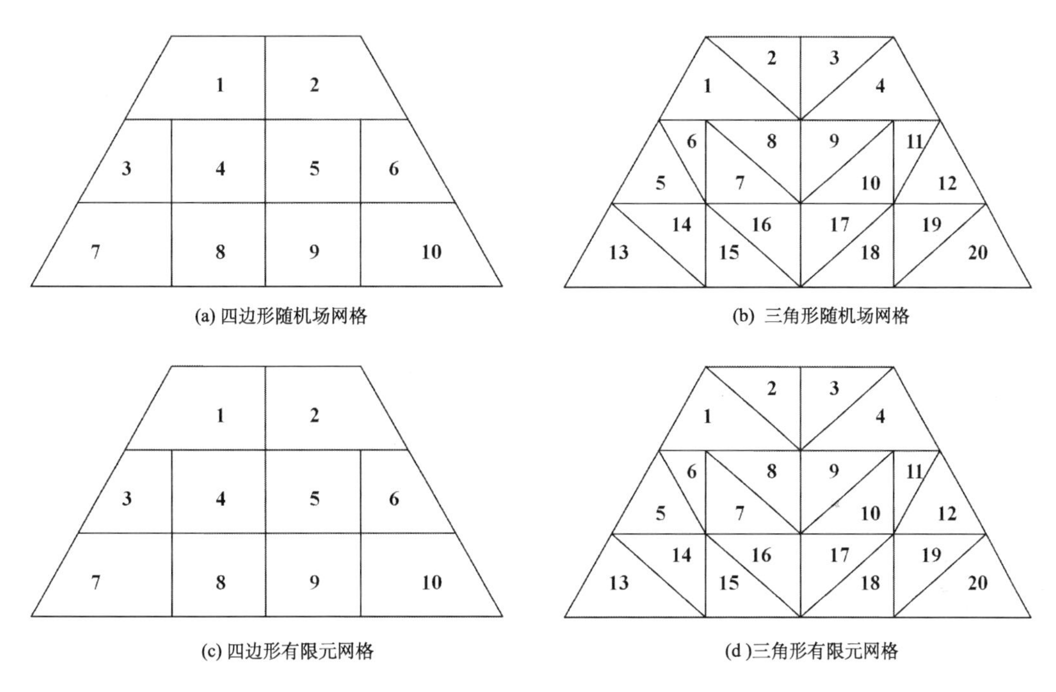

图 2-4　随机场网格与有限元网格

当有限元网格采用图 2-4(d)所示三角形单元进行划分，参数随机场采用图 2-4(b)所示三角形单元进行离散时，随机场单元的数字特征与有限元单元可以一一对应，以上两方面争议和一方面缺陷均不复存在。鉴于此，基于随机场理论，提出了能与三角形有限元法完美结合的三角形单元局部平均法；给出了三角形单元局部平均随机场的定义及均值、协方差的表达式；通过面积坐标变换和高斯数值积分，研究了协方差矩阵的解析计算方法和数值计算方法；最后，对同一参数随机场进行了四边形单元离散和三角形单元离散的对比分析，说明了三角形单元局部平均法的正确性与高效性。

2.4.1　随机场单元的描述及数字特征

在二维不确定性问题分析中，首先假定随机场的均值函数为零，设 $P(x,y)$ 表示平面上的一个点，随机函数 $X(P)$ 构成一个二维零均值的连续宽平稳随机场，设数学期望 $E[X(x)]=m=0$，方差 $Var[X(x,y)]=\sigma^2$ 。

根据随机场理论，自相关函数为

$$R_X\left[(x,y),(x',y')\right]=E\left[X(x,y)X(x',y')\right]=R_X(x-x',y-y')=R_X(\tau) \tag{2-44}$$

标准相关系数为

$$\rho\left[(x,y),(x',y')\right]=\frac{R_X\left[(x,y),(x',y')\right]}{\sigma^2}=\frac{R_X(\tau)}{\sigma^2} \tag{2-45}$$

采用图 2-5 所示的三角形单元离散随机场，定义单元 e 的局部平均随机场为

$$X_e=\frac{1}{A_e}\int_{\Omega_e}X(x,y)\mathrm{d}x\mathrm{d}y \tag{2-46}$$

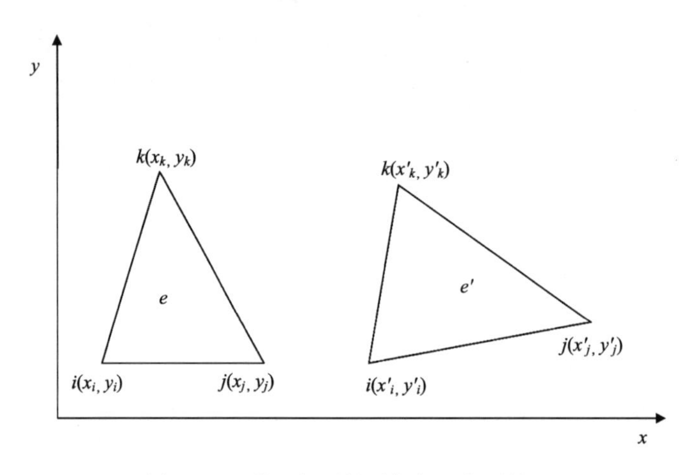

图 2-5　二维局部平均随机场三角形单元

局部平均随机场的均值、协方差为

$$E(X_e)=E\left(\frac{1}{A_e}\int_{\Omega_e}X(x,y)\mathrm{d}x\mathrm{d}y\right)=m \tag{2-47}$$

$$Cov(X_e,X_{e'})=E\left[\left(X_e-m\right)\left(X_{e'}-m\right)\right]=E(X_eX_{e'}) \tag{2-48}$$

将式(2-46)代入式(2-48)，并结合式(2-44)、式(2-45)可得

$$Cov(X_e,X_{e'})=\frac{\sigma^2}{A_eA_{e'}}\int_{\Omega_e}\int_{\Omega_{e'}}\rho(x-x',y-y')\mathrm{d}x\mathrm{d}x'\mathrm{d}y\mathrm{d}y' \tag{2-49}$$

由式(2-47)可以看出，三角形单元局部平均随机场 X_e 的均值 $E(X_e)$ 计算比较简单，大小仍为原随机场均值 m，与传统四边形单元局部平均法计算结果相同。因此，当结果模型采用三角形网格进行划分时，参数随机场采用四边形网格离散与三角形网格离散获得的均值结构相同。局部平均随机场 X_e 的方差 $Var(X_e)$ 为协方差矩阵 $[\boldsymbol{V}]_{M\times M}$ 的主元素，因此协方差矩阵的计算为主要内容，式(2-49)便是协方差矩阵 $[\boldsymbol{V}]_{M\times M}$ 中每个元素的通用表达式，该式的计算比较繁琐，分别从解析计算法和数值计算法两种途径对此进行详细讨论。

2.4.2　协方差矩阵的解析计算法

从图 2-5 可以看出，由于三角形随机场单元形状多样，位置不定，对式(2-49)的面积积分非常复杂，本书引进面积坐标变换，试图将任意三角形转变为等腰直角三角形的形式，如图 2-6 所示，从而使积分运算大大简化。

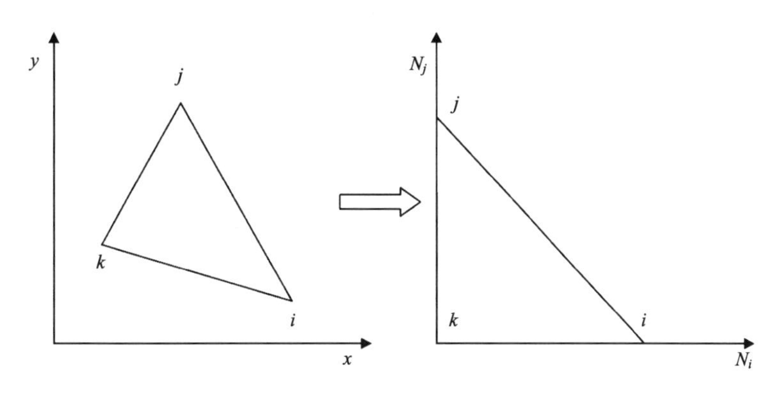

图 2-6　面积坐标变换

如图 2-7 所示，对于任意的一个三角形，i、j、k 为其三顶点，设三角形 ijk 的面积为 Δ，在三角形内有一动点 $p(x, y)$，把 p 点与三顶点连接可得三个小三角形分别为 Δ_i、Δ_j 和 Δ_k，显然有

$$\left.\begin{array}{l}\Delta_i+\Delta_j+\Delta_k=\Delta \\ L_i+L_j+L_k=1\end{array}\right\} \tag{2-50}$$

式中，$L_i=\Delta_i / \Delta$，$L_j=\Delta_j / \Delta$，$L_k=\Delta_k / \Delta$，L_i、L_j、L_k 称为面积坐标。

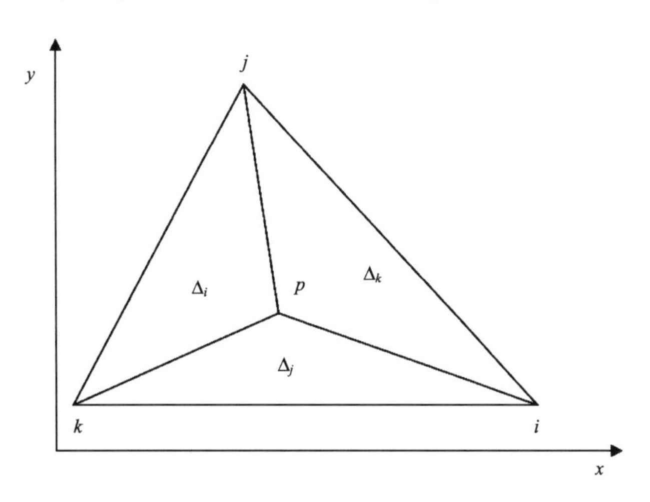

图 2-7　面积坐标描述

根据三角形面积的行列式表达规则，可得

$$L_i = \frac{\Delta_i}{\Delta} = \frac{1}{2\Delta}\begin{vmatrix} 1 & x & y \\ 1 & x_j & y_j \\ 1 & x_k & y_k \end{vmatrix} = \frac{1}{2\Delta}\left(a_i + b_i x + c_i y\right) \qquad (i,j,m) \tag{2-51}$$

实际上，在确定性有限元分析中，三角形单元的型函数 N_i、N_j 和 N_m 就是面积坐标 L_i、L_j 和 L_m，因此，下面的推导面积坐标符号采用 N_i、N_j 和 N_m。

由式(2-51)可得

$$L_i = \frac{\Delta_i}{\Delta} = \frac{1}{2\Delta}\begin{vmatrix} 1 & x & y \\ 1 & x_j & y_j \\ 1 & x_k & y_k \end{vmatrix} = \frac{1}{2\Delta}\left(a_i + b_i x + c_i y\right) \qquad (i,j,m) \tag{2-52}$$

上式可整理变换为

$$\left.\begin{aligned} x &= N_i x_i + N_j x_j + N_k x_k \\ y &= N_i y_i + N_j y_j + N_k y_k \end{aligned}\right\} \tag{2-53}$$

将式 $N_k = 1 - N_i - N_j$ 代入式(2-53)，得

$$\left.\begin{aligned} x &= N_i\left(x_i - x_k\right) + N_j\left(x_j - x_k\right) + x_k \\ y &= N_i\left(y_i - y_k\right) + N_j\left(y_j - y_k\right) + y_k \end{aligned}\right\} \tag{2-54}$$

同理可得

$$\left.\begin{aligned} x' &= N_i'(x_i' - x_k') + N_j'(x_j' - x_k') + x_k' \\ y' &= N_i'(y_i' - y_k') + N_j'(y_j' - y_k') + y_k' \end{aligned}\right\} \tag{2-55}$$

式(2-49)为直角坐标系 x-y 中的多重积分，为了便于进行积分运算，需要将其变换到直角坐标系 N_i-N_j 中的多重积分，根据积分变换公式，有

$$\mathrm{d}x\mathrm{d}y = \begin{vmatrix} \dfrac{\partial x}{\partial N_i} & \dfrac{\partial y}{\partial N_i} \\ \dfrac{\partial x}{\partial N_j} & \dfrac{\partial y}{\partial N_j} \end{vmatrix} \mathrm{d}N_i\mathrm{d}N_j = \begin{vmatrix} x_i - x_k & y_i - y_k \\ x_j - x_k & y_j - y_k \end{vmatrix} \mathrm{d}N_i\mathrm{d}N_j = 2A_e \mathrm{d}N_i\mathrm{d}N_j \tag{2-56}$$

同理可得

$$\mathrm{d}x'\mathrm{d}y' = \begin{vmatrix} \dfrac{\partial x'}{\partial N_i'} & \dfrac{\partial y'}{\partial N_i'} \\ \dfrac{\partial x'}{\partial N_j'} & \dfrac{\partial y'}{\partial N_j'} \end{vmatrix} \mathrm{d}N_i'\mathrm{d}N_j' = \begin{vmatrix} x_i' - x_k' & y_i' - y_k' \\ x_j' - x_k' & y_j' - y_k' \end{vmatrix} \mathrm{d}N_i'\mathrm{d}N_j' = 2A_{e'} \mathrm{d}N_i\mathrm{d}N_j \tag{2-57}$$

将式(2-54)、式(2-55)、式(2-56)和式(2-57)代入式(2-49)，化简整理可得

$$Cov(X_e, X_{e'}) = 4\sigma^2 \int_{\Omega_e}\int_{\Omega_{e'}} \rho(r,s)\mathrm{d}N_i\mathrm{d}N_i'\mathrm{d}N_j\mathrm{d}N_j' \tag{2-58}$$

式中，$r = |x - x'|$，$s = |y - y'|$。

式(2-58)即为协方差矩阵的解析计算法表达式，在给定标准相关系数 $\rho(\xi,\eta)$ 表达式的情况下便可采用该式直接积分计算出解析解。

2.4.3　协方差矩阵的数值计算法

当标准相关系数 $\rho(r,s)$ 表达式较简单时，可以直接采用式(2-58)求出精确解；当标准相关系数 $\rho(r,s)$ 表达式较复杂时，式(2-58)求解计算量仍然较大，为此，本书又提出了一种数值计算方法。

将式(2-53)、式(2-55)代入式(2-49)，化简整理可得

$$Cov(X_e,X_{e'})=\frac{\sigma^2}{A_eA_{e'}}\int_{\Omega_{e'}}\int_{\Omega_e}g(N_i,N_j,N_k,N_i',N_j',N_k')\mathrm{d}\Delta\mathrm{d}\Delta' \tag{2-59}$$

式中，$g(N_i,N_j,N_k,N_i',N_j',N_k')=\rho(|x-x'|,|y-y'|)$，$\Delta$、$\Delta'$ 分别为直角坐标系中单元 e、e' 对应的面积；g 为以面积坐标表示的被积函数。

根据面积坐标的高斯计算公式，存在如下关系：

$$\iint_{\Delta}g(N_i,N_j,N_k)\mathrm{d}\Delta=\Delta\sum_{K=1}^{M}\omega^{(K)}g[N_i^{(K)},N_j^{(K)},N_k^{(K)}] \tag{2-60}$$

式中，M 为求积基点的数目；$\omega^{(K)}$ 为单元 e 对应的求积系数，相当于加权系数；$[N_i^{(K)},N_j^{(K)},N_k^{(K)}]$ 为单元 e 对应的求积基点坐标。

结合式(2-60)，式(2-59)可变形为

$$Cov(X_e,X_{e'})=\frac{\sigma^2}{A_eA_{e'}}\int_{\Omega_{e'}}\Delta\sum_{K=1}^{M}\omega^{(K)}g[N_i^{(K)},N_j^{(K)},N_k^{(K)},N_i',N_j',N_k']\mathrm{d}\Delta' \tag{2-61}$$

为推导方便，令

$$f(N_i',N_j',N_k')=\Delta\sum_{K=1}^{M}\omega^{(K)}g[N_i^{(K)},N_j^{(K)},N_k^{(K)},N_i',N_j',N_k'] \tag{2-62}$$

结合式(2-62)，式(2-61)可简化为

$$Cov(X_e,X_{e'})=\frac{\sigma^2}{A_eA_{e'}}\int_{\Omega_{e'}}f(N_i',N_j',N_k')\mathrm{d}\Delta' \tag{2-63}$$

根据式(2-60)，式(2-63)可变形为

$$Cov(X_e,X_{e'})=\frac{\sigma^2}{A_eA_{e'}}\Delta'\sum_{R=1}^{M}\omega'^{(R)}f[N_i'^{(R)},N_j'^{(R)},N_k'^{(R)}] \tag{2-64}$$

式中，$\omega'^{(R)}$ 为单元 e' 对应的求积系数，相当于加权系数；$[N_i'^{(R)},N_j'^{(R)},N_k'^{(R)}]$ 为单元 e' 对应的求积基点坐标。

将式(2-62)代入式(2-64)，整理化简得

$$Cov(X_e,X_{e'})=\sigma^2\sum_{K=1}^{M}\sum_{R=1}^{M}\omega^{(K)}\omega'^{(R)}g[N_i^{(K)},N_j^{(K)},N_k^{(K)},N_i'^{(R)},N_j'^{(R)},N_k'^{(R)}] \tag{2-65}$$

式(2-65)即为协方差矩阵的数值计算法表达式，给定标准相关系数 $\rho(g)$ 的表达式，便可采用该式直接计算出数值积分解。

为了保证计算精度，高斯积分的求积基点数可取为 7，高斯 7 点积分求解参数见表 2-1。

表 2-1　7 点高斯数值积分

M	$\omega^{(K)}[\omega'^{(R)}]$	$N_i^{(K)}[N_i'^{(R)}]$	$N_j^{(K)}[N_j'^{(R)}]$	$N_k^{(K)}[N_k'^{(R)}]$
1	1/20	1	0	0
2	1/20	0	1	0
3	1/20	0	0	1
4	2/15	0	1/2	1/2
5	2/15	1/2	0	1/2
6	2/15	1/2	1/2	0
7	9/20	1/3	1/3	1/3

为了验证协方差矩阵的解析解与数值解的精度，图 2-8 是一个简单的三角形随机场网格划分算例。根据文献[11]，假定标准差为 1，相关距离为 0.3m，标准相关系数的形式为

$$\rho = \exp\left(-2\frac{\sqrt{\Delta x^2 + \Delta y^2}}{\theta}\right) \tag{2-66}$$

由于算例中随机场单元形状简单、位置确定，因此，直接根据式(2-49)、式(2-58)及式(2-65)计算协方差均比较简单。

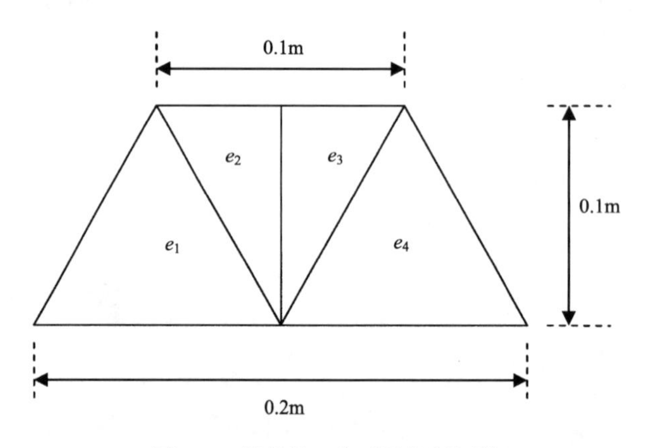

图 2-8　简单的三角形随机场网格

表 2-2 是协方差的计算结果，从中可以看出，对于任意两个三角形单元的协方差，式(2-49)、式(2-58)及式(2-65)的计算结果基本相同，精度满足要求，例如，对于三角形随机场单元 e_1 与单元 e_2，依据式(2-49)求得的协方差值为 0.690 39，依据式(2-58)求得的协方差值为 0.690 44，依据式(2-65)求得的协方差值为 0.690 41，三个协方差值基本相同，从而验证了本书给出的三角形单元协方差矩阵的解析计算法和数值计算法的正确性。

表 2-2　协方差解的对比

三角形单元编号	协方差 $Cov(X_e, X_{e'})$		
	式(2-49)解	式(2-58)解	式(2-65)解
(e_1, e_1)	0.804 06	0.804 09	0.804 07
(e_1, e_2)	0.690 39	0.690 44	0.690 41
(e_1, e_3)	0.590 17	0.590 23	0.590 21
(e_1, e_4)	0.503 33	0.503 38	0.503 35
(e_2, e_2)	0.836 55	0.836 58	0.836 56
(e_2, e_3)	0.742 67	0.742 72	0.742 69
(e_2, e_4)	0.590 17	0.590 23	0.590 20
(e_3, e_3)	0.836 55	0.836 58	0.836 56
(e_3, e_4)	0.690 39	0.690 44	0.690 41
(e_4, e_4)	0.804 06	0.804 09	0.804 07

2.4.4　计算实例

为了验证所提三角形单元局部平均法的正确性与高效性，本书对同一参数随机场进行了四边形单元离散和三角形单元离散的对比分析。如图 2-4(a)、图 2-4(b)所示，某岩土结构的部分剖面为上底 4m、下底 10m、高 6m 的梯形，将其岩土参数(导热系数、体积热容、泊松比、内摩擦角等)模拟为二维连续平稳随机场，基于随机场局部平均理论，分别采用传统四边形单元局部平均法及本书所提出的三角形单元局部平均法进行参数随机场离散。由于相关工程勘察报告中没有提供土层自相关函数和相关距离的信息，加之本书重点在于方法上的研究，因此，依据文献[10],[11]，假设该随机场的自相关函数为指数型，方差 $\sigma^2 = 10$，标准相关系数为 $\rho(r,s) = \exp[-2(r+s)/5]$。显然，当采用图 2-4(d)所示的三角形单元进行有限元网格划分时，有限元网格不能与图 2-4(a)所示的随机场网格一一对应，需要将每个四边形随机场网格一分为二，且以每个四边形随机场单元的数字特征表示四边形内的两个三角形随机场单元的数值特征，在进行随机有限元程序编制时，图 2-4(d)中有限元单元编号与图 2-4(a)中随机场单元编号的相互对应需要编制大量的程序，应用不便；因此，如前文所述，四边形单元局部平均法的确存在缺陷。而对于图 2-4(b)所示的随机场网格，三角形有限元单元与三角形随机场单元可以一一对应，随机有限元程序编制简单，概念清晰，操作方便，前文所述的缺陷对于三角形单元局部平均法将不复存在。

依据传统四边形单元局部平均法协方差计算公式(2-26)及式(2-35)，图 2-9 为图 2-4(a)所对应的四边形随机场单元协方差矩阵的计算结果；依据本书所提的三角形单元局部平均法，图 2-10 为图 2-4(b)所对应的三角形随机场单元协方差矩阵的计算结果。显然，两种方法的计算结果有差异。

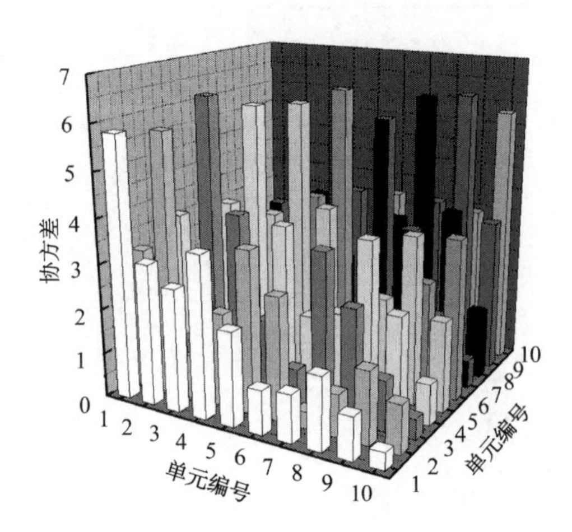

图 2-9　四边形局部平均随机场单元协方差

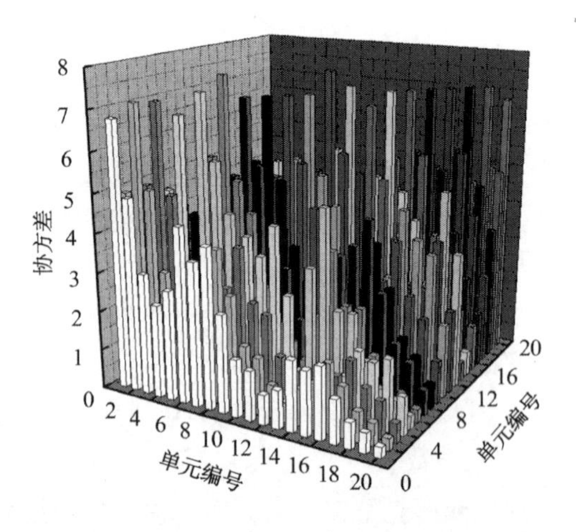

图 2-10　三角形局部平均随机场单元协方差

为了便于比较四边形随机场单元与三角形随机场单元的数字特征，将图 2-4(a)中四边形随机场单元(编号 1～10)及其对应的图 2-4(b)中三角形随机场单元(编号 1～20)的方差列于同一表中，见表 2-3。由表 2-3 可以看出，只有被包含的两个三角形单元相互对称，方差才相同，对于被包含的两个普通三角形单元，方差一般不同；同时，被包含的两个三角形单元的方差不等于包含的四边形随机场单元的方差，其值明显偏大。对于协方差的比较，由于数据较多，选择图 2-4(a)中四边形随机场单元(编号 1 与编号 2～10)及其对应的图 2-4(b)三角形随机场单元(编号 1、2 与编号 3～20)的协方差列于同一表中，见表 2-4。由表 2-4 可以看出，被包含的两个三角形单元的协方差不等于包含的两个四边形随机场单元的协方差。因此，前文所述的两方面争议的确存在。

表 2-3　方差对比表

三角形单元编号	$Var(X_e)$ 三角形单元	$Var(X_e)$ 四边形单元	四边形单元编号	三角形单元编号	$Var(X_e)$ 三角形单元	$Var(X_e)$ 四边形单元	四边形单元编号
1	6.785 1	5.813 9	1	11	7.712 6	6.487 7	6
2	7.138 6			12	7.308 8		
3	7.138 6	5.813 9	2	13	6.785 1	5.813 9	7
4	6.785 1			14	7.138 6		
5	7.308 8	6.487 7	3	15	7.138 6	6.241 2	8
6	7.712 6			16	7.138 6		
7	7.138 6	6.241 2	4	17	7.138 6	6.241 2	9
8	7.138 6			18	7.138 6		
9	7.138 6	6.241 2	5	19	7.138 6	5.813 9	10
10	7.138 6			20	6.785 1		

表 2-4　协方差对比表

三角形单元编号		$Cov(X_e, X_{e'})$			四边形
1	2	三角形单元 1	三角形单元 2	四边形单元	单元编号
1、3	2、3	3.080 3	5.076 4	3.135 7	1、2
1、4	2、4	2.357 6	3.080 3		
1、5	2、5	2.800 2	1.419 5	2.724 2	1、3
1、6	2、6	4.447 7	2.378 6		
1、7	2、7	3.641 6	2.600 2	3.594 3	1、4
1、8	2、8	4.073 7	3.897 6		
1、9	2、9	2.498 4	2.833 8	2.085 2	1、5
1、10	2、10	1.463 8	1.660 3		
1、11	2、11	1.276 2	1.447 5	0.982 1	1、6
1、12	2、12	0.761 6	0.863 9		
1、13	2、13	0.975 6	0.492 3	1.058 3	1、8
1、14	2、14	1.801 2	0.940 1		
1、15	2、15	1.636 3	1.168 3	1.615 0	1、8
1、16	2、16	1.830 4	1.751 3		
1、17	2、17	1.122 6	1.273 3	0.937 0	1、9
1、18	2、18	0.657 7	0.746 0		
1、19	2、19	0.504 4	0.572 1	0.379 1	1、10
1、20	2、20	0.264 1	0.299 6		

为了进一步研究随机有限元计算中，通过四边形单元局部平均法和三角形单元局部平均法获得的离散化局部平均随机场样本的统计特性，采用局部平均随机场独立变换中的 Cholesky 分解变换法，自编程序随机模拟 10 000 次，计算所获得样本的方差，见表 2-5。由表 2-5 可以看出，传统四边形单元局部平均法求得的离散化随机场样本方差明显小于本书所提三角形单元局部平均法求得的离散化随机场样本方差。因此，随机有限元计算中，当计算模型采用三角形有限元网格划分，参数随机场采用四边形网格划分时，以包含的四边形随机场单元的统计特性代替被包含的三角形随机场单元的统计特性明显不准确，本书所提的三角形单元局部平均法显得更加科学合理。

表 2-5　样本方差对比表

三角形单元编号	$s^2(X_e)$		四边形单元编号	三角形单元编号	$s^2(X_e)$		四边形单元编号
	三角形单元	四边形单元			三角形单元	四边形单元	
1	6.813 4	5.673 0	1	11	7.727 4	6.458 3	6
2	7.130 1			12	7.356 5		
3	7.068 1	5.818 0	2	13	6.734 5	5.774 6	7
4	6.785 1			14	7.109 9		
5	7.416 5	6.622 9	3	15	7.137 5	6.232 2	8
6	7.753 0			16	7.073 9		
7	7.255 3	6.158 5	4	17	7.089 1	6.203 5	9
8	7.172 1			18	7.103 0		
9	7.096 1	6.205 4	5	19	7.086 1	5.840 2	10
10	7.067 1			20	6.823 6		

注：$s^2(X_e)$ 为局部平均随机场样本方差。

主要参考文献

[1] Soulie M, Montes P, Silvestri V. Modelling spatial variability of soil parameters [J]. Canadian Geotechnical Journal, 1990, 27(5): 617-630.

[2] Chiasson P, Lafleur J, Soulie M. Characterizing spatial variability of a clay by geostatistics [J]. Canadian Geotechnical Journal, 1995, 32(1): 1-10.

[3] 王涛，周国庆. 考虑土性参数不确定性的单管冻结温度场分析[J]. 煤炭学报，2014, 39(6): 1063-1069.

[4] 王涛，周国庆. 基于 Monte-Carlo 法的立井井壁随机温度场分析[J]. 采矿与安全工程学报，2014, 31(4): 612-619.

[5] Wang T, Zhou G Q. Neumann stochastic finite element method for calculating temperature field of frozen soil based on random field theory [J]. Sciences in Cold and Arid Regions, 2013, 5(4): 488-497.

[6] Vanmarcke E, Shinozuka M, Nakagiri S, et al. Random fields and stochastic finite elements [J]. Structural Safety, 1986, 3(3~4), 143-166.

[7] 傅旭东，茜平一，刘祖德. 浅基础沉降可靠性的 Neumann 随机有限元分析[J]. 岩土力学, 2001, 22(3): 286-290.
[8] 闫蓉，茜平一，傅旭东. 浅基础沉降可靠性的摄动随机有限元法[J]. 岩土力学, 2004, 25(12): 1947-1950.
[9] 徐建平，胡厚田. 摄动随机有限元法在顺层岩质边坡可靠性分析中的应用[J]. 岩土工程学报, 1999, 21(1): 71-76.
[10] 傅旭东，茜平一，刘祖德. 边坡稳定可靠性的随机有限元分析[J]. 岩土力学, 2001, 22(4): 413~418.
[11] Zhu H, Zhang L M. Characterizing geotechnical anisotropic spatial variations using random field theory [J]. Canadian Geotechnical Journal, 2013, 50(7): 723-733.

第 3 章　冻土工程温度场随机有限元分析方法

3.1　概　　述

寒区工程走廊基础工程基本类型主要包括：①线性基础，公路路基、铁路路基基础等；②管线基础，输油管道、通信光缆基础等；③深基础，输电塔基、旱桥桩基、桥梁基础等。在寒区冻土工程修筑后，原有的地气热交换条件发生了变化，其结果通常是冻土内的吸热量增加，导致冻土年平均地温的升高，多年冻土融化，从而引起冻土结构的下沉变形。随着全球变暖的现状，气温的升高必将加快常年冻土温度的升高，从而加剧寒区工程结构的变形。为了确保构筑物的稳定性，首先要对冻土结构的温度场进行详细的研究，全面了解冻土温度场的变化过程及其对结构稳定性的影响，掌握工程环境随时间的演化所要发生以及可能发生的工程问题，以便及时或提前采取措施。目前，以有限元法为代表的数值模拟方法已经被认为是冻土热稳定性预报中最有效、最基本的方法之一。冻土工程温度场的模拟计算中存在诸多随机性。首先是因气温随机性引起的上边界条件的随机性；其次是冻土热学指标的随机性，如导热系数λ、体积热容C等，这些参数往往按照半经验半理论的公式推算，从而带有统计的规律。而按照传统确定性方法并不能确切反映这些随机性对温度场的影响，因而其对结构稳定性影响预报的参考价值效果不明显。因此，采用随机有限元法，把握冻土工程的随机温度场，估计可能出现的摆幅，就显得非常有意义。

3.2　控制微分方程与有限元公式

3.2.1　确定性控制微分方程

建立在冻土上的铁路、公路和输油管道是无限延伸的线性地基，因此，研究其温度状态可以取其横断面，从而简化为图 3-1 所示的二维问题来处理。对于一般的冻土地基，不存在内热源，根据热力学理论，瞬态温度场$T(x,y,t)$在直角坐标系下可以写成如下形式：

$$\text{已冻区}\quad \frac{\partial}{\partial x}\left(\lambda_f\frac{\partial T_f}{\partial x}\right)+\frac{\partial}{\partial y}\left(\lambda_f\frac{\partial T_f}{\partial y}\right)=\rho_f c_f\frac{\partial T_f}{\partial t}\quad (x,y)\in\Omega_f\quad 0<t<N \tag{3-1}$$

$$\text{未冻区}\quad \frac{\partial}{\partial x}\left(\lambda_u\frac{\partial T_u}{\partial x}\right)+\frac{\partial}{\partial y}\left(\lambda_u\frac{\partial T_u}{\partial y}\right)=\rho_u c_u\frac{\partial T_u}{\partial t}\quad (x,y)\in\Omega_u\quad 0<t<N \tag{3-2}$$

式中，f、u分别表示冻土地基的冻、融两相状态，Ω为计算区域，N为道路运营期。

已冻区和未冻区在相变界面$S(t)$上耦合，即满足温度连续条件：

$$T_f[S(t),t]=T_u[S(t),t]=T_m \tag{3-3}$$

相变界面热流连续条件为

$$\left(\lambda_f \frac{\partial T_f}{\partial t} - \lambda_u \frac{\partial T_u}{\partial t}\right)_{(x,y)\in S(t)} = L^* \rho \frac{\mathrm{d}S(t)}{\mathrm{d}t} \tag{3-4}$$

式中，T_m 为土体冻结临界温度，℃；L^* 为冻土的质量相变潜热，J / kg；$L^* \rho \frac{\mathrm{d}S(t)}{\mathrm{d}t}$ 为相变潜热项。

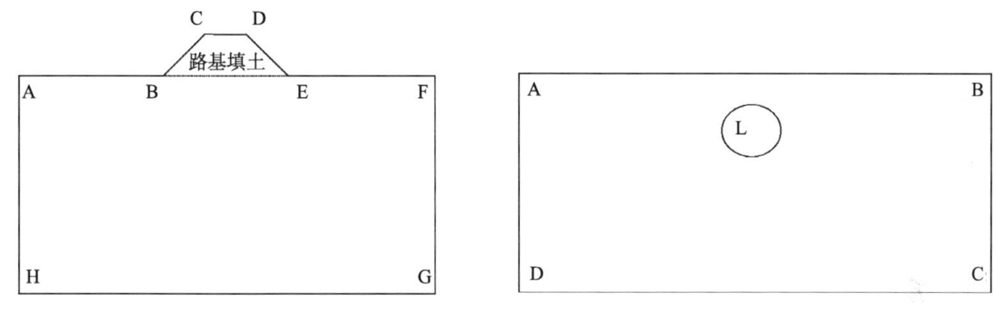

图 3-1　线性地基剖面示意图

地基土冻结不同于一般均质固体的传热过程，在冻结过程中，存在着已冻区、未冻区、活动相变区，而且由于冻土的相变不是严格地在某一特定的温度下发生，而主要是在剧烈相变区这样一个较小的温度范围内发生，如图 3-2 所示。地基土的相变潜热看作是在足够厚度相变区域内有一个很大的显热容量，根据显热容法，伴有相变过程地基土的平面非稳态导热微分方程式可以表示成

$$\frac{\partial}{\partial x}\left(\lambda \frac{\partial T}{\partial x}\right) + \frac{\partial}{\partial y}\left(\lambda \frac{\partial T}{\partial y}\right) + L^* \rho \frac{\partial f_s}{\partial t} = \rho c \frac{\partial T}{\partial t} \tag{3-5}$$

为推导方便，令

$$\begin{cases} L = L^* \rho \\ C = c\rho \end{cases} \tag{3-6}$$

式中，L 为冻土的体积相变潜热，J / m³；C 为体积比热容，J / (m³ · ℃)。

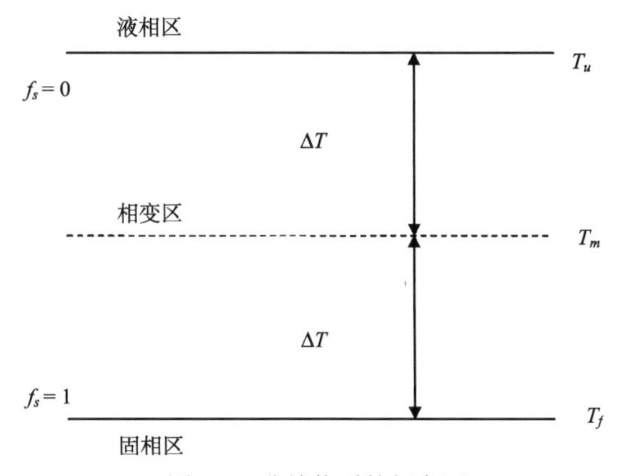

图 3-2　非纯物质的相变区

将式(3-6)代入式(3-5)可得

$$\frac{\partial}{\partial x}\left(\lambda\frac{\partial T}{\partial x}\right)+\frac{\partial}{\partial y}\left(\lambda\frac{\partial T}{\partial y}\right)+L\frac{\partial f_s}{\partial t}=C\frac{\partial T}{\partial t} \tag{3-7}$$

$$C=\begin{cases} C_f & T\leqslant T_f \\ \dfrac{C_u+C_f}{2} & T_f<T<T_u \\ C_u & T\geqslant T_u \end{cases} \tag{3-8}$$

$$\lambda=\begin{cases} \lambda_f & T\leqslant T_f \\ \lambda_f+\dfrac{\lambda_u-\lambda_f}{2\Delta T}\left(T-T_f\right) & T_f<T<T_u \\ \lambda_u & T\geqslant T_u \end{cases} \tag{3-9}$$

式中，$T_f=T_m-\Delta T$，$T_u=T_m+\Delta T$，ΔT 为发生相变的温度区间，T_m 为土体发生相变的温度均值；f_s 为无量纲固相率；C_f、λ_f 分别为已冻区土体的体积比热容、传热系数；C_u、λ_u 分别为未冻区土体的体积比热容、传热系数。此方程同时隐含了相变界面处的温度连续性条件和热流连续性条件。

显热容法中，无量纲固相率 f_s 取

$$f_s=\begin{cases} 0 & T\leqslant T_f \quad (\text{固相}) \\ \dfrac{T_f-T}{T_f-T_u} & T_f<T<T_u \quad (\text{两相共存}) \\ 1 & T\geqslant T_u \quad (\text{液相}) \end{cases} \tag{3-10}$$

将式(3-10)代入式(3-7)并结合式(3-8)、式(3-9)，可得多年冻土路基平面非稳态导热微分方程为

$$\begin{cases} \dfrac{\partial}{\partial x}\left(\lambda_f\dfrac{\partial T}{\partial x}\right)+\dfrac{\partial}{\partial y}\left(\lambda_f\dfrac{\partial T}{\partial y}\right)=C_f\dfrac{\partial T}{\partial t} & T\leqslant T_f \\ \dfrac{\partial}{\partial x}\left(\lambda^*\dfrac{\partial T}{\partial x}\right)+\dfrac{\partial}{\partial y}\left(\lambda^*\dfrac{\partial T}{\partial y}\right)=\left(\dfrac{C_u+C_f}{2}+\dfrac{L}{2\Delta T}\right)\dfrac{\partial T}{\partial t} & T_f<T<T_u \\ \dfrac{\partial}{\partial x}\left(\lambda_u\dfrac{\partial T}{\partial x}\right)+\dfrac{\partial}{\partial y}\left(\lambda_u\dfrac{\partial T}{\partial y}\right)=C_u\dfrac{\partial T}{\partial t} & T\geqslant T_u \end{cases} \tag{3-11}$$

式中，$\lambda^*=\lambda_f+\dfrac{\lambda_u-\lambda_f}{2\Delta T}\left(T-T_s\right)$。

深基础冻土地基剖面瞬态温度场 $T\left(x,y,t\right)$ 在圆柱坐标系下可以写成如下的形式：

$$k\left(\frac{\partial^2 T}{\partial r^2}+\frac{1}{r}\frac{\partial T}{\partial r}+\frac{\partial^2 T}{\partial z^2}\right)+L\rho\frac{\partial f_s}{\partial t}=\rho c\frac{\partial T}{\partial t} \tag{3-12}$$

按照线性地基相似的推导，可得深基础冻土地基剖面非稳态导热微分方程为

$$\begin{cases} k_f\left(\dfrac{\partial^2 T}{\partial r^2}+\dfrac{1}{r}\dfrac{\partial T}{\partial r}+\dfrac{\partial^2 T}{\partial z^2}\right)=\rho_f c_f\dfrac{\partial T}{\partial t} & T<T_f \\ \left(k_f+\dfrac{k_u-k_f}{2\Delta T}(T-T_s)\right)\left(\dfrac{\partial^2 T}{\partial r^2}+\dfrac{1}{r}\dfrac{\partial T}{\partial r}+\dfrac{\partial^2 T}{\partial z^2}\right)=\rho_x\left(\dfrac{c_u+c_f}{2}+\dfrac{L}{2\Delta T}\right)\dfrac{\partial T}{\partial t} & T_f<T<T_u \\ k_u\left(\dfrac{\partial^2 T}{\partial r^2}+\dfrac{1}{r}\dfrac{\partial T}{\partial r}+\dfrac{\partial^2 T}{\partial z^2}\right)=\rho_u c_u\dfrac{\partial T}{\partial t} & T>T_u \end{cases} \tag{3-13}$$

3.2.2 边界条件与初始条件

根据热传导理论，常见的边界条件有三类。

(1) 第一类边界条件：给出研究物体边界上的温度分布及其随时间的变化规律，即

$$T|_\Gamma=T(x,y,z,t) \tag{3-14}$$

当整个导热过程中研究物体边界上的温度为定值时，上式简化为

$$T|_\Gamma=T(x,y,z) \tag{3-15}$$

(2) 第二类边界条件：给出研究物体边界上的热流密度分布及其随时间的变化规律，即

$$-\lambda\frac{\partial T}{\partial n}\bigg|_\Gamma=q_w=g(x,y,z,t) \tag{3-16}$$

当整个导热过程中研究物体边界上的热流密度为定值时，上式简化为

$$-\lambda\frac{\partial T}{\partial n}\bigg|_\Gamma=q_w=g(x,y,z) \tag{3-17}$$

当整个导热过程中研究物体边的某一表面绝热时，上式进一步简化为

$$\frac{\partial T}{\partial n}\bigg|_\Gamma=0 \tag{3-18}$$

在此规定，热流量从物体向外流出者 q_w 值取为正，热流量从外界流入物体者 q_w 值取为负。

(3) 第三类边界条件：给出与研究物体表面进行对流传热流体的温度 T_f 及表面传热系数 h，即

$$-\lambda\frac{\partial T}{\partial n}\bigg|_\Gamma=h(T-T_f)|_\Gamma \tag{3-19}$$

对于本书研究的寒区冻土工程剖面模型，根据附面层原理[1]，上表面为第一类边界条件；计算区域两侧铅垂面边界为绝热边界，为第二类边界条件的特殊情况，可用式(3-18)表示；计算区域底边界取恒定地温梯度边界条件，为第二类边界条件。

初始温度场条件为

$$T_0=T(x,y,t)\Big|_{t0} \tag{3-20}$$

3.2.3 确定性有限元分析

寒区冻土工程温度场分析可归纳为伴有相变的冻土平面热传导过程，依据式(3-11)，其导热微分方程可归纳为

$$\frac{\partial}{\partial x}\left(\lambda\frac{\partial T}{\partial x}\right)+\frac{\partial}{\partial y}\left(\lambda\frac{\partial T}{\partial y}\right)=C\frac{\partial T}{\partial t} \tag{3-21}$$

式中，传热系数λ按式(3-9)取值，C按下式取值。

$$C=\begin{cases}C_f & T\leqslant T_f\\ \dfrac{C_u+C_f}{2}+\dfrac{L}{2\Delta T} & T_f<T<T_u\\ C_u & T\geqslant T_u\end{cases} \tag{3-22}$$

采用泛函分析和加权余量法均可以求解此偏微分方程。由于加权余量法不需要去寻找泛函，推导过程相对简单，适用范围广，数理分析过程也较简便，其实用意义已经超过泛函分析法，因此，本书采用加权余量法求解偏微分方程式(3-21)。

加权余量法的典型方程为

$$\int_R W_i D\left[\tilde{y}(x)\right]\mathrm{d}x=0 \qquad (i=1,2,\cdots,n) \tag{3-23}$$

式中，W_i称为加权函数，R为积分区域，$\tilde{y}(x)$为试探函数。

式(3-23)是一个方程组，根据W_i不同的选取方法便有不同的加权余量方法。目前，加权余量法一般包括：子域定位法、点定位法、Galerkin 法、最小二乘法。研究表明，Galerkin 法能够得到较为满意且与泛函分析法完全相同的结果，同时计算公式也比较简单，因此，本书选用 Galerkin 法推导冻土地基温度场的有限单元法基本方程。

根据式(3-21)，冻土伴有相变瞬态温度场导热微分方程可表示为

$$D\left[T(x,y,t)\right]=\frac{\partial}{\partial x}\left(\lambda\frac{\partial T}{\partial x}\right)+\frac{\partial}{\partial y}\left(\lambda\frac{\partial T}{\partial y}\right)-C\frac{\partial T}{\partial t}=0 \tag{3-24}$$

取试探函数：

$$T(x,y,t)=T(x,y,t,T_1,T_2,\cdots,T_n) \tag{3-25}$$

式中，$T_1,T_2,\cdots,T_n$为n个待定系数。

将式(3-25)代入式(3-24)，再将式(3-24)代入式(3-23)，得

$$\iint_D W_l\left[\frac{\partial}{\partial x}\left(\lambda\frac{\partial T}{\partial x}\right)+\frac{\partial}{\partial y}\left(\lambda\frac{\partial T}{\partial y}\right)-C\frac{\partial T}{\partial t}\right]\mathrm{d}x\mathrm{d}y=0 \qquad (l=1,2,\cdots,n) \tag{3-26}$$

式中，D为平面场的定义域。

根据 Galerkin 法对加权函数的定义，即

$$W_l=\frac{\partial T}{\partial T_l} \qquad (l=1,2,\cdots,n) \tag{3-27}$$

将式(3-26)做如下改写：

$$\iint_D \left[\frac{\partial}{\partial x}\left(W_l \lambda \frac{\partial T}{\partial x}\right)+\frac{\partial}{\partial y}\left(W_l \lambda \frac{\partial T}{\partial y}\right)\right]\mathrm{d}x\mathrm{d}y$$
$$-\iint_D \left[\lambda\left(\frac{\partial W_l}{\partial x}\frac{\partial T}{\partial x}+\frac{\partial W_l}{\partial y}\frac{\partial T}{\partial y}\right)+CW_l\frac{\partial T}{\partial t}\right]\mathrm{d}x\mathrm{d}y=0 \quad (l=1,2,\cdots,n) \tag{3-28}$$

为推导方便，在式(3-28)，记

$$\left.\begin{aligned} Y &= W_l \lambda \frac{\partial T}{\partial x} \\ X &= -W_l \lambda \frac{\partial T}{\partial y} \end{aligned}\right\} \tag{3-29}$$

在平面场的定义域D内应用格林公式，式(3-28)第一项可以写成

$$\iint_D \left[\frac{\partial}{\partial x}\left(W_l \lambda \frac{\partial T}{\partial x}\right)+\frac{\partial}{\partial y}\left(W_l \lambda \frac{\partial T}{\partial y}\right)\right]\mathrm{d}x\mathrm{d}y=\oint_\Gamma\left(-W_l\lambda\frac{\partial T}{\partial y}\mathrm{d}x+W_l\lambda\frac{\partial T}{\partial x}\mathrm{d}y\right) \tag{3-30}$$

在平面场的定义域D边界上具有如下关系：

$$-\frac{\partial T}{\partial y}\mathrm{d}x+\frac{\partial T}{\partial x}\mathrm{d}y=\frac{\partial T}{\partial n}\mathrm{d}s \tag{3-31}$$

将式(3-30)、式(3-31)代入式(3-28)，可得

$$\iint_D \left[\lambda\left(\frac{\partial W_l}{\partial x}\frac{\partial T}{\partial x}+\frac{\partial W_l}{\partial y}\frac{\partial T}{\partial y}\right)+CW_l\frac{\partial T}{\partial t}\right]\mathrm{d}x\mathrm{d}y-\oint_\Gamma W_l\lambda\frac{\partial T}{\partial n}\mathrm{d}s=0 \quad (l=1,2,\cdots,n) \tag{3-32}$$

上式即为伴有相变冻土路基瞬态温度场有限单元法计算的基本方程，其中的曲线积分项可以把边界条件代入，从而使式(3-32)满足边界条件。

对于第一类边界条件，$T|_\Gamma$ 已知，代入式(3-32)可得如下形式：

$$\iint_D \left[\lambda\left(\frac{\partial W_l}{\partial x}\frac{\partial T}{\partial x}+\frac{\partial W_l}{\partial y}\frac{\partial T}{\partial y}\right)+CW_l\frac{\partial T}{\partial t}\right]\mathrm{d}x\mathrm{d}y=0 \quad (l=1,2,\cdots,n) \tag{3-33}$$

对于第二类边界条件，$-\lambda\left.\frac{\partial T}{\partial n}\right|_\Gamma=q_w$，代入式(3-32)可得如下形式：

$$\iint_D \left[\lambda\left(\frac{\partial W_l}{\partial x}\frac{\partial T}{\partial x}+\frac{\partial W_l}{\partial y}\frac{\partial T}{\partial y}\right)+CW_l\frac{\partial T}{\partial t}\right]\mathrm{d}x\mathrm{d}y+\oint_\Gamma q_w W_l\mathrm{d}s=0 \quad (l=1,2,\cdots,n) \tag{3-34}$$

对于第三类边界条件，$-\lambda\left.\frac{\partial T}{\partial n}\right|_\Gamma=h(T-T_f)|_\Gamma$，代入式(3-32)可得如下形式：

$$\iint_D \left[\lambda\left(\frac{\partial W_l}{\partial x}\frac{\partial T}{\partial x}+\frac{\partial W_l}{\partial y}\frac{\partial T}{\partial y}\right)+CW_l\frac{\partial T}{\partial t}\right]\mathrm{d}x\mathrm{d}y+\oint_\Gamma hW_l\left(T-T_f\right)\mathrm{d}s=0 \quad (l=1,2,\cdots,n) \tag{3-35}$$

以上有限元方程的计算过程与单元形式有关，常见的单元形式有三角形等参单元和四边形等参单元，为与三角形单元局部平均法相对应，本书采用三角形等参单元计算。

将区域D划分为E个单元和n个节点，则温度场$T(x,y,t)$离散为$T_1,T_2,\cdots,T_n$等n个

节点的特定温度值，在单元中便可进行变分计算，式(3-32)可以分解出 E 个单元，每个单元满足

$$\frac{\partial J^e}{\partial T_l}=\iint_e\left[\lambda\left(\frac{\partial W_l}{\partial x}\frac{\partial T}{\partial x}+\frac{\partial W_l}{\partial y}\frac{\partial T}{\partial y}\right)+CW_l\frac{\partial T}{\partial t}\right]\mathrm{d}x\mathrm{d}y-\oint_{\Gamma e}\lambda W_l\frac{\partial T}{\partial n}\mathrm{d}s\quad(l=i,j,m)\tag{3-36}$$

式中，e 表示单元，$\frac{\partial J^e}{\partial T_l}$ 表示单元泛函变分。

总体合成代数方程组为

$$\frac{\partial J^D}{\partial T_l}=\sum_e^E\frac{\partial J^e}{\partial T_l}=0\qquad(l=1,2,\cdots,n)\tag{3-37}$$

冻土地基横断面为具有边界 Γ 的区域 D，采用三角形单元对区域 D 进行网格划分，每一个节点都有对应的数字序号 1、2、3 等；每一个单元也有它自己的编号①、②、③等。单元通过顶点与相邻单元相联系，对每个单元自身来说，三个顶点又都有编号 i、j、m，三角形单元如图 3-3 所示。为了编写随机有限元求解程序，划分网格时需要满足下列条件：

(1) 每个三角形单元自身的编号 i，j，m 按照逆时针方向编制；

(2) 边界三角形单元只有一条边位于边界上，并且编号为 j，m。

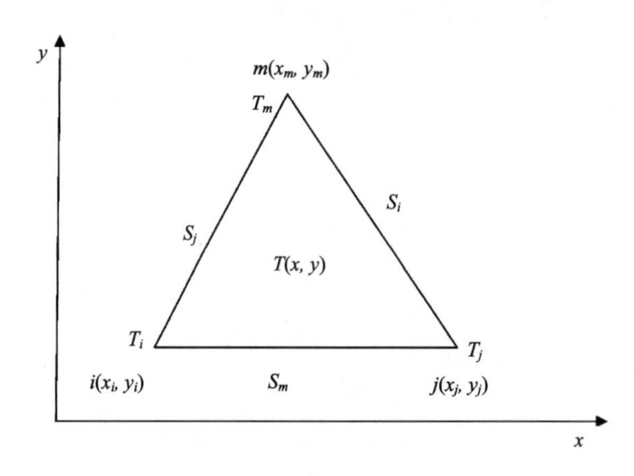

图 3-3　温度场三角形单元

对温度场进行结点离散后，连续的温度场被离散为 $T_1,T_2,\cdots,T_n$ 各结点温度，三角形单元中的温度场表示为

$$T=N_iT_i+N_jT_j+N_mT_m\tag{3-38}$$

系数分别为

$$N_i=\frac{1}{2\Delta}\left(a_i+b_ix+c_iy\right)\qquad(i,j,m)\tag{3-39}$$

式中，N_i、N_j、N_m 为形函数。

将式(3-39)适当变换整理后，得

$$\left.\begin{aligned} x &= N_i x_i + N_j x_j + N_m x_m \\ y &= N_i y_i + N_j y_j + N_m y_m \end{aligned}\right\} \tag{3-40}$$

式(3-40)适用于整个单元区域，当单元 jm 位于边界时，可构造插值函数，即

$$T = (1-g)T_j + gT_m \tag{3-41}$$

式中，g 为参变量，且 $0 \leqslant g \leqslant 1$，$g=0$ 对应于结点 j；$g=1$ 对应于结点 m。

jm 的边长表示为

$$s_i = \sqrt{(x_j - x_m)^2 + (y_j - y_m)^2} = \sqrt{b_i^2 + c_i^2} \tag{3-42}$$

对于冻土地基横断面区域 D 的内部单元及第一类边界单元，根据式(3-33)，单元变分计算的公式为

$$\frac{\partial J^e}{\partial T_l} = \iint_e \left[\lambda \left(\frac{\partial W_l}{\partial x}\frac{\partial T}{\partial x} + \frac{\partial W_l}{\partial y}\frac{\partial T}{\partial y} \right) + \rho c W_l \frac{\partial T}{\partial t} \right] \mathrm{d}x\mathrm{d}y \qquad (l = i, j, m) \tag{3-43}$$

根据式(3-27)、式(3-38)、式(3-39)可得

$$W_i = \frac{\partial T}{\partial T_i} = N_i \tag{3-44}$$

$$\frac{\partial W_i}{\partial x} = \frac{b_i}{2\Delta} \qquad \frac{\partial W_i}{\partial y} = \frac{c_i}{2\Delta} \tag{3-45}$$

$$\frac{\partial T}{\partial x} = \frac{b_i T_i + b_j T_j + b_m T_m}{2\Delta} \qquad \frac{\partial T}{\partial y} = \frac{c_i T_i + c_j T_j + c_m T_m}{2\Delta} \tag{3-46}$$

$$\frac{\partial T}{\partial t} = N_i \frac{\partial T_i}{\partial t} + N_j \frac{\partial T_j}{\partial t} + N_m \frac{\partial T_m}{\partial t} \tag{3-47}$$

将式(3-44)~式(3-47)代入式(3-43)化简得

$$\begin{aligned} \frac{\partial J^e}{\partial T_i} = {} & \frac{\lambda}{4\Delta}\left[\left(b_i^2 + c_i^2\right)T_i + \left(b_i b_j + c_i c_j\right)T_j + \left(b_i b_m + c_i c_m\right)T_m \right] \\ & + \rho c \left[\frac{\partial T_i}{\partial t}\iint_e N_i^2 \mathrm{d}x\mathrm{d}y + \frac{\partial T_j}{\partial t}\iint_e N_i N_j \mathrm{d}x\mathrm{d}y + \frac{\partial T_m}{\partial t}\iint_e N_i N_m \mathrm{d}x\mathrm{d}y \right] \end{aligned} \tag{3-48}$$

根据面积坐标变换，存在如下关系：

$$\iint_e N_i^2 \mathrm{d}x\mathrm{d}y = \frac{\Delta}{6} \qquad \iint_e N_i N_j \mathrm{d}x\mathrm{d}y = \iint_e N_i N_m \mathrm{d}x\mathrm{d}y = \frac{\Delta}{12} \tag{3-49}$$

将式(3-49)代入式(3-48)，整理得

$$\begin{aligned} \frac{\partial J^e}{\partial T_i} = {} & \frac{\lambda}{4\Delta}\left[\left(b_i^2 + c_i^2\right)T_i + \left(b_i b_j + c_i c_j\right)T_j + \left(b_i b_m + c_i c_m\right)T_m \right] \\ & + \frac{\Delta}{12}\rho c \left[2\frac{\partial T_i}{\partial t} + \frac{\partial T_j}{\partial t} + \frac{\partial T_m}{\partial t} \right] \end{aligned} \tag{3-50}$$

同理可得

$$\frac{\partial J^e}{\partial T_j}=\frac{\lambda}{4\Delta}\left[\left(b_ib_j+c_ic_j\right)T_i+\left(b_j^2+c_j^2\right)T_j+\left(b_jb_m+c_jc_m\right)T_j\right]$$
$$+\frac{\Delta}{12}\rho c\left[\frac{\partial T_i}{\partial t}+2\frac{\partial T_j}{\partial t}+\frac{\partial T_m}{\partial t}\right] \tag{3-51}$$

$$\frac{\partial J^e}{\partial T_m}=\frac{\lambda}{4\Delta}\left[\left(b_ib_m+c_ic_m\right)T_i+\left(b_jb_m+c_jc_m\right)T_j+\left(b_m^2+c_m^2\right)T_m\right]$$
$$+\frac{\Delta}{12}\rho c\left[\frac{\partial T_i}{\partial t}+\frac{\partial T_j}{\partial t}+2\frac{\partial T_m}{\partial t}\right] \tag{3-52}$$

式(3-50)、式(3-51)、式(3-52)可以改写为如下矩阵式：

$$\begin{bmatrix}\dfrac{\partial J^D}{\partial T_i}\\ \dfrac{\partial J^D}{\partial T_j}\\ \dfrac{\partial J^D}{\partial T_m}\end{bmatrix}=\begin{bmatrix}k_{ii} & k_{ij} & k_{im}\\ k_{ji} & k_{jj} & k_{jm}\\ k_{mi} & k_{mj} & k_{mm}\end{bmatrix}\begin{bmatrix}T_i\\ T_j\\ T_m\end{bmatrix}+\begin{bmatrix}n_{ii} & n_{ij} & n_{im}\\ n_{ji} & n_{jj} & n_{jm}\\ n_{mi} & n_{mj} & n_{mm}\end{bmatrix}\begin{bmatrix}\dfrac{\partial T_i}{\partial t}\\ \dfrac{\partial T_j}{\partial t}\\ \dfrac{\partial T_m}{\partial t}\end{bmatrix}-\begin{bmatrix}p_i\\ p_j\\ p_m\end{bmatrix} \tag{3-53}$$

式中，$k_{ii}=\frac{\lambda}{4\Delta}\left(b_i^2+c_i^2\right)$，$k_{jj}=\frac{\lambda}{4\Delta}\left(b_j^2+c_j^2\right)$，$k_{mm}=\frac{\lambda}{4\Delta}\left(b_m^2+c_m^2\right)$，

$k_{ij}=k_{ji}=\frac{\lambda}{4\Delta}\left(b_ib_j+c_ic_j\right)$，$k_{im}=k_{mi}=\frac{\lambda}{4\Delta}\left(b_ib_m+c_ic_m\right)$，$k_{jm}=k_{mj}=\frac{\lambda}{4\Delta}\left(b_jb_m+c_jc_m\right)$，

$n_{ii}=n_{jj}=n_{mm}=\frac{C\Delta}{6}$，$n_{ij}=n_{ji}=n_{im}=n_{mi}=n_{jm}=n_{mj}=\frac{C\Delta}{12}$；$p_i=p_j=p_m=0$。

对于冻土地基横断面区域D的第二类边界单元，根据式(3-34)，单元变分计算的公式为

$$\frac{\partial J^e}{\partial T_l}=\iint_e\left[\lambda\left(\frac{\partial W_l}{\partial x}\frac{\partial T}{\partial x}+\frac{\partial W_l}{\partial y}\frac{\partial T}{\partial y}\right)+\rho cW_l\frac{\partial T}{\partial t}\right]\mathrm{d}x\mathrm{d}y+\int_{jm}q_wW_l\mathrm{d}s\quad(l=i,j,m) \tag{3-54}$$

根据式(3-41)，得

$$W_i=\frac{\partial T}{\partial T_i}=0,\ W_j=\frac{\partial T}{\partial T_j}=(1-g),\ W_m=\frac{\partial T}{\partial T_m}=g \tag{3-55}$$

jm 位于边界时满足 $\mathrm{d}s=s_i\mathrm{d}g$ 的关系，代入式(3-54)线积分项，得

$$\int_{jm}q_wW_i\mathrm{d}s=0,\quad \int_{jm}q_wW_j\mathrm{d}s=\int_{jm}q_wW_m\mathrm{d}s=\frac{q_ws_i}{2} \tag{3-56}$$

将式(3-55)、式(3-56)代入式(3-54)可得与式(3-53)相同的矩阵方程。

式中，$k_{ii}=\frac{\lambda}{4\Delta}\left(b_i^2+c_i^2\right)$，$k_{jj}=\frac{\lambda}{4\Delta}\left(b_j^2+c_j^2\right)$，$k_{mm}=\frac{\lambda}{4\Delta}\left(b_m^2+c_m^2\right)$，

$k_{ij}=k_{ji}=\frac{\lambda}{4\Delta}\left(b_ib_j+c_ic_j\right)$，$k_{im}=k_{mi}=\frac{\lambda}{4\Delta}\left(b_ib_m+c_ic_m\right)$，$k_{jm}=k_{mj}=\frac{\lambda}{4\Delta}\left(b_jb_m+c_jc_m\right)$，

$n_{ii}=n_{jj}=n_{mm}=\frac{C\Delta}{6}$，$n_{ij}=n_{ji}=n_{im}=n_{mi}=n_{jm}=n_{mj}=\frac{C\Delta}{12}$；$p_i=0$，$p_j=p_m=\frac{q_ws_i}{2}$。

对于冻土地基横断面区域 D 的第三类边界单元，根据式(3-35)，单元变分计算的公式为

$$\frac{\partial J^e}{\partial T_l}=\iint_e\left[\lambda\left(\frac{\partial W_l}{\partial x}\frac{\partial T}{\partial x}+\frac{\partial W_l}{\partial y}\frac{\partial T}{\partial y}\right)+\rho c W_l\frac{\partial T}{\partial t}\right]\mathrm{d}x\mathrm{d}y+\int_{jm}hW_l\left(T-T_f\right)\mathrm{d}s\quad(l=i,j,m)\tag{3-57}$$

对于线积分项的计算，采用与第二类边界单元相同的处理方法，得

$$\begin{aligned}&\int_{jm}hW_i\left(T-T_f\right)\mathrm{d}s=0\\&\int_{jm}hW_j\left(T-T_f\right)\mathrm{d}s=\frac{hs_i}{3}T_j+\frac{hs_i}{6}T_m-\frac{hs_i}{2}T_f\\&\int_{jm}hW_m\left(T-T_f\right)\mathrm{d}s=\frac{hs_i}{6}T_j+\frac{hs_i}{3}T_m-\frac{hs_i}{2}T_f\end{aligned}\tag{3-58}$$

将式(3-55)、式(3-58)代入式(3-57)可得与式(3-53)相同的矩阵方程；

式中，$k_{ii}=\frac{\lambda}{4\Delta}\left(b_i^2+c_i^2\right)$，$k_{jj}=\frac{\lambda}{4\Delta}\left(b_j^2+c_j^2\right)+\frac{hs_i}{3}$，$k_{mm}=\frac{\lambda}{4\Delta}\left(b_m^2+c_m^2\right)+\frac{hs_i}{3}$；

$k_{ij}=k_{ji}=\frac{\lambda}{4\Delta}\left(b_ib_j+c_ic_j\right)$，$k_{im}=k_{mi}=\frac{\lambda}{4\Delta}\left(b_ib_m+c_ic_m\right)$，$k_{jm}=k_{mj}=\frac{\lambda}{4\Delta}\left(b_jb_m+c_jc_m\right)+\frac{hs_i}{6}$；

$n_{ii}=n_{jj}=n_{mm}=\frac{C\Delta}{6}$，$n_{ij}=n_{ji}=n_{im}=n_{mi}=n_{jm}=n_{mj}=\frac{C\Delta}{12}$；$p_i=0$，$p_j=p_m=\frac{hs_i}{2}T_f$。

根据式(3-37)、式(3-53)可求得对于冻土地基横断面区域 D 整体有限元矩阵方程式，即

$$\begin{bmatrix}k_{11}&k_{12}&\cdots&k_{1n}\\k_{21}&k_{22}&\cdots&k_{2n}\\\vdots&\vdots&&\vdots\\k_{n1}&k_{n2}&\cdots&k_{nn}\end{bmatrix}\begin{bmatrix}T_1\\T_2\\\vdots\\T_n\end{bmatrix}_t+\begin{bmatrix}n_{11}&n_{12}&\cdots&n_{1n}\\n_{21}&n_{22}&\cdots&n_{2n}\\\vdots&\vdots&&\vdots\\n_{n1}&n_{n2}&\cdots&n_{nn}\end{bmatrix}\begin{bmatrix}\partial T_1/\partial t\\\partial T_2/\partial t\\\vdots\\\partial T_n/\partial t\end{bmatrix}_t=\begin{bmatrix}p_1\\p_2\\\vdots\\p_n\end{bmatrix}_t\tag{3-59}$$

上式可以简写为

$$\boldsymbol{K}\left\{\boldsymbol{T}\right\}_t+\boldsymbol{N}\left\{\frac{\partial\boldsymbol{T}}{\partial t}\right\}_t=\boldsymbol{P}_t\tag{3-60}$$

式中，系数矩阵 $\boldsymbol{K}$ 为温度刚度矩阵、$\boldsymbol{N}$ 为非稳态变温矩阵、$\boldsymbol{T}$ 为待求温度列向量、$\boldsymbol{P}$ 为等式右端项组成的列向量、下标 t 为各列向量所取的同一时刻。

在边界条件及初始条件均已知条件下，有限元方程式(3-60)便可求解，求解方法主要有向前差分法、向后差分法、Crank-Nicolson 差分法、Galerkin 差分法、三点中央差分法、三点向后差分法等，论文选用稳定性较好的后差分法求解。

根据后差分法一阶差商式，可得

$$\left\{\frac{\partial\boldsymbol{T}}{\partial t}\right\}_t=\frac{1}{\Delta t}\left(\boldsymbol{T}_t-\boldsymbol{T}_{t-\Delta t}\right)+O\left(\Delta t\right)\tag{3-61}$$

式中，$\left\{\frac{\partial\boldsymbol{T}}{\partial t}\right\}_t=\left[\frac{\partial T_1}{\partial t},\frac{\partial T_2}{\partial t},\cdots,\frac{\partial T_n}{\partial t}\right]^{\mathrm{T}}$，$\boldsymbol{T}_t=\left[T_1,T_2,\cdots,T_n\right]^{\mathrm{T}}$。

将式(3-61)代入式(3-60)得

$$\boldsymbol{K}\boldsymbol{T}_t+\boldsymbol{N}\left(\frac{1}{\Delta t}\left(\boldsymbol{T}_t-\boldsymbol{T}_{t-\Delta t}\right)+O\left(\Delta t\right)\right)=\boldsymbol{P}_t \tag{3-62}$$

省去高阶小量$O(\Delta t)$并化简整理，得

$$\left(\boldsymbol{K}+\frac{\boldsymbol{N}}{\Delta t}\right)\{\boldsymbol{T}\}_t=\frac{\boldsymbol{N}}{\Delta t}\boldsymbol{T}_{t-\Delta t}+\boldsymbol{P}_t \tag{3-63}$$

上式即为有限单元法计算瞬态温度场的基本方程，用相似的推导，可得深基础冻土地基剖面瞬态温度场的基本方程。传统确定性温度场计算中，系数矩阵$\boldsymbol{K}$、非稳态变温矩阵$\boldsymbol{N}$、右端列向量$\boldsymbol{P}_t$均为确定量，因而方程(3-63)的解$\{\boldsymbol{T}\}_t$为确定值；本书随机温度场计算中，土性参数的随机性将导致系数矩阵$\boldsymbol{K}$和非稳态变温矩阵$\boldsymbol{N}$为随机量，同时，温度边界条件的随机性将导致右端列向量$\boldsymbol{P}_t$为随机量，因而方程(3-63)的解$\boldsymbol{T}_t$为随机值。

3.3　冻土工程温度场随机分析模型

寒区冻土工程温度场随机有限元分析模型的重点是结构边界条件的随机性描述、冻土热学参数的随机性描述及 Neumann 随机有限元法的应用。

3.3.1　热学边界条件随机性描述

外部气候条件是多年冻土地区路基所处的自然环境，包括年平均气温、太阳辐射状况、风速、风向、大气降水、降雪、蒸发等，其影响规律相当复杂。然而，在多年冻土路基温度场分析中，上边界条件与外部气候条件紧密相关，传统确定性描述方法不易准确描述。论文基于冻土路基所在地的气象信息及回归分析方法[2,3]，考虑全球气温变暖的影响，将路基上表面的气温表示为

$$T=A+B\sin\left(\frac{2\pi}{8\,760}t_h+\frac{\pi}{2}+\alpha_0\right)+\frac{C}{365\times24\times50}t_h \tag{3-64}$$

式中，A为年平均气温，B年温度变化幅值，C为 50 年平均气温温升，α_0为相位角，t_h为时间变量。当$\alpha_0=0$时，$t_h=0$对应的初始时间为 7 月 15 日，可以通过调整α_0来改变$t_h=0$对应的初始时间。

以路基工程为例，已有学者采用随机分析方法来描述大气环境复杂的温度特征[4,5]，多年冻土路基温度场分析中，Liu 将上边界条件建模为随机场[6]。尽管随机场方法能够考虑大气温度的空间变异性，但是计算方程(3-63)右端列向量$\{P\}_t$的计算量非常大，效率很低。与冻土材料相比，空气远比其均匀，因此，论文在路基上表面的气温分析中考虑时间变异性，忽略空间变异性，将上边界描述为随机过程，即将年平均气温A、温度变化幅值B、50 年平均气温温升C考虑成随机变量。

根据附面层原理[1]，在计算模型图 3-1 的上边界条件分析中，天然地表 AB 和 EF 边的温度变化规律为

$$T_n=(A+2.5)+(B+0.5)\sin\left(\frac{2\pi}{8\,760}t_h+\frac{\pi}{2}+\alpha_0\right)+\frac{C}{365\times24\times50}t_h \tag{3-65}$$

路堤斜坡 BC 和 DE 的温度变化规律为

$$T_s = (A+4.7)+(B+1.5)\sin\left(\frac{2\pi}{8\,760}t_h+\frac{\pi}{2}+\alpha_0\right)+\frac{C}{365\times24\times50}t_h \tag{3-66}$$

路基中面 CD 的温度变化规律为

$$T_p = (A+5.5)+(B+2.5)\sin\left(\frac{2\pi}{8\,760}t_h+\frac{\pi}{2}+\alpha_0\right)+\frac{C}{365\times24\times50}t_h \tag{3-67}$$

路基区域两侧铅垂面边界 AH、FG 取为绝热边界，路基区域底边界 HG 取恒定地温梯度边界条件[7,8]，热流密度取为 0.06 W/m^2。

3.3.2　冻土热学参数随机性描述

从确定性有限单元法计算瞬态温度场的基本方程及推导过程可以看出，影响寒区冻土地基温度场的主要热学参数是导热系数 λ、体积比热容 C 及相变潜热 L，其中导热系数包括未冻土导热系数 λ_u 和已冻土导热系数 λ_f，体积比热容包括未冻土体积比热容 C_u 和已冻土体积比热容 C_f，相变潜热主要根据土体总含水量和冻土中未冻水含量确定。将以上冻土热学参数(导热系数、体积比热容和相变潜热)分别模拟为一个二维零均值的连续平稳随机场 $X(x,y)$，其数学期望 $E\left[X(x,y)\right]=m=0$，方差 $\mathrm{Var}[X(x,y)]=\sigma^2$ 为常数，根据本书提出的三角形单元局部平均法，采用三角形单元进行随机场网格离散。

依据第 2 章土性参数的随机场描述方法及三角形单元局部法的详细论述可知：三角形单元局部平均随机场可用式(2-46)定义，局部平均随机场的均值可表示为式(2-47)，局部平均随机场的协方差可表示为式(2-49)，基于面积坐标变换与积分变换法可得局部平均随机场协方差解析式为式(2-58)，基于高斯数值积分可得局部平均随机场协方差数值积分解为式(2-65)，标准相关系数的形式可取为式(2-66)。如前文所述，获得的协方差矩阵为满秩矩阵，对大型复杂结构来说，要用大量的随机变量来描述，无论是采用哪一种随机有限元方法，其计算量均很大，计算中采用 Cholesky 分解变换或者特征正交化变换便可得到一组不相关的随机变量，其计算量大大减小。

3.3.3　随机温度场 NSFEM 分析

寒区冻土工程上边界条件模拟为随机过程，土体热学参数模拟为随机场之后，依据有限元方程(3-63)、温度边界条件方程与初始条件方程，结合随机场及其局部平均理论便可采用 Monte-Carlo 法求冻土路基随机温度场。Monte-Carlo 法求解准确，对变异系数没有特别的限制，避免了繁琐的理论推导，并且可以与确定性有限元完美结合。但由于每次抽样都要进行一次有限元分析，当有限元节点较多时，每次温度刚度总矩阵的求逆将占用大量的计算时间。为了解决矩阵求逆的效率问题，本书引进 Neumann 展开式，以提高计算速度。

Neumann 展开式主要应用于有限元典型方程式(1-14)，而本书得到的温度场有限元方程(3-63)无法直接应用，需要做进一步变量代换。对于有限元方程(3-63)，当已知上一时刻各有限元节点的温度场 $\{\boldsymbol{T}\}_{t-\Delta t}$，求解下一时刻各有限元节点的温度场 $\{\boldsymbol{T}\}_t$ 时，记

$$\boldsymbol{K}=[K]+\frac{[N]}{\Delta t} \tag{3-68}$$

$$\boldsymbol{R}=\frac{[N]}{\Delta t}\{T\}_{t\text{-}\Delta t}+\{P\}_t \tag{3-69}$$

将方程(3-68)、方程(3-69)代入方程(3-63)，可得有限元典型方程式：

$$\boldsymbol{KT}=\boldsymbol{R} \tag{3-70}$$

显然，由于导热系数λ、体积比热容C及相变潜热L的随机性将导致方程(3-70)中的$\boldsymbol{K}$具有随机性，上边界条件的随机性将导致方程(3-70)中的$\boldsymbol{R}$具有随机性。

现将随机方程(3-70)中的随机刚度矩阵$\boldsymbol{K}$分解，即

$$\boldsymbol{K}=\boldsymbol{K}_0+\Delta\boldsymbol{K} \tag{3-71}$$

式中，$\boldsymbol{K}_0$为各随机变量参数在均值处的矩阵，$\Delta\boldsymbol{K}$为波动部分。

每次 Monte -Carlo 随机抽样只改变矩阵$\Delta\boldsymbol{K}$和$\boldsymbol{R}$，由式(3-70)及式(3-71)可得

$$\boldsymbol{T}=\boldsymbol{K}^{-1}\boldsymbol{R}=\left(\boldsymbol{K}_0+\Delta\boldsymbol{K}\right)^{-1}\boldsymbol{R}=\left[\boldsymbol{K}_0\left(\boldsymbol{E}+\boldsymbol{K}_0^{-1}\Delta\boldsymbol{K}\right)\right]^{-1}\boldsymbol{R}=\left(\boldsymbol{E}+\boldsymbol{K}_0^{-1}\Delta\boldsymbol{K}\right)^{-1}\boldsymbol{K}_0^{-1}\boldsymbol{R} \tag{3-72}$$

式中，$\boldsymbol{E}$为单位矩阵，$\boldsymbol{K}_0^{-1}$为均值矩阵$\boldsymbol{K}_0$的逆阵。

设

$$\boldsymbol{P}=\boldsymbol{K}_0^{-1}\Delta\boldsymbol{K}\qquad \boldsymbol{T}^{(0)}=\boldsymbol{K}_0^{-1}\boldsymbol{R} \tag{3-73}$$

代入式(3-72)得

$$\boldsymbol{T}=\left(\boldsymbol{E}+\boldsymbol{P}\right)^{-1}\boldsymbol{T}^{(0)} \tag{3-74}$$

当$\left\|K_0^{-1}\Delta K\right\|<1$即$\left\|P\right\|<1$时，由 Neumann 级数展开公式有

$$\left(\boldsymbol{E}+\boldsymbol{P}\right)^{-1}=\boldsymbol{E}-\boldsymbol{P}+\boldsymbol{P}^2-\boldsymbol{P}^3+\cdots \tag{3-75}$$

将式(3-75)代入式(3-74)，得

$$\boldsymbol{T}=\left(\boldsymbol{E}-\boldsymbol{P}+\boldsymbol{P}^2-\boldsymbol{P}^3+\cdots\right)\boldsymbol{T}^{(0)}=\boldsymbol{T}^{(0)}-\boldsymbol{PT}^{(0)}+\boldsymbol{P}^2\boldsymbol{T}^{(0)}-\boldsymbol{P}^3\boldsymbol{T}^{(0)}+\cdots \tag{3-76}$$

记$\boldsymbol{T}^{(i)}=\boldsymbol{P}^i\boldsymbol{T}^{(0)}$，式(3-76)化简为

$$\boldsymbol{T}=\boldsymbol{T}^{(0)}-\boldsymbol{T}^{(1)}+\boldsymbol{T}^{(2)}-\boldsymbol{T}^{(3)}+\cdots \tag{3-77}$$

比较式(3-76)、式(3-77)可得

$$\boldsymbol{T}^{(m)}=\boldsymbol{PT}^{(m-1)}=\boldsymbol{K}_0^{-1}\Delta\boldsymbol{KT}^{(m-1)}\quad(m=1,2,\cdots) \tag{3-78}$$

因此，根据式(3-73)求出$\boldsymbol{T}^{(0)}$后，便可根据式(3-78)求出$\boldsymbol{T}^{(1)},\boldsymbol{T}^{(2)},\boldsymbol{T}^{(3)},\cdots$，代入式(3-77)便可求出特定时刻的温度场$\boldsymbol{T}$。式(3-77)为无穷多项矩阵，可用截断的办法只取前有限项之和，一般情况，当对于任意的i ($1\leqslant i\leqslant M$，M为有限元节点数目)，$|\boldsymbol{T}_i^{(m)}-\boldsymbol{T}_i^{(m-1)}|<\varepsilon_i$，$\boldsymbol{\varepsilon}$为设定的较小值组成的列向量，不再计算$\boldsymbol{T}^{(m+1)}$，取前$m+1$项之和。

对所得有限元节点温度场列阵做如下的统计分析可求得均值矩阵$E(\boldsymbol{T})$与标准差矩阵$S(\boldsymbol{T})$，即

$$E(\boldsymbol{T})=\frac{1}{N}\sum_{i=1}^{N}\boldsymbol{T}_i \tag{3-79}$$

$$S(\boldsymbol{T})=\sqrt{\frac{1}{N-1}\sum_{i=1}^{N}\left[\boldsymbol{T}_i-E(\boldsymbol{T})\right]^2} \tag{3-80}$$

式中，$\boldsymbol{T}_i$ 为第 i 次计算得到的有限元节点温度列阵，N 为随机计算次数。

为了方便 MATLAB 随机有限元程序编写，将式(3-79)代入式(3-80)，得

$$S(\boldsymbol{T})=\sqrt{\frac{1}{N-1}\sum_{i=1}^{N}\left[\boldsymbol{T}_i-E(\boldsymbol{T})\right]^2}=\sqrt{\frac{1}{N-1}\sum_{i=1}^{N}\left[\boldsymbol{T}_i-\frac{1}{N}\sum_{i=1}^{N}\boldsymbol{T}_i\right]^2}$$
$$=\sqrt{\frac{1}{N-1}\sum_{i=1}^{N}\boldsymbol{T}_i^2-\frac{N}{N-1}\left[E(\boldsymbol{T})\right]^2}\tag{3-81}$$

根据以上寒区冻土工程温度场随机分析模型，本书研制了考虑土性参数及边界条件随机性的温度场通用性随机有限元程序，程序流程图见图 3-4。

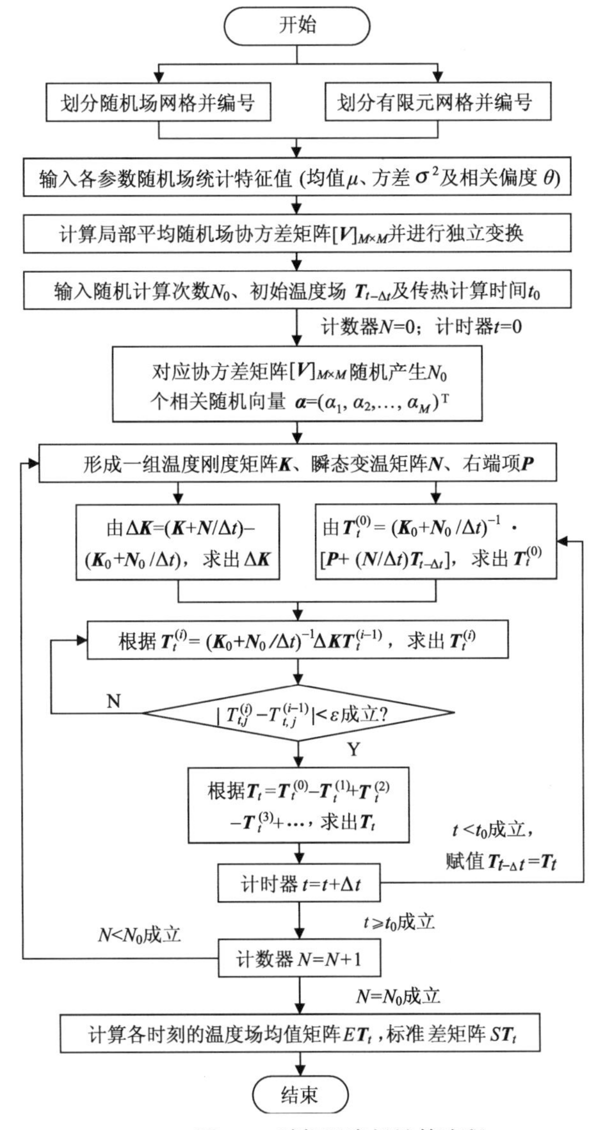

图 3-4　随机温度场计算流程

3.4　冻土工程温度场随机有限元程序开发

由于寒区冻土工程随机温度场分析涉及随机场网格数字特征的计算、有限元网格随机参数的生成及路基模型上边界条件随机过程的描述，传统有限元分析软件(如 ANSYS、ADINA、ABAQUS、MSC)不易解决此类问题，需要进行自主程序开发。依据随机场离散及温度场确定性有限元分析可知，随机温度场分析中涉及大量矩阵运算，由美国 MathWorks 公司出品的商业数学软件 MATLAB 在矩阵运算方面具有独特的优势，且程序语言简单，操作方便，易于编译。

3.4.1　程序原理

本书开发的随机温度场自主程序流程图如图 3-5 所示。

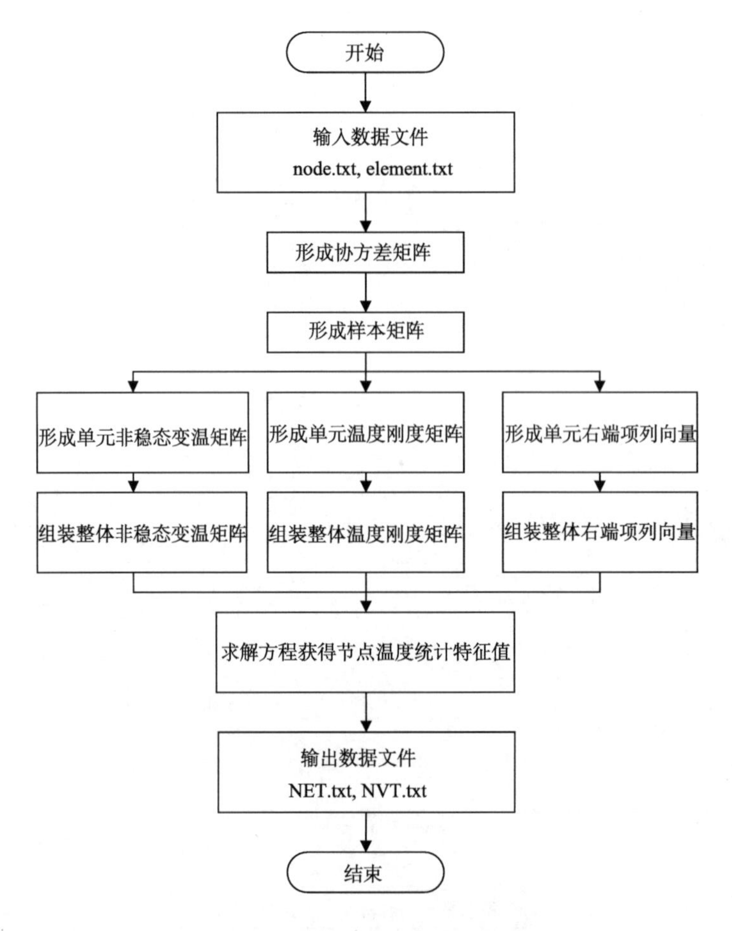

图 3-5　随机温度场程序流程图

1. 程序中的函数

温度场随机有限元程序包括 1 个主程序及 14 个子程序，子程序均以函数的形式进行编译，以 M 文件格式进行存储，以便 MATLAB 主程序的调用。子函数名称及注释如下：

Triangle2D3Node_c(D,R,x1,y1,x2,y2,x3,y3,xp1,yp1,xp2,yp2,xp3,yp3)：该函数计算两个随机场单元的协方差

Cholesky(cov,M,nelem)：该函数计算协方差矩阵的Cholesky分解变换

Triangle2D3Node_k1(k,xi,yi,xj,yj,xm,ym)：该函数计算内部单元的温度刚度矩阵

Triangle2D3Node_k2(k,xi,yi,xj,yj,xm,ym)：该函数计算第二类边界单元的温度刚度矩阵

Triangle2D3Node_k3(k,h,l,xi,yi,xj,yj,xm,ym)：该函数计算第三类边界单元、第一类边界单元(其中传热系数取h=10^4以上)、绝热边界单元(其中传热系数取h=0)的温度刚度矩阵

Triangle2D3Node_n1(p,xi,yi,xj,yj,xm,ym)：该函数计算内部单元的非稳态变温矩阵

Triangle2D3Node_n2(p,xi,yi,xj,yj,xm,ym)：该函数计算第二类边界单元的非稳态变温矩阵

Triangle2D3Node_n3(p,xi,yi,xj,yj,xm,ym)：该函数计算第三类边界单元、第一类边界单元(其中传热系数取h=10^4以上)、绝热边界单元(其中传热系数取h=0)的非稳态变温矩阵

Triangle2D3Node_p1(qv,xi,yi,xj,yj,xm,ym)：该函数计算内部单元的右端项

Triangle2D3Node_p2(qv,qf,l,xi,yi,xj,yj,xm,ym)：该函数计算第二类边界单元的右端项

Triangle2D3Node_p3(qv,h,tf,l,xi,yi,xj,yj,xm,ym)：该函数计算第三类边界单元、第一类边界单元(其中传热系数取h=10^4以上)、绝热边界单元(其中传热系数取h=0)的右端项p3

Triangle2D3Node_Assembly(KK,k,i,j,m)：该函数进行单元温度刚度矩阵的组装

Triangle2D3Node_Assemblynn(NN,nn,i,j,m)：该函数进行单元非稳态变温矩阵的组装

Triangle2D3Node_Assemblypp(PP,p,i,j,m)：该函数进行单元右端项矩阵的组装

2. 文件管理

温度场随机有限元分析程序读入的数据文件：

node.txt (节点信息文件，可由 ANSYS 前处理导出，或手工生成)

element.txt(单元信息文件，可由 ANSYS 前处理导出，或手工生成)

温度场随机有限元分析程序输出的数据文件：

NET.txt (节点温度均值文件，可供 SURFER 进行等值线绘图的数据文件)

NST.txt(节点温度标准差文件，可供 SURFER 进行等值线绘图的数据文件)

温度场随机有限元程序中的文件管理如图 3-6 所示。

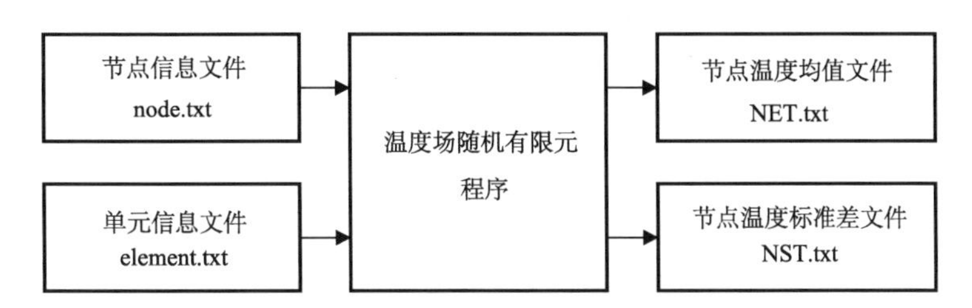

图 3-6　随机温度场程序文件管理

3. 数据文件格式

读入的节点信息文件 node.txt 的格式如表 3-1 所示。

表 3-1　节点信息文件 node.txt 的格式

项目	格式说明	实际需输入的数据
节点信息	每行为一个节点的信息 (每行三个数,每两个数之间用空格分开)	node.txt(n_ node,3) 节点编号(空格)该节点的 x 方向坐标(空格)该节点 y 方向坐标 (例如：2　0.5　1.2)

读入的单元信息文件 element.txt 的格式如表 3-2 所示。该格式按四节点单元准备，节点号 3 与节点号 4 的编号相同，由于需要与 ANSYS 前处理的输出数据文件相衔接，该文件的每行有 14 个数，后 10 位整型数在本程序中暂时无用，可输入“0”。同时，根据温度场确定性有限元分析过程可知，单元信息文件 element.txt 需要保证每个三角形单元自身的编号 i、j、m 按照逆时针方向编制，边界三角形单元只有一条边位于边界上，并且编号为 j、m。

表 3-2　单元信息文件 element.txt 的格式

项目	格式说明	实际需输入的数据
单元信息	每行为一个单元的信息(每行有 14 个数，前 4 个为单元节点编号，对于三节点单元，第 4 个节点编号与第 3 个节点编号相同，后 10 个数暂时无用，可输入“0”，每两个数之间用空格分开)	element.txt (n_ element,14)单元的节点号 1(空格)单元的节点号 2(空格)单元的节点号 3(空格)单元的节点号 4(空格)0(空格)0(空格)0(空格)0(空格)0(空格)0(空格)0(空格)0(空格)0(空格)0 (例如：8　4　5　5　0　0　0　0　0　0　0　0　0　0)

输出的节点温度均值文件 NET.txt 的格式如表 3-3 所示。

表 3-3　节点温度均值信息文件 NET.txt 的格式

项目	格式说明	实际需输入的数据
节点温度均值信息	每行为一个节点温度均值的信息 (每行三个数，每两个数之间用空格分开)	NET.txt (n_ NET,3) 节点的 x 方向坐标(空格)该节点 y 方向坐标(空格)节点的温度均值(例如：0.8　1.7　2.2)

输出的节点温度标准差文件 NST.txt 的格式如表 3-4 所示。

表 3-4　节点温度标准差信息文件 NST.txt 的格式

项目	格式说明	实际需输入的数据
节点温度标准差信息	每行为一个节点温度标准差的信息 (每行三个数，每两个数之间用空格分开)	NST.txt (n_ NET,3) 节点的 x 方向坐标(空格)该节点 y 方向坐标(空格)节点的温度标准差(例如：1.5　2.2　1.6)

3.4.2 程序研发

根据以上程序原理，研制出寒区冻土工程温度场随机有限元数值计算程序，程序包括 1 个主程序及 14 个子函数。

主要参考文献

[1] 朱林楠. 高原冻土区不同下垫面的附面层研究[J]. 冰川冻土, 1988, 10(1): 8-14.

[2] Lai Y M, Zhang L X, Zhang S J, et al. Cooling effect of ripped-stone embankments on Qing-Tibet railway under climatic warming [J]. Chinese Science Bulletin, 2003, 48 (6): 598-604.

[3] Lai Y M, Wang Q S, Niu F J, et al. Three-dimensional nonlinear analysis for temperature characteristic of ventilated embankment in permafrost region [J]. Cold Regions Science and Technology, 2004, 38 (1): 165-184.

[4] Majda A J, Timofeyev I, Eijnden E V. Models for stochastic climate prediction. Proceedings of the National Academy of Sciences, 1999, 96(26): 14687-14691.

[5] Majda A J, Timofeyev I, Eijnden E V. A mathematical framework for stochastic climate models. Communications on Pure and Applied Mathematics, 2001, 54(8): 891-974.

[6] Liu Z Q, Lai Y M, Zhang M Y, et al. Numerical analysis for random temperature fields of embankment in cold regions [J]. Science in China Series D: Earth Sciences, 2007, 50(3): 404-410.

[7] Lai Y M, Wang Q S, Niu F J, et al. Three-dimensional nonlinear analysis for temperature characteristic of ventilated embankment in permafrost region[J]. Cold Regions Science and Technology, 2004, 38 (1): 165-184.

[8] Liu Z Q, Lai Y M, Zhang X F, et al. Random temperature fields of embankment in cold regions [J]. Cold Regions Science and Technology, 2006, 45(2): 76-82.

第 4 章　冻土本构模型及数值算法

4.1　概　　述

研究荷载作用下多年冻土地区路基应力场及变形场问题，第一步便是冻土本构模型及数值算法问题的研究。由于冻土材料本身的复杂性，其本构模型的研究目前还处于探索阶段，已经构建的本构模型大多处于试验及理论分析研究阶段，且一般只能反映冻土剪缩、剪胀、硬化和软化特性中的一种或两种，而多年冻土地区地基工程应力与变形分析中，研究对象可能同时存在剪缩、剪胀、硬化和软化局部区域，因此，目前真正能应用于寒区工程变形与力学特征分析的本构模型基本没有。本章基于修正剑桥模型及双屈服面理论，试图构建能够有效反应冻土剪缩、剪胀、硬化和软化特性的冻土本构模型，推导所得模型增量形式的应力-应变关系，并深入讨论该本构模型在数值计算中的实现过程，为下一章建立多年冻土地区地基应力场及变形场随机有限元分析模型奠定基础。

以下为本节要用的基本力学变量。

应力张量的等效表示：

$$\boldsymbol{\sigma}_{ij}=\begin{bmatrix}\sigma_x & \tau_{xy} & \tau_{xz}\\ \tau_{yx} & \sigma_y & \tau_{yz}\\ \tau_{zx} & \tau_{zy} & \sigma_z\end{bmatrix}=\begin{bmatrix}\sigma_{xx} & \sigma_{xy} & \sigma_{xz}\\ \sigma_{yx} & \sigma_{yy} & \sigma_{yz}\\ \sigma_{zx} & \sigma_{zy} & \sigma_{zz}\end{bmatrix}=\begin{bmatrix}\sigma_{11} & \sigma_{12} & \sigma_{13}\\ \sigma_{21} & \sigma_{22} & \sigma_{23}\\ \sigma_{31} & \sigma_{32} & \sigma_{33}\end{bmatrix} \tag{4-1}$$

克罗内克(Kronecker)符号 δ_{ij}：

$$\boldsymbol{\delta}_{ij}=\begin{bmatrix}1 & 0 & 0\\ 0 & 1 & 0\\ 0 & 0 & 1\end{bmatrix} \tag{4-2}$$

应力张量三个不变量：

$$\left.\begin{aligned}
&\boldsymbol{I}_1=\sigma_{11}+\sigma_{22}+\sigma_{33}\\
&\boldsymbol{I}_2=\begin{vmatrix}\sigma_{22} & \sigma_{23}\\ \sigma_{32} & \sigma_{33}\end{vmatrix}+\begin{vmatrix}\sigma_{11} & \sigma_{13}\\ \sigma_{31} & \sigma_{33}\end{vmatrix}+\begin{vmatrix}\sigma_{11} & \sigma_{12}\\ \sigma_{21} & \sigma_{22}\end{vmatrix}=\sigma_{11}\sigma_{22}+\sigma_{22}\sigma_{33}+\sigma_{33}\sigma_{11}-\sigma_{12}^2-\sigma_{23}^2-\sigma_{13}^2\\
&\boldsymbol{I}_3=\begin{vmatrix}\sigma_{11} & \tau_{12} & \tau_{13}\\ \tau_{21} & \sigma_{22} & \tau_{23}\\ \tau_{31} & \tau_{32} & \sigma_{33}\end{vmatrix}=\sigma_{11}\sigma_{22}\sigma_{33}+2\sigma_{12}\sigma_{23}\sigma_{13}-\sigma_{11}\sigma_{23}^2-\sigma_{22}\sigma_{13}^2-\sigma_{33}\sigma_{12}^2
\end{aligned}\right\} \tag{4-3}$$

偏应力张量不变量：

$$\left.\begin{aligned}
&\boldsymbol{J}_1=0\\
&\boldsymbol{J}_2=\frac{1}{3}\left(I_1^2-3I_2\right)\\
&\boldsymbol{J}_3=\frac{1}{27}\left(2I_1^3-9I_1I_2+27I_3\right)
\end{aligned}\right\} \tag{4-4}$$

平均正应力 p：

$$p=\frac{I_1}{3}=\frac{(\sigma_{11}+\sigma_{22}+\sigma_{33})}{3} \tag{4-5}$$

广义剪应力 q：

$$q=\sqrt{3J_2} \tag{4-6}$$

Lode 角为

$$\cos 3\theta=\frac{3\sqrt{3}}{2}\frac{J_3}{J_2^{3/2}}\ \left(0^0\leqslant\theta\leqslant 60^0\right) \tag{4-7}$$

4.2　弹性部分与强度准则

4.2.1　弹性分析

研究以实现多年冻土地区路基随机应力场及随机变形场计算为目标，侧重于将冻土剪缩、剪胀、硬化和软化特性在模型中进行综合考虑。因此，在冻土本构模型研究中对材料的各向异性问题暂不讨论，以各向同性作为假设进行模型分析，对于冻土本构模型的弹性部分，根据各向同性的假设，弹性方程可表示为

$$\mathrm{d}\varepsilon_{ij}^{e}=\frac{1+v}{E}\mathrm{d}\sigma_{ij}-\frac{v}{E}\mathrm{d}\sigma_{kk}\delta_{ij} \tag{4-8}$$

式中，E 为弹性模量；v 为泊松比。

根据指标记法求和约定，$\mathrm{d}\sigma_{kk}=\mathrm{d}\sigma_{11}+\mathrm{d}\sigma_{22}+\mathrm{d}\sigma_{33}$，推导得到弹性体变增量与弹性剪切应变增量为

$$\mathrm{d}\varepsilon_{v}^{e}=\frac{3(1-2v)}{E}\mathrm{d}p\ ,\ \mathrm{d}\varepsilon_{d}^{e}=\frac{2(1+v)}{3E}\mathrm{d}q \tag{4-9}$$

鉴于冻土的弹性特性为各向同性，将体积变形模型与剪切变形模量作为其计算参数，通过冻土等向固结试验($\sigma_1=\sigma_2=\sigma_3$)，将结果绘制在 $\varepsilon_v-\ln p$ 坐标系中，得到加载后回弹再加载曲线斜率 κ，那么弹性体积应变增量公式为(规定压为正)

$$\mathrm{d}\varepsilon_{v}^{e}=\kappa\mathrm{d}\ln p=\frac{\kappa}{p}\mathrm{d}p \tag{4-10}$$

由上式并结合式(4-9)得到弹性体积模量与剪切模量为

$$\left.\begin{aligned}K&=\frac{\mathrm{d}p}{\mathrm{d}\varepsilon_v^e}=\frac{E}{3(1-2v)}=\frac{p}{\kappa}\\ G&=\frac{\mathrm{d}q}{3\mathrm{d}\varepsilon_d^e}=\frac{E}{2(1+v)}=\frac{3(1-2v)}{2(1+v)}\frac{E}{3(1-2v)}=\frac{3(1-2v)}{2(1+v)}K\end{aligned}\right\} \tag{4-11}$$

4.2.2　强度准则

依据经典土力学理论，将冻土在加荷后期表现为变形急剧发展或连续发展而应力不

再增加的状态定义为破坏状态，而冻土的临界破坏准则就是定义满足其破坏的应力状态条件。基于实际冻土体应力状态的复杂性，破坏准则常常是应力状态的组合。根据采用的应力不同，冻土体的强度准则可以有多种不同的表示形式，例如$F(\sigma_1,\sigma_2,\sigma_3,k_f)=0$，$F(I_1,J_2,\theta,k_f)=0$，$F(\sigma_\pi,\tau_\pi,\theta,k_f)=0$，分别对应于不同应力空间中的准则函数，其中$k_f$是土性特征参数。冻土作为一种摩擦型岩土材料，其抗剪强度与正应力的影响显著，即抗剪强度具有随正应力增大而增大的力学特性，采用 Mohr-Coulomb 准则较为合适。

标准 Mohr-Coulomb 破坏面可以表达为

$$F = p\sin\varphi + \frac{q}{6}\left[\left(\cos\theta - \sqrt{3}\sin\theta\right)\sin\varphi - \left(3\cos\theta + \sqrt{3}\sin\theta\right)\right] + c\cos\varphi = 0 \tag{4-12}$$

为方便程序的编制，将上式化简为

$$F = p - \frac{q}{M(\theta)} + c\cot\varphi = 0\ ,\quad \cos3\theta = \frac{3\sqrt{3}}{2}\frac{J_3}{J_2^{3/2}}\quad \left(0^\circ \leqslant \theta \leqslant 60^\circ\right) \tag{4-13}$$

其中，

$$\begin{aligned} &M(\theta) = \frac{\mathrm{d}q}{\mathrm{d}p} = -\frac{6}{\left[\left(\cos\theta - \sqrt{3}\sin\theta\right) - \left(3\cos\theta + \sqrt{3}\sin\theta\right)/\sin\varphi\right]}, \\ &M\left(0^\mathrm{o}\right) = \frac{6\sin\varphi}{3-\sin\varphi}\ ,\ M\left(60^\mathrm{o}\right) = \frac{6\sin\varphi}{3+\sin\varphi} \end{aligned} \tag{4-14}$$

式中，p为平均正应力；q为广义剪应力；φ为内摩擦角；θ为 Lode 角；c为黏聚力。

Mohr-Coulomb 准则面是当前物理意义比较明确的土体破坏面，可以考虑岩土材料拉、压性能的差异。然而，标准 Mohr-Coulomb 破坏面在偏平面上呈六边形，其角点位置为一奇异点，本构表述复杂，影响着分析计算的精度与效率。为了克服此缺陷，引进 Sheng 等[1]的研究成果，假定屈服面在偏平面上是一个光滑逼近于摩尔库仑准则的连续曲线。以三轴压缩条件的临界强度参数作为参考值 1，三轴拉伸条件下的临界强度与压缩条件下的临界强度比值为α，屈服函数中临界应力比$M(\theta)$可重新定义为

$$\begin{aligned} &M(\theta) = M\left(0^\mathrm{o}\right)\left[\frac{2\alpha^4}{1+\alpha^4 - \left(1-\alpha^4\right)\cos3\theta}\right]^{\frac{1}{4}} \\ &\alpha = \frac{M\left(60^\mathrm{o}\right)}{M\left(0^\mathrm{o}\right)} = \frac{3-\sin\varphi}{3+\sin\varphi} \end{aligned} \tag{4-15}$$

4.3 屈服面与硬化参数

4.3.1 屈服函数

英国剑桥大学 Roscoe 等从能量方程推导出应力比与应变增量比的关系，结合正交法则、相关联流动法则及等向固结试验确定塑性应力应变关系，于 1963 年提出了土的弹塑性本构模型，即原始剑桥模型[2]。该模型首次将固结和剪切两个行为进行了综合考虑。

塑性势是用来确定塑性应变增量方向的势能面，类似流线与等势线正交，塑性流动方向(应变增量方向)与塑性势面正交。研究中假定应力主轴与塑性应变增量轴的方向一致，即 p 轴与 $\mathrm{d}\varepsilon_v^p$ 轴重合，q 轴与 $\mathrm{d}\varepsilon_d^p$ 轴重合。应力空间内的塑性势面 $g(p,q)$ 和塑性应变增量 $(\mathrm{d}\varepsilon_v^p,\mathrm{d}\varepsilon_d^p)$ 方向正交，正交条件为

$$\mathrm{d}p\mathrm{d}\varepsilon_v^p+\mathrm{d}q\mathrm{d}\varepsilon_d^p=0 \tag{4-16}$$

荷载作用下塑性变形所消耗的功为

$$\mathrm{d}W^p=p\mathrm{d}\varepsilon_v^p+q\mathrm{d}\varepsilon_d^p \tag{4-17}$$

在三轴压缩条件下土体的临界破坏条件为

$$\frac{\sigma_1-\sigma_3}{2}=\frac{\sigma_1+\sigma_3}{2}\sin\varphi+2c\cos\varphi \tag{4-18}$$

主应力分量与平均正应力和广义剪应力存在如下关系：

$$\frac{\sigma_1+\sigma_3}{2}=p+\frac{q}{6},\frac{\sigma_1-\sigma_3}{2}=\frac{q}{2} \tag{4-19}$$

将式(4-19)代入式(4-18)可得到平均正应力和广义剪应力表示的强度准则：

$$q=\frac{6\sin\varphi}{3-\sin\varphi}p+\frac{6\cos\varphi}{3-\sin\varphi}c \tag{4-20}$$

$M(0°)$ 即为三轴压缩获得的临界破坏应力比，其值为 $M(0°)=6\sin\varphi/(3-\sin\varphi)$，为推导方便，简记 $M(0°)=M$，$p_r=c\cot\varphi$，将其代入式(4-20)则有

$$q=M(p+p_r) \tag{4-21}$$

鉴于原始剑桥模型获得的屈服函数在 p - q 坐标系中与 p 轴不正交，根据塑性正交流动法则，也即说明在等向固结($p\neq 0,q=0$)过程中除了塑性体积应变增量 $\mathrm{d}\varepsilon_v^p$ 外，还产生塑性剪切应变增量 $\mathrm{d}\varepsilon_d^p$，这显然与实际情况不符合。据此，Roscoe 等于 1968 年提出了塑性势函数(屈服函数)与 p 轴正交的修正剑桥模型[3]。

依据修正剑桥模型，考虑到材料破坏时，也即临界状态下有

$$q_f=M(p+p_r),\quad \mathrm{d}\varepsilon_v^p=0 \tag{4-22}$$

将式(4-22)代入式(4-17)可得如下重要关系式：

$$\begin{aligned}\mathrm{d}W^p&=(p+p_r)\mathrm{d}\varepsilon_v^p+q\mathrm{d}\varepsilon_d^p=M(p+p_r)\mathrm{d}\varepsilon_d^p\\&=(p+p_r)\sqrt{\left(\mathrm{d}\varepsilon_v^p\right)^2+\left(M\mathrm{d}\varepsilon_d^p\right)^2}\end{aligned} \tag{4-23}$$

整理上式可得

$$\frac{\mathrm{d}\varepsilon_v^p}{\mathrm{d}\varepsilon_d^p}=\frac{M^2(p+p_r)^2-q^2}{2(p+p_r)q} \tag{4-24}$$

综合塑性势函数与塑性应变增量正交条件得到

$$\frac{\mathrm{d}q}{\mathrm{d}p}+\frac{M^2\left(p+p_r\right)^2-q^2}{2\left(p+p_r\right)q}=0 \tag{4-25}$$

求解方程(4-25)可得塑性势函数为

$$g=q^2+M^2\left(p+p_r\right)^2-C\left(p+p_r\right)=0 \tag{4-26}$$

式中，C为积分常数，C取不同的值可得到不同的塑性势函数。

因此，本书得到考虑黏聚力的修正剑桥模型塑性势面如图 4-1 所示，在特征点 $q=M(p+p_r)$ 处，塑性体变增量 $\mathrm{d}\varepsilon_v^p$ 为 0，只有塑性剪应变增量 $\mathrm{d}\varepsilon_d^p$；在剪应力 q=0 处，塑性势面与 p 轴正交，只有塑性体变 $\mathrm{d}\varepsilon_v^p$，这与实际的等向固结试验相吻合。

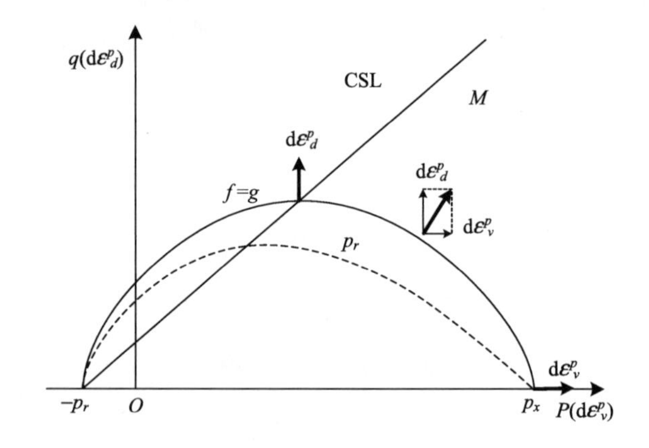

图 4-1　塑性势函数

基于相关流动法则，采用屈服函数与塑性势函数相同的基本条件。当 $q=0$ 时，令 $p=p_x$，得到 $C=M^2\left(p_x+p_r\right)$，由此得到屈服函数形式为

$$f=q^2+M^2p\left(p+p_r\right)-M^2p_x\left(p+p_r\right)=0 \tag{4-27}$$

变换上式，并对两边取自然对数可得考虑黏聚力的屈服函数形式为

$$\ln\left(1+\frac{q^2}{M^2p\left(p+p_r\right)}\right)=\ln p_x-\ln p \tag{4-28}$$

4.3.2　当前屈服面硬化参量及其修正

在材料弹塑性模型问题中，硬化问题作为三大支柱(屈服条件、硬化规律、流动法则)之一，与屈服面的发展变化密切相关，不同应力状态下的屈服面即对应着不同的硬化参量等值面。为了建立应力应变的具体定量关系并进行应力应变计算，需确定与屈服面相对应的硬化参量变化规律并综合应变分解式与一致性条件。作为弹塑性模型的硬化参量必须是应力路径无关的，也即在确定的屈服面上的任何一点的硬化参量值相等。所以，当屈服面确定后，判断某一物理量可否作为与之相应的硬化参量的条件就是从某一应力点出发沿着不同的应力路径加载到另一屈服面上的任意两点须满足硬化参量值相等。

将冻土的等向固结试验($\sigma_1=\sigma_2=\sigma_3$)结果绘制在 ε_v - $\ln p$ 坐标系中，如图 4-2 所示，回弹再加载曲线的斜率为 κ，为进行一般性推导，记等向固结曲线为

$$\varepsilon_v=\varphi(\ln p) \tag{4-29}$$

对上式进行微分得到

$$\mathrm{d}\varepsilon_v=\varphi'(\ln p)\mathrm{d}\ln p \tag{4-30}$$

弹性体积应变变化量为

$$\mathrm{d}\varepsilon_v^e=\kappa\mathrm{d}\ln p \tag{4-31}$$

综合式(4-30)与式(4-31)，得到塑性体积应变变化量为

$$\mathrm{d}\varepsilon_v^p=\mathrm{d}\varepsilon_v-\mathrm{d}\varepsilon_v^e=\left[\varphi'(\ln p)-\kappa\right]\mathrm{d}\ln p \tag{4-32}$$

对上式进行变换并积分得到

$$\int\frac{\mathrm{d}\varepsilon_v^p}{\varphi'(\ln p)-\kappa}=\ln p_x-\ln p_0 \tag{4-33}$$

式中， p_0 为与初始体积应变 ε_{v0} 相对应的当前屈服面上的球应力，其决定了初始当前屈服面与 p 轴的交点，其数值的确定在模型参数确定方法中详细描述。

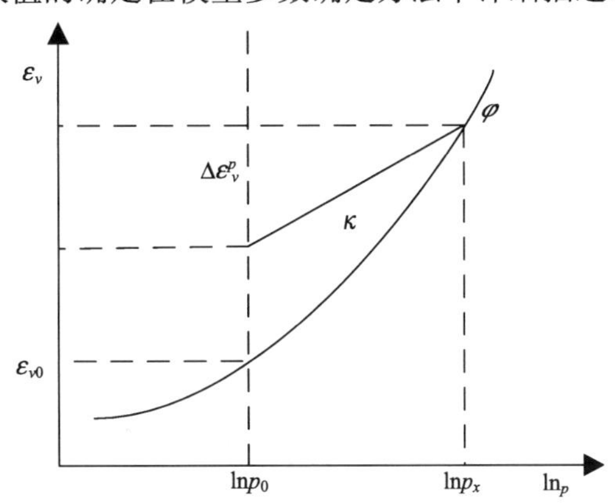

图 4-2　ε_v-ln$p$ 平面中等向固结线 NCL

将式(4-33)代入式(4-28)得到屈服面函数为

$$f=\ln\frac{p}{p_0}+\ln\left(1+\frac{q^2}{M^2p(p+p_r)}\right)-\int\frac{\mathrm{d}\varepsilon_v^p}{\varphi'(\ln p)-\kappa}=0 \tag{4-34}$$

上式即为根据冻土等向固结路径获得的屈服面函数，其屈服面硬化参量为

$$H=\int\frac{\mathrm{d}\varepsilon_v^p}{\varphi'(\ln p)-\kappa} \tag{4-35}$$

在一般土体材料的弹塑性分析中，常需用到的两个基本塑性应变参量是塑性体积应变 ε_v^p 和塑性剪切应变 ε_d^p 。对于正常固结黏土，大量的试验证实了塑性体变具备作为硬化参量的应力路径无关条件，等向固结压缩路径下的硬化过程能够获得所需要的硬化参

数——塑性体变，通过等向固结试验结果可以计算得到硬化参量表达式。但对于研究的冻土材料，其在常压下具有显著的剪切体胀特性，这使得其塑性体变与塑性剪应变均有了应力路径相关性，上述由等向固结这一特殊应力路径得到的特定硬化参量则不能直接作为适用于冻土的硬化参量。本书希望能寻找到一个与应力路径有关的修正系数纠正塑性体积应变增量中与应力路径相关的成分，思路为寻找一个应力路径相关因子 $R(\eta)$ 使得 $\mathrm{d}\varepsilon_v^p / R(\eta)$ 与应力路径无关，那么沿着应力路径积分可以得到合理的适用于冻土的硬化参量。

为了使所要构建的冻土本构模型能够反应冻土材料常压下的软化剪胀特性及塑性体积应变由剪缩阶段发展至剪胀阶段的特征状态分界线，模型中的硬化参量须包含能够有效反映特征状态的参数。在构造应力路径相关因子 $R(\eta)$ 时，将峰值应力比 M_f 以及临界状态应力比 M 引入。参照姚仰平等人提出的应力路径相关因子的方法，将应力路径相关因子设为式(4-36)，已有实例已经证明其能够满足上述的相关要求[4~6]。

$$R(\eta)=\frac{M_f^4}{M^4}\frac{M^4-\eta^4}{M_f^4-\eta^4} \tag{4-36}$$

依据以上应力路径相关因子，屈服面硬化参量修正为

$$H=\int\frac{1}{R(\eta)}\frac{\mathrm{d}\varepsilon_v^p}{\varphi'(\ln p)-\kappa}=\int\frac{M^4\left(M_f^4-\eta^4\right)}{M_f^4\left(M^4-\eta^4\right)}\frac{\mathrm{d}\varepsilon_v^p}{\varphi'(\ln p)-\kappa} \tag{4-37}$$

由此得到修正后的冻土当前屈服面函数

$$f=\ln\frac{p}{p_0}+\ln\left(1+\frac{q^2}{M^2p\left(p+p_r\right)}\right)-\int\frac{M^4\left(M_f^4-\eta^4\right)}{M_f^4\left(M^4-\eta^4\right)}\frac{\mathrm{d}\varepsilon_v^p}{\varphi'(\ln p)-\kappa}=0 \tag{4-38}$$

4.3.3　参考屈服面硬化参量

前一小节根据特定应力路径及前人提出的应力路径修正方法推导得出冻土的当前屈服面及其硬化参量。由当前屈服面及其硬化参量进行初步分析可知，在应力比增大至 $\eta=M$ 后，试样材料由剪缩转变为剪胀，呈现硬化状态，此状态一直保持至应力比增大至 $\eta=M_f$，而后进入临界状态。由此可知，所推导模型在计算中还不能真实反映冻土在常压下的软化特性，究其原因在于 M_f 为定值。因此，需要确定一个在加载过程中能够动态变化的潜在强度 M_f，该指标表示冻土在当前密度和应力条件下所具有的潜在抵抗破坏的能力。显然，冻土材料在加荷过程中内部状态不断变化，由初始状态最终稳定至临界状态，这也符合临界土力学的概念。临界状态可以理解为土体在当前状态下所对应的一个参考状态，且当前状态逐步向参考状态靠近，因此，当前状态与参考状态两者间的动态关系也即决定了在加载过程中的潜在强度 M_f。

临界状态定义为剪切过程中主应力差和孔隙比为常值时的状态。临界状态线在 q - p 空间中表示为一条不可逾越的应力比直线状态，在 ε_v - $\ln p$ 空间中表示为一个稳定的非线性状态。通过三轴压缩试验可获得高温冻土在不同围压条件下由剪切开始至临界状态整个应力路径过程中冻土材料体积应变改变量与球应力 p 的关系，对达到临界状态时的

球应力 p 取自然对数并统计与其相对应的体积应变可获得 ε_v - $\ln p$ 空间中的 CSL 曲线，如图 4-3 所示，为进行一般性推导，记临界状态曲线为

$$\varepsilon_v=\psi\left(\ln\overline{p}\right) \tag{4-39}$$

图 4-3 中的冻土临界状态线与等向压缩曲线形式相同，对其硬化参数的推导同式(4-33)，可以得到

$$\int\frac{\mathrm{d}\varepsilon_v^p}{\psi'\left(\ln\overline{p}\right)-\kappa}=\ln\overline{p}_x-\ln\overline{p}_0 \tag{4-40}$$

式中，$\overline{p}_0$ 为与初始体积应变 ε_{v0} 相对应的参考屈服面上的球应力，其决定了初始参考屈服面与 p 轴的交点，其数值的确定在模型参数确定方法中详细描述。

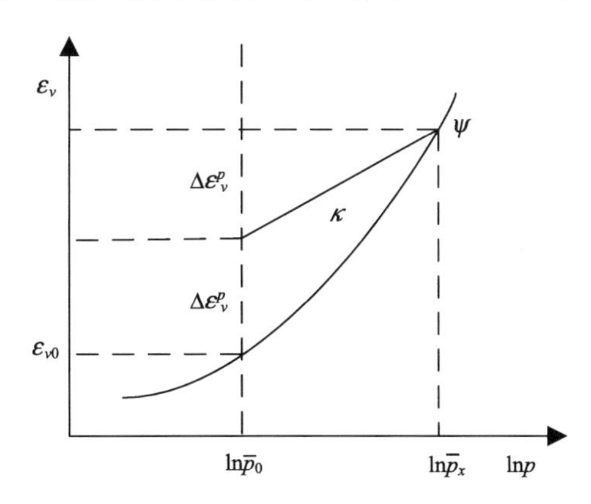

图 4-3　ε_v-$\ln p$ 平面中临界状态线 CSL

根据式(4-40)以及屈服函数形式(4-28)便可推导得出参考屈服面函数为

$$f=\ln\frac{\overline{p}}{\overline{p}_0}+\ln\left(1+\frac{\overline{q}^2}{M^2\overline{p}\left(\overline{p}+p_r\right)}\right)-\int\frac{\mathrm{d}\varepsilon_v^p}{\psi'\left(\ln\overline{p}\right)-\kappa}=0 \tag{4-41}$$

参考屈服面硬化参量为

$$\overline{H}=\int\frac{\mathrm{d}\varepsilon_v^p}{\psi'\left(\ln\overline{p}\right)-\kappa} \tag{4-42}$$

4.3.4　固结参数与潜在强度

由上式(4-41)推导得到参考应力点的球应力 $\overline{p}$ 为

$$\overline{p}=\overline{p}_0\left(\frac{M^2}{M^2+\eta\eta'}\right)\exp\left(\int\frac{\mathrm{d}\varepsilon_v^p}{\psi'\left(\ln\overline{p}\right)-\kappa}\right) \tag{4-43}$$

式中，$\eta=q/\left(p+p_r\right)=\overline{q}/\left(\overline{p}+p_r\right)$，$\eta'=\overline{q}/\overline{p}$。

依据平面解析几何中直线与椭圆的基本关系，结合方程式(4-41)及 η，可求得 η' 的具体表达式为

$$\eta' = \frac{\left(M^2+\eta^2\right)\eta p_r}{M^2\overline{p}_0 \exp\left(\int \frac{\mathrm{d}\varepsilon_v^p}{\psi'\left(\ln\overline{p}\right)-\kappa}\right)-\eta^2 p_r}+\eta \tag{4-44}$$

借鉴超固结土概念，定义冻土固结参数 R 为参考应力点的球应力 $\overline{p}+p_r$ 与当前应力点的球应力 $p+p_r$ 的比值，即

$$R=\frac{\overline{p}+p_r}{p+p_r} \tag{4-45}$$

综合式(4-43)及式(4-45)得到固结参数 R 为

$$R=\frac{1}{p+p_r}\left[\overline{p}_0\left(\frac{M^2}{M^2+\eta\eta'}\right)\exp\left(\int \frac{\mathrm{d}\varepsilon_v^p}{\psi'\left(\ln\overline{p}\right)-\kappa}\right)+p_r\right] \tag{4-46}$$

上式表明，固结参数 R 与当前应力水平 (p,η) 以及潜在屈服面硬化参量 $\overline{H}$ 相关，说明冻土固结参数 R 表征了与当前应力水平及冻土临界状态相关的动态特征。

当前屈服面硬化参量中的潜在强度 M_f 表征冻土在当前固结参数 R 条件下所具有的潜在抵抗破坏的能力，用应力比表示，其大于临界破坏应力比，且与固结参数 R 相关。如图 4-4 所示，潜在强度 M_f 与当前应力点 (p,q) 相对应，并由参考应力点 $(\overline{p},\overline{q})$ 与冻土材料伏斯列夫面(Hvorslev)斜率共同决定。对于不同的应力状态，伏斯列夫面在 p-q 空间为一组斜率为 M_h 平行直线，该直线的具体位置由点 C 决定，点 C 为通过参考屈服面上点 $(\overline{p},\overline{q})$ 的垂线与临界状态线的交点，q_f 为当前应力点 (p,q) 在伏斯列夫面上的投影点所对应的剪应力，其描述关系式可表示为

$$q_f=M\left(\overline{p}+p_r\right)-M_h\left(\overline{p}-p\right) \tag{4-47}$$

$$\begin{aligned} M_f &= \frac{q_f}{p+p_r}=\frac{M\left(\overline{p}+p_r\right)-M_h\left(\overline{p}-p\right)}{p+p_r}=\left(M-M_h\right)R+M_h \\ &= M+\left(R-1\right)\left(M-M_h\right) \end{aligned} \tag{4-48}$$

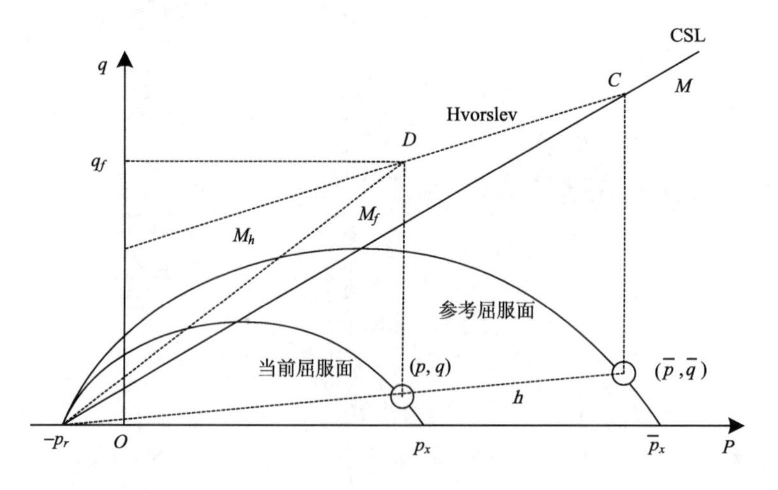

图 4-4　基于 Hvorslev 的潜在强度 M_f

图 4-5 表明了固结参数 R、潜在强度 M_f 与硬化参数 H 之间的相互关系，由于不同的固结程度的冻土具有不同的潜在强度，所以固结参数 R 决定潜在强度 M_f 的大小；公式(4-37)的硬化参数 H 中包含了潜在强度 M_f，故 M_f 的变化直接影响硬化参数 H；同时，由于硬化参数的发展所引起的塑性体积应变又影响了两个屈服面的状态和相对位置，进而影响了固结参数 R 的演变规律。以上分析表明，固结参数 R、潜在强度 M_f 与硬化参数 H 之间形成了一种相互依赖、相互制约的动态循环关系。

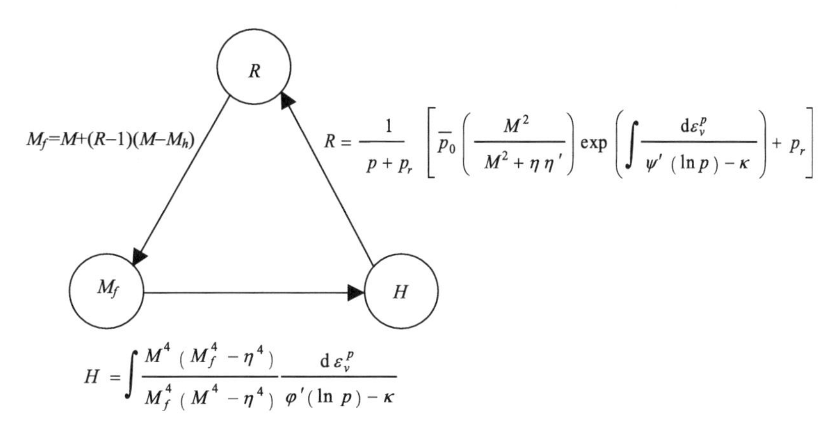

图 4-5　固结参数 R、潜在强度 M_f 与硬化参数 H 之间的相互关系

4.3.5　屈服面及潜在强度的演化规律

当前屈服面、参考屈服面间的演化关系决定了固结参数 R 的变化，进而影响着潜在强度 M_f 的演化，而 M_f 又会影响着当前屈服面硬化参数的演变。当前屈服面硬化参数、参考屈服面硬化参数、固结参数 R 及潜在强度 M_f 四者在不同应力状态阶段的变化规律反映了冻土的应力应变特性。

微分当前屈服面硬化参量式(4-37)及参考屈服面硬化参量式(4-42)可得

$$\mathrm{d}H=\frac{M^4\left(M_f^4-\eta^4\right)}{M_f^4\left(M^4-\eta^4\right)}\frac{\mathrm{d}\varepsilon_v^p}{\varphi'(\ln p)-\kappa} \tag{4-49}$$

$$\mathrm{d}\bar{H}=\frac{\mathrm{d}\varepsilon_v^p}{\psi'(\ln p)-\kappa} \tag{4-50}$$

对以上两式在整个应力路径中的变化规律进行分析可得：

(a) $0=\eta<M<M_f$（初始状态），$\mathrm{d}\varepsilon_v^p>0,\mathrm{d}H>0,\mathrm{d}\bar{H}>0$

(b) $0<\eta<M<M_f$（剪缩、硬化阶段），$\mathrm{d}\varepsilon_v^p>0,\mathrm{d}H>0,\mathrm{d}\bar{H}>0$

(c) $0<\eta=M<M_f$（特征状态），$\mathrm{d}\varepsilon_v^p=0,\mathrm{d}H>0,\mathrm{d}\bar{H}=0$

(d) $0<M<\eta<M_f$（剪胀、硬化阶段），$\mathrm{d}\varepsilon_v^p<0,\mathrm{d}H>0,\mathrm{d}\bar{H}<0$

(e) $0<M<\eta=M_f$（峰值状态），$\mathrm{d}\varepsilon_v^p<0,\mathrm{d}H=0,\mathrm{d}\bar{H}<0$

(f) $0 < M < M_f < \eta$（剪胀、软化阶段一），　$\mathrm{d}\varepsilon_v^p < 0, \mathrm{d}H < 0, \mathrm{d}\bar{H} < 0$

(g) $0 < M = M_f < \eta$（剪胀、软化阶段二），　$\mathrm{d}\varepsilon_v^p < 0, \mathrm{d}H < 0, \mathrm{d}\bar{H} < 0$

(h) $0 < M = M_f = \eta$（临界状态），　$\mathrm{d}\varepsilon_v^p = 0, \mathrm{d}H = 0, \mathrm{d}\bar{H} = 0$

由此可见，建立在潜在强度 M_f、特征状态应力比 M 和应力比 η 有关的硬化参数 H 的基础上，本书得到的冻土模型能够有效反应冻土的剪缩、剪胀、硬化和软化特性。

4.4 应力-应变关系

根据经典的弹塑性理论，总应变增量可以分为弹性应变增量和塑性应变增量两部分，用张量表示为

$$\mathrm{d}\varepsilon_{ij} = \mathrm{d}\varepsilon_{ij}^e + \mathrm{d}\varepsilon_{ij}^p \tag{4-51}$$

应力应变关系为

$$\mathrm{d}\sigma_{ij} = C_{ijkl}^e \mathrm{d}\varepsilon_{kl}^e = C_{ijkl}^e \left(\mathrm{d}\varepsilon_{kl} - \mathrm{d}\varepsilon_{kl}^p\right) = C_{ijkl}^{ep} \mathrm{d}\varepsilon_{kl} \tag{4-52}$$

式中，C_{ijkl}^e 为弹性张量；C_{ijkl}^{ep} 为弹塑性张量。

根据广义胡克定律，弹性张量 C_{ijkl}^e 的具体表达式为

$$C_{ijkl}^e = \left(K - \frac{2}{3}G\right)\delta_{ij}\delta_{kl} + G\left(\delta_{ik}\delta_{jl} + \delta_{il}\delta_{jk}\right) \tag{4-53}$$

写成矩阵形式为

$$\boldsymbol{C}^e = \begin{bmatrix} \left(K + \frac{4}{3}G\right) & \left(K - \frac{2}{3}G\right) & \left(K - \frac{2}{3}G\right) & 0 & 0 & 0 \\ \left(K - \frac{2}{3}G\right) & \left(K + \frac{4}{3}G\right) & \left(K - \frac{2}{3}G\right) & 0 & 0 & 0 \\ \left(K - \frac{2}{3}G\right) & \left(K - \frac{2}{3}G\right) & \left(K + \frac{4}{3}G\right) & 0 & 0 & 0 \\ 0 & 0 & 0 & G & 0 & 0 \\ 0 & 0 & 0 & 0 & G & 0 \\ 0 & 0 & 0 & 0 & 0 & G \end{bmatrix} \tag{4-54}$$

塑性应变增量由塑性位势理论确定：

$$\mathrm{d}\varepsilon_{ij}^p = \mathrm{d}\lambda \frac{\partial g}{\partial \sigma_{ij}} \tag{4-55}$$

式中，$\mathrm{d}\lambda$ 为塑性标量因子。

屈服函数 f 可简记为

$$f\left[\sigma_{ij}, H\left(\varepsilon_{ij}^p\right)\right] = 0 \tag{4-56}$$

微分上式可得

$$\mathrm{d}f=\frac{\partial f}{\partial\sigma_{ij}}\mathrm{d}\sigma_{ij}+\frac{\partial f}{\partial H}\frac{\partial H}{\partial\varepsilon_{ij}^{p}}\mathrm{d}\varepsilon_{ij}^{p}=0 \tag{4-57}$$

将式(4-52)、式(4-55)代入式(4-57)，并整理可得塑性标量因子 dλ 的具体表达式为

$$\mathrm{d}\lambda=\frac{\dfrac{\partial f}{\partial\sigma_{ij}}C_{ijkl}^{e}\mathrm{d}\varepsilon_{kl}}{-\dfrac{\partial f}{\partial H}\dfrac{\partial H}{\partial\varepsilon_{ij}^{p}}\dfrac{\partial g}{\partial\sigma_{ij}}+\dfrac{\partial f}{\partial\sigma_{ij}}C_{ijkl}^{e}\dfrac{\partial g}{\partial\sigma_{kl}}} \tag{4-58}$$

将式(4-55)、式(4-58)代入式(4-52)，并整理可得弹塑性张量 C_{ijkl}^{ep} 的具体表达式为

$$\begin{aligned}C_{ijkl}^{ep}&=C_{ijkl}^{e}-\frac{C_{ijmn}^{e}\dfrac{\partial g}{\partial\sigma_{mn}}\dfrac{\partial f}{\partial\sigma_{st}}C_{stkl}^{e}}{-\dfrac{\partial f}{\partial H}\dfrac{\partial H}{\partial\varepsilon_{ij}^{p}}\dfrac{\partial g}{\partial\sigma_{ij}}+\dfrac{\partial f}{\partial\sigma_{ij}}C_{ijkl}^{e}\dfrac{\partial g}{\partial\sigma_{kl}}}=C_{ijkl}^{e}-\frac{C_{ijmn}^{e}\dfrac{\partial g}{\partial\sigma_{mn}}\dfrac{\partial f}{\partial\sigma_{st}}C_{stkl}^{e}}{A+\dfrac{\partial f}{\partial\sigma_{ij}}C_{ijkl}^{e}\dfrac{\partial g}{\partial\sigma_{kl}}}\\&=C_{ijkl}^{e}-C_{ijkl}^{p}\end{aligned} \tag{4-59}$$

式中，$A=-\dfrac{\partial f}{\partial H}\dfrac{\partial H}{\partial\varepsilon_{ij}^{p}}\dfrac{\partial g}{\partial\sigma_{ij}}$。

根据式(4-59)可知，有限元的实现需要对屈服函数 f、塑性势函数 g 求解任一应力分量的一阶导数。由于本书采用了屈服函数 f 与塑性势函数 g 相等的相关流动法则，故只需进行屈服函数 f 的微分运算。根据复合函数求导法则有

$$\frac{\partial f}{\partial\boldsymbol{\sigma}}=\frac{\partial g}{\partial\boldsymbol{\sigma}}=\frac{\partial f}{\partial\boldsymbol{I}_1}\frac{\partial\boldsymbol{I}_1}{\partial\boldsymbol{\sigma}}+\frac{\partial f}{\partial\sqrt{\boldsymbol{J}_2}}\frac{\partial\sqrt{\boldsymbol{J}_2}}{\partial\boldsymbol{\sigma}}+\frac{\partial f}{\partial\theta}\frac{\partial\theta}{\partial\boldsymbol{\sigma}} \tag{4-60}$$

式中，$\boldsymbol{\sigma}=[\sigma_{11}\ \sigma_{22}\ \sigma_{33}\ \sigma_{12}\ \sigma_{23}\ \sigma_{13}]^{\mathrm{T}}$。

根据式(4-7)可得

$$\frac{\partial\theta}{\partial\boldsymbol{\sigma}}=\frac{\sqrt{3}}{2\sin3\theta}\left[\frac{1}{(J_2)^{3/2}}\frac{\partial\boldsymbol{J}_3}{\partial\boldsymbol{\sigma}}-\frac{3\boldsymbol{J}_3}{(\boldsymbol{J}_2)^{2}}\frac{\partial\sqrt{\boldsymbol{J}_2}}{\partial\boldsymbol{\sigma}}\right] \tag{4-61}$$

将式(4-61)代入式(4-60)，整理可得

$$\frac{\partial f}{\partial\boldsymbol{\sigma}}=\frac{\partial g}{\partial\boldsymbol{\sigma}}=\frac{\partial f}{\partial\boldsymbol{I}_1}\frac{\partial\boldsymbol{I}_1}{\partial\boldsymbol{\sigma}}+\left[\frac{\partial f}{\partial\sqrt{\boldsymbol{J}_2}}+\frac{\partial f}{\partial\theta}\frac{\cot3\theta}{\sqrt{\boldsymbol{J}_2}}\right]\frac{\partial\sqrt{\boldsymbol{J}_2}}{\partial\boldsymbol{\sigma}}+\frac{\partial f}{\partial\theta}\frac{\sqrt{3}}{2\sin3\theta}\frac{1}{(\boldsymbol{J}_2)^{3/2}}\frac{\partial\boldsymbol{J}_3}{\partial\boldsymbol{\sigma}} \tag{4-62}$$

根据式(4-3)可得

$$\frac{\partial\boldsymbol{I}_1}{\partial\boldsymbol{\sigma}}=\begin{bmatrix}1\\1\\1\\0\\0\\0\end{bmatrix},\quad\frac{\partial\boldsymbol{I}_2}{\partial\boldsymbol{\sigma}}=\begin{bmatrix}\sigma_{22}+\sigma_{33}\\\sigma_{11}+\sigma_{33}\\\sigma_{11}+\sigma_{22}\\-2\sigma_{12}\\-2\sigma_{23}\\-2\sigma_{13}\end{bmatrix},\quad\frac{\partial\boldsymbol{I}_3}{\partial\boldsymbol{\sigma}}=\begin{bmatrix}\sigma_{22}\sigma_{33}-\sigma_{23}^2\\\sigma_{11}\sigma_{33}-\sigma_{13}^2\\\sigma_{11}\sigma_{22}-\sigma_{12}^2\\2(\sigma_{23}\sigma_{13}-\sigma_{33}\sigma_{12})\\2(\sigma_{12}\sigma_{13}-\sigma_{11}\sigma_{23})\\2(\sigma_{12}\sigma_{23}-\sigma_{22}\sigma_{13})\end{bmatrix} \tag{4-63}$$

根据式(4-4)可得

$$\frac{\partial \boldsymbol{J}_1}{\partial \boldsymbol{\sigma}}=\begin{bmatrix}1\\1\\1\\0\\0\\0\end{bmatrix},\frac{\partial \boldsymbol{J}_2}{\partial \boldsymbol{\sigma}}=\begin{bmatrix}\frac{2}{3}\boldsymbol{I}_1-(\sigma_{22}+\sigma_{33})\\\frac{2}{3}\boldsymbol{I}_1-(\sigma_{11}+\sigma_{33})\\\frac{2}{3}\boldsymbol{I}_1-(\sigma_{11}+\sigma_{22})\\2\sigma_{12}\\2\sigma_{23}\\2\sigma_{13}\end{bmatrix},$$

$$\frac{\partial \boldsymbol{J}_3}{\partial \boldsymbol{\sigma}}=\begin{bmatrix}\left(\frac{2}{9}\boldsymbol{I}_1^2-\frac{1}{3}\boldsymbol{I}_2\right)+(\sigma_{22}+\sigma_{33})\left(-\frac{1}{3}\boldsymbol{I}_1\right)+(\sigma_{22}\sigma_{33}-\sigma_{23}^2)\\\left(\frac{2}{9}\boldsymbol{I}_1^2-\frac{1}{3}\boldsymbol{I}_2\right)+(\sigma_{11}+\sigma_{33})\left(-\frac{1}{3}\boldsymbol{I}_1\right)+(\sigma_{11}\sigma_{33}-\sigma_{13}^2)\\\left(\frac{2}{9}\boldsymbol{I}_1^2-\frac{1}{3}\boldsymbol{I}_2\right)+(\sigma_{11}+\sigma_{22})\left(-\frac{1}{3}\boldsymbol{I}_1\right)+(\sigma_{11}\sigma_{22}-\sigma_{12}^2)\\(2\sigma_{23}\sigma_{13}-2\sigma_{33}\sigma_{12})+\left(\frac{2\sigma_{12}}{3}\boldsymbol{I}_1\right)\\(2\sigma_{12}\sigma_{13}-2\sigma_{11}\sigma_{23})+\left(\frac{2\sigma_{23}}{3}\boldsymbol{I}_1\right)\\(2\sigma_{12}\sigma_{23}-2\sigma_{22}\sigma_{13})+\left(\frac{2\sigma_{13}}{3}\boldsymbol{I}_1\right)\end{bmatrix}\tag{4-64}$$

考虑冻土当前屈服面函数形式为 $f=\ln\frac{p}{p_0}+\ln\left(1+\frac{q^2}{M(\theta)^2p(p+p_r)}\right)-H=0$，根据复合函数求导法则有

$$\frac{\partial f}{\partial \boldsymbol{I}_1}=\frac{\partial f}{\partial p}\frac{\partial p}{\partial \boldsymbol{I}_1}=\frac{1}{3p}\left\{1-\frac{q^2(2p+p_r)}{\left[M(\theta)^2p(p+p_r)+q^2\right](p+p_r)}\right\}\tag{4-65}$$

$$\begin{aligned}\frac{\partial f}{\partial\sqrt{\boldsymbol{J}_2}}+\frac{\cot 3\theta}{\sqrt{\boldsymbol{J}_2}}\frac{\partial f}{\partial\theta}=&\frac{2\sqrt{3}q}{M(\theta)^2p(p+p_r)+q^2}+\\&\frac{\cot 3\theta}{\sqrt{\boldsymbol{J}_2}}\frac{-2q^2}{M(\theta)^3p(p+p_r)+M(\theta)q^2}\frac{\partial M(\theta)}{\partial\theta}\end{aligned}\tag{4-66}$$

$$\begin{aligned}\frac{\sqrt{3}}{2\sin 3\theta}\frac{1}{(\boldsymbol{J}_2)^{3/2}}\frac{\partial f}{\partial\theta}&=\frac{\sqrt{3}}{2\sin 3\theta}\frac{1}{(\boldsymbol{J}_2)^{3/2}}\frac{\partial f}{\partial M}\frac{\partial M}{\partial\theta}\\&=\frac{\sqrt{3}}{2\sin 3\theta}\frac{1}{(\boldsymbol{J}_2)^{3/2}}\frac{-2q^2}{M(\theta)^3p(p+p_r)+M(\theta)q^2}\frac{\partial M(\theta)}{\partial\theta}\end{aligned}\tag{4-67}$$

根据式(4-15)可得

$$\frac{\partial M(\theta)}{\partial \theta}=\left[\frac{2\alpha^4}{1+\alpha^4-\left(1-\alpha^4\right)\cos 3\theta}\right]^{\frac{5}{4}}\frac{3\left(\alpha^4-1\right)}{8\alpha^4}\sin 3\theta\cdot M\left(\theta=0^{\circ}\right) \tag{4-68}$$

将式(4-63)~式(4-68)代入式(4-62)即可求得屈服函数 f 任一应力分量的一阶导数值。

为便于 MATLAB 计算程序的代码编写，将由式(4-53)算得的 C_{ijkl} 与由式(4-62)算得的 $\frac{\partial f}{\partial \sigma_{kl}}$ 相乘以获得张量 $C_{ijkl}\frac{\partial f}{\partial \sigma_{kl}}$，写成矩阵形式为

$$\boldsymbol{C}^e\left[\frac{\partial f}{\partial \sigma}\right]=\boldsymbol{C}^e\left[\frac{\partial g}{\partial \sigma}\right]=\begin{bmatrix}\left(K+\frac{4}{3}G\right)\frac{\partial f}{\partial \sigma_{11}}+\left(K-\frac{2}{3}G\right)\left(\frac{\partial f}{\partial \sigma_{22}}+\frac{\partial f}{\partial \sigma_{33}}\right)\\ \left(K+\frac{4}{3}G\right)\frac{\partial f}{\partial \sigma_{22}}+\left(K-\frac{2}{3}G\right)\left(\frac{\partial f}{\partial \sigma_{11}}+\frac{\partial f}{\partial \sigma_{33}}\right)\\ \left(K+\frac{4}{3}G\right)\frac{\partial f}{\partial \sigma_{33}}+\left(K-\frac{2}{3}G\right)\left(\frac{\partial f}{\partial \sigma_{11}}+\frac{\partial f}{\partial \sigma_{22}}\right)\\ G\frac{\partial f}{\partial \sigma_{12}}\\ G\frac{\partial f}{\partial \sigma_{23}}\\ G\frac{\partial f}{\partial \sigma_{31}}\end{bmatrix} \tag{4-69}$$

根据公式(4-46)可得到固结参数 R 为

$$R(\theta)=\frac{1}{p+p_r}\left[\bar{p}_0\left(\frac{M(\theta)^2}{M(\theta)^2+\eta\eta'}\right)\exp\left(\int\frac{\mathrm{d}\varepsilon_v^p}{\psi'(\ln\bar{p})-\kappa}\right)+p_r\right] \tag{4-70}$$

那么潜在强度参数 M_f 为

$$M(\theta)_f=M(\theta)+\left[R(\theta)-1\right]\left[M(\theta)-M_h\right] \tag{4-71}$$

根据式(4-36)及式(4-37)可得

$$\frac{\partial f}{\partial H}\frac{\partial H}{\partial \varepsilon_{ij}^p}\frac{\partial g}{\partial \sigma_{ij}}=-\lg\frac{\partial H}{\partial \varepsilon_v^p}\frac{\partial \varepsilon_v^p}{\partial \varepsilon_{ij}^p}\frac{\partial g}{\partial \sigma_{ij}}=-\frac{M(\theta)^4\left[M(\theta)_f^4-\eta^4\right]}{M(\theta)_f^4\left[M(\theta)^4-\eta^4\right]}\frac{1}{\varphi'(\ln p)-\kappa}\frac{\partial \varepsilon_v^p}{\partial \varepsilon_{ij}^p}\frac{\partial g}{\partial \sigma_{ij}} \tag{4-72}$$

因为 $\varepsilon_v^p=\varepsilon_{11}^p+\varepsilon_{22}^p+\varepsilon_{33}^p$，那么

$$\left[\frac{\partial \varepsilon_v^p}{\partial \varepsilon_{ij}^p}\right]=\left[1\ 1\ 1\ 0\ 0\ 0\right] \tag{4-73}$$

将式(4-73)代入式(4-72)可得

$$A=-\frac{\partial f}{\partial H}\frac{\partial H}{\partial \varepsilon_{ij}^{p}}\frac{\partial g}{\partial \sigma_{ij}}=\frac{M(\theta)^{4}\left[M(\theta)_{f}^{4}-\eta^{4}\right]}{M(\theta)_{f}^{4}\left[M(\theta)^{4}-\eta^{4}\right]}\frac{1}{\varphi'(\ln p)-\kappa}\left(\frac{\partial g}{\partial \sigma_{11}}+\frac{\partial g}{\partial \sigma_{22}}+\frac{\partial g}{\partial \sigma_{33}}\right) \tag{4-74}$$

将式(4-54)、式(4-69)和式(4-74)代入式(4-59)即可求得三维情况下弹塑性张量 C_{ijkl}^{ep} 的具体表达式。

建立在多年冻土上的路基是无限延伸的，因此，研究路基变形状态可以取其横断面，从而简化为二维问题来处理。该问题为平面应变状态，三个应变分量 ε_z、γ_{yz} 和 γ_{zx} 均为 0，应力分量 τ_{yz} 和 τ_{zx} 亦为 0，σ_z 可以表示为 $\sigma_z=\nu(\sigma_x+\sigma_y)$(在塑性区，泊松比 ν 取值 0.5)，独立的应力分量只有 σ_x、σ_y 和 τ_{xy}。

弹性矩阵的表达式可简化为

$$\boldsymbol{C}^{e}=\begin{bmatrix}\left(K+\frac{4}{3}G\right) & \left(K-\frac{2}{3}G\right) & 0\\ \left(K-\frac{2}{3}G\right) & \left(K+\frac{4}{3}G\right) & 0\\ 0 & 0 & G\end{bmatrix} \tag{4-75}$$

式(4-69)可简化为

$$\boldsymbol{C}^{e}\left[\frac{\partial f}{\partial \sigma}\right]=\boldsymbol{C}^{e}\left[\frac{\partial g}{\partial \sigma}\right]=\begin{bmatrix}\left(K+\frac{4}{3}G\right)\frac{\partial f}{\partial \sigma_{11}}+\left(K-\frac{2}{3}G\right)\frac{\partial f}{\partial \sigma_{22}}\\ \left(K-\frac{2}{3}G\right)\frac{\partial f}{\partial \sigma_{11}}+\left(K+\frac{4}{3}G\right)\frac{\partial f}{\partial \sigma_{22}}\\ G\frac{\partial f}{\partial \sigma_{12}}\end{bmatrix} \tag{4-76}$$

式(4-74)可简化为

$$A=-\frac{\partial f}{\partial H}\frac{\partial H}{\partial \varepsilon_{ij}^{p}}\frac{\partial g}{\partial \sigma_{ij}}=\frac{M(\theta)^{4}\left[M(\theta)_{f}^{4}-\eta^{4}\right]}{M(\theta)_{f}^{4}\left[M(\theta)^{4}-\eta^{4}\right]}\frac{1}{\varphi'(\ln p)-\kappa}\left(\frac{\partial g}{\partial \sigma_{11}}+\frac{\partial g}{\partial \sigma_{22}}\right) \tag{4-77}$$

将式(4-75)、式(4-76)和式(4-77)代入式(4-59)便可求得平面应变状态下弹塑性张量 C_{ijkl}^{ep} 的具体表达式。

4.5 模型参数获取

本书基于修正剑桥模型及双屈服面理论，考虑冻土黏聚力及内摩擦角的影响，得到了全应力范围内的弹塑性模型，该模型能够有效反映冻土的剪缩、剪胀、硬化和软化特性。模型中涉及 6 个相关参数和 2 条试验曲线，分别是黏聚力 c、内摩擦角 φ、泊松比 ν、ε_v - $\ln p$ 空间中回弹线斜率 κ、初始体积应变 ε_{v0}、伏斯列夫面(Hvorslev)斜率 M_h、等向

固结曲线 $\varepsilon_v = \varphi(\ln p)$ 及临界状态曲线 $\varepsilon_v = \psi(\ln \overline{p})$。

根据常规三轴试验并结合莫尔—库伦理论，可得冻土抗剪强度包线，通常近似取为一条直线，该直线与横坐标的夹角为内摩擦角 φ，纵坐标的截距为黏聚力 c；泊松比 ν 可通过 $-\Delta\varepsilon_r / \Delta\varepsilon_z$ 获得；对于等向固结试验 ε_v - $\ln p$ 空间中回弹线斜率 κ 可通过加载后回弹再加载试验确定；ε_{v0} 为压缩固结完成，开始剪切所对应的体积应变；伏斯列夫面(Hvorslev)斜率 M_h 是 q - p 空间中不排水强度包线的斜率，已有研究表明：排水强度包线的斜率与不排水强度包线的斜率相差不大[7]。

在模型当前屈服面函数的推导过程中采用了冻土等向压缩固结曲线 ε_v - $\ln p$ 作为其硬化参量的获取源，并结合应力路径相关因子进行了修正。因此，等向压缩固结曲线 ε_v - p 和初始体积应变 ε_{v0} 共同决定着当前屈服面函数形式。通过冻土等向固结试验 $(\sigma_1 = \sigma_2 = \sigma_3)$，将结果绘制在 ε_v - p 坐标系中，便可获得等向固结曲线 NCL。本书根据冻土当前状态的初始体积应变 ε_{v0} 与等向压缩固结曲线 ε_v - p 确定其初始平均主应力 p_0，确定方法如图 4-6 所示。

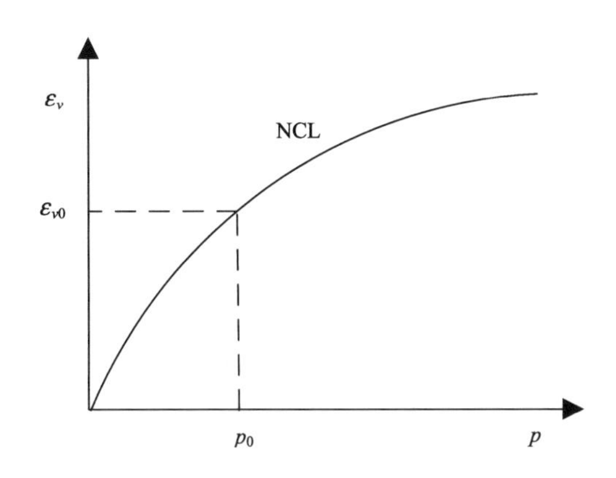

图 4-6　当前屈服面参数 p_0 确定方法

模型参考屈服面函数采用不同压力等级下的冻土压缩剪切进入临界状态时的 ε_v - $\ln \overline{p}$ 曲线推导得出，因此，临界状态曲线 ε_v - $\overline{p}$ 和初始体积应变 ε_{v0} 共同决定着参考

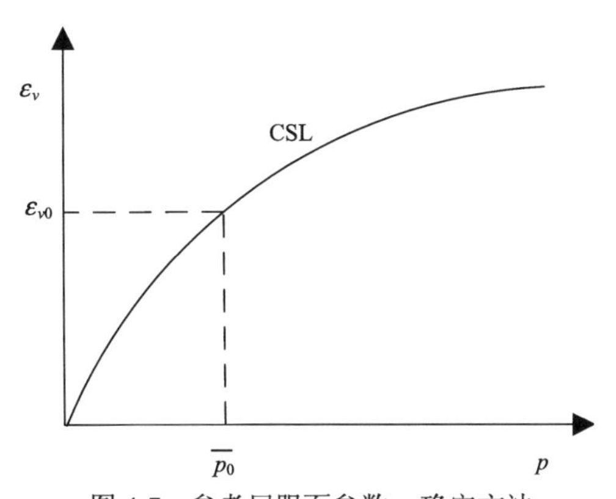

图 4-7　参考屈服面参数 $\overline{p}_0$ 确定方法

屈服面函数形式。通过多组不同压力等级下的三轴压缩试验，获得不同压力条件下的冻土临界体积应变与临界状态时球应力 p 的关系，将结果绘制于 ε_v - p 空间中，获得其临界状态曲线 CSL。与当前屈服面参数 p_0 确定方法类似，本书根据冻土当前状态的初始体积应变 ε_{v0} 与临界状态曲线 ε_v - $\overline{p}$ 确定 $\overline{p}_0$，确定方法如图 4-7 所示。

4.6 变刚度算法

4.6.1 基本思路

有限元数值计算中，每一个荷载增量步均需要对每一个冻土材料单元进行刚度矩阵的求解与整体刚度矩阵的组装。显然，一个变形体中各点的应力状态是不相同的，且随着加-卸载而变化，变形体受外力作用时，从一个区域到另一个区域，等效应力逐渐达到屈服极限，随即进入塑性屈服状态。这就是说，变形体中的各单元应力和应变状态不一样，随着加-卸载而变化，且各有各的变化规律。因此，需要对变形体内的单元进行分类讨论与分析，本书采用变刚度法进行单元刚度矩阵计算及整体刚度矩阵的组装，其计算思路总体可分为以下几步：

(1) 单元状态分类

对应于一个荷载增量步 $\{\Delta R\}$ 过程，变形体内各网格单元状态可分为弹性单元、塑性单元和过渡单元，各类单元有不同的本构关系和单元刚度矩阵。根据增量步初始应力值 σ_{ij}^n、初始应变值 ε_{kl}^n 和塑性硬化参数 $H(\varepsilon_v^p)^n$，计算相应的平均正应力 p、广义剪应力 q、Lode 角 θ、临界应力比 $M(\theta)$ 及等效应力 $\bar{\sigma}$。将等效应力 $\bar{\sigma}$ 与当前塑性硬化参数 $H(\varepsilon_v^p)^n$ 进行比较，由公式 $f^n = f(\bar{\sigma}, H^n)$ 判断材料单元当前是否处于屈服状态，等效应力 $\bar{\sigma}$ 按如下公式计算：

$$\bar{\sigma} = \ln\frac{p}{p_0} + \ln\left(1 + \frac{q^2}{M(\theta)^2 p(p+p_r)}\right) \tag{4-78}$$

当 $f^n < 0$ 时，表明增量步开始时的应力处于屈服面以内，该单元为弹性状态；当 $f^n = 0$ 时，表明增量步开始时的应力处于屈服面上，该单元为塑性状态。由于增量步的作用，弹性状态单元在加载作用下可转变为塑性状态单元，塑性状态单元在卸载作用下可转变为弹性单元，单元的分类需要综合考虑单元的初始状态以及增量步的作用，图 4-8 给出了所有可能的情况。

A 过程对应着弹性状态单元的卸荷与弹性加荷阶段，该单元定义为弹性单元。B 过程对应着弹性状态单元的弹性加荷和塑性加荷阶段，该单元定义为过渡单元；对于 B 过程，有一种特殊情况，即荷载步作用结束后，材料单元刚好达到屈服，该单元定义为弹性单元。C 过程对应着塑性状态单元的卸荷阶段，该单元定义为弹性单元。D 过程对应着塑性状态单元的塑性加载阶段，该单元定义为塑性单元。

(2) 计算单元刚度矩阵

对于弹性单元，等效应力一直未进入屈服面，应力应变为弹性对应关系，单元刚度矩阵 $\boldsymbol{k}^e$ 为

$$\boldsymbol{k}^e = \iiint \boldsymbol{B}^{\mathrm{T}} \boldsymbol{C}^e \boldsymbol{B} \mathrm{d}V \tag{4-79}$$

式中，$\boldsymbol{B}$ 为应变—位移转换矩阵，当采用不用的有限元网格单元离散时，该矩阵有不同的表达式，具体计算方法在下一章确定性有限元分析中详细描述。

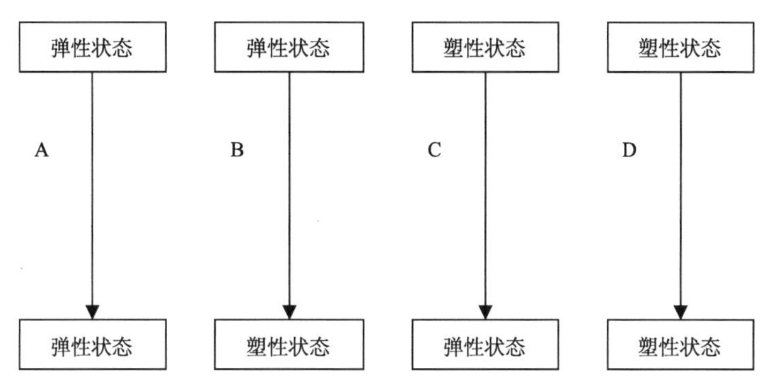

图 4-8　单元状态情况

对于塑性单元，等效应力从一个塑性屈服面进入另一个塑性屈服面，应力与应变不再是弹性关系，弹塑性张量 C_{ijkl}^{ep} 中含有应力，它是加载过程的函数，直接求解比较困难，通常采用增量形式来近似代替微分形式，单元刚度矩阵 $\boldsymbol{k}^{ep}$ 为

$$\boldsymbol{k}^{ep} = \iiint \boldsymbol{B}^{\mathrm{T}} \boldsymbol{C}^{ep} \boldsymbol{B} \mathrm{d}V \tag{4-80}$$

对于过渡单元，等效应力从弹性状态进入塑性屈服状态，应力应变为弹性关系与弹塑性关系的组合，单元刚度矩阵 $\boldsymbol{k}^g$ 为

$$\boldsymbol{k}^g = \iiint \boldsymbol{B}^{\mathrm{T}} \boldsymbol{C}^g \boldsymbol{B} \mathrm{d}V \tag{4-81}$$

式中，$\boldsymbol{C}^g$ 为加权平均弹塑性矩阵，其求解方法在过渡单元分析中详细描述。

(3) 计算整体刚度矩阵

对于整体来说，获得各单元刚度矩阵便可采用下列关系式计算整体刚度矩阵：

$$\boldsymbol{K} = \sum_{i=1}^{n_1} \boldsymbol{k}_i^e + \sum_{j=1}^{n_2} \boldsymbol{k}_j^{ep} + \sum_{m=1}^{n_3} \boldsymbol{k}_m^g \tag{4-82}$$

式中，$\boldsymbol{K}$ 为整体刚度矩阵；n_1、n_2、n_3 分别为弹性单元、塑性单元和过渡单元的数量；$\boldsymbol{k}^e$、$\boldsymbol{k}^{ep}$、$\boldsymbol{k}^g$ 分别为弹性单元、塑性单元和过渡单元的单元刚度矩阵。

(4) 计算节点位移增量

在加载过程中，各单元的状态是变化的，为此整体刚度矩阵也是变化的。数值计算中，每增加一个载荷增量，就得重新计算各单元矩阵，并重新组装整体刚度矩阵。获得整体刚度矩阵之后，便可根据下列载荷和位移的线性方程组求解出未知的节点位移增量。

$$\boldsymbol{K}\Delta\boldsymbol{\delta} = \Delta\boldsymbol{R} \tag{4-83}$$

式中，$\Delta\boldsymbol{\delta}$ 为位移增量矩阵；$\Delta\boldsymbol{R}$ 为荷载增量矩阵。

(5) 计算单元应变增量

根据节点位移增量便能求得各单元的应变增量：

$$\Delta\boldsymbol{\varepsilon} = \boldsymbol{B}\Delta\boldsymbol{\delta} \tag{4-84}$$

(6) 计算单元应力增量

根据单元应变增量及单元状态(弹性单元、塑性单元和过渡单元)便可求得各单元应力增量：

$$\left.\begin{aligned} \Delta\boldsymbol{\sigma} &= \boldsymbol{C}^e\Delta\boldsymbol{\varepsilon} \\ \Delta\boldsymbol{\sigma} &= \boldsymbol{C}^{ep}\Delta\boldsymbol{\varepsilon} \\ \Delta\boldsymbol{\sigma} &= \boldsymbol{C}^g\Delta\boldsymbol{\varepsilon} \end{aligned}\right\} \tag{4-85}$$

4.6.2 当前状态分析

将一个荷载增量步$\Delta\boldsymbol{R}$加载前的各单元状态定义为单元的当前状态。根据各单元当前状态下的应力值σ_{ij}^n、应变值ε_{kl}^n和塑性硬化参数$H(\varepsilon_v^p)^n$，按照公式(4-78)计算相应的等效应力$\bar{\sigma}$，并与当前塑性硬化参数$H(\varepsilon_v^p)^n$进行比较，由公式$f^n = f(\bar{\sigma}, H^n)$判断材料单元当前是否处于屈服状态。当$f^n < 0$时，表明增量步开始时的应力处于屈服面以内，该单元处于弹性状态；当$f^n = 0$时，表明增量步开始时的应力处于屈服面上，该单元处于塑性状态。当前状态下，材料单元只有两种状态，即弹性状态和塑性状态。数值计算中由于C_{ijkl}^e、C_{ijkl}^{ep}在$\Delta\sigma_{ij}$范围内变化不大，因此可假设在每一加载步中是一个常数，并以该加载步前的应力状态按照公式(4-79)、(4-80)近似计算出$\boldsymbol{k}^e$、$\boldsymbol{k}^{ep}$，对各单元的刚度矩阵按照公式(4-82)进行组装以获得整体刚度矩阵$\boldsymbol{K}$，根据式(4-83)便可求得与外荷载增量$\Delta\boldsymbol{R}$相对应的位移增量$\Delta\boldsymbol{\delta}$，该位移增量作为方程(4-83)的试算解。根据式(4-84)、公式(4-85)可求出与试算位移增量$\Delta\boldsymbol{\delta}$相对应的应变增量$\Delta\boldsymbol{\varepsilon}$及应力增量$\Delta\boldsymbol{\sigma}$，存储各单元的应变增量$\Delta\boldsymbol{\varepsilon}$及应力增量$\Delta\boldsymbol{\sigma}$，以便加—卸载过程分析。

4.6.3 加-卸载过程分析

单元的分类与判定需要综合考虑单元的当前状态以及荷载增量步的作用，当前状态的计算由屈服函数确定，荷载增量步的计算必须首先判断是加载还是卸载。对于一般的理想塑性或应变硬化材料，当材料模型进入塑性屈服状态后，根据经典塑性理论，加载过程中应力增量的方向指向加载面的外侧，卸载时应力增量方向指向加载面的内侧，应力空间中加-卸载判断准则函数可表示为

$$f = 0 \quad \left.\begin{aligned} \mathrm{d}f &= \frac{\partial f}{\partial \sigma_{ij}}\mathrm{d}\sigma_{ij} > 0 \quad \text{加载} \\ \mathrm{d}f &= \frac{\partial f}{\partial \sigma_{ij}}\mathrm{d}\sigma_{ij} = 0 \quad \text{中性变载} \\ \mathrm{d}f &= \frac{\partial f}{\partial \sigma_{ij}}\mathrm{d}\sigma_{ij} < 0 \quad \text{卸载} \end{aligned}\right\} \tag{4-86}$$

但是，对于具有软化特性的冻土材料，加载过程中应力屈服面会在软化阶段收缩，应力增量方向会指向当前屈服面的内侧，即加载过程与卸载过程的应力增量方向相同，应力空间中的加-卸载判断准则函数不能区别应变软化材料的加-卸载状态，即公式(4-86)在软化阶段不再适用。为了能够合理表示出应变软化材料的加-卸载条件，本书采用应变空间的判断准则，即

$$
f=0\qquad \left.\begin{aligned}
&\mathrm{d}f=\frac{\partial f}{\partial \sigma_{ij}}C_{ijkl}^{e}\mathrm{d}\varepsilon_{kl}>0 && \text{加载}\\
&\mathrm{d}f=\frac{\partial f}{\partial \sigma_{ij}}C_{ijkl}^{e}\mathrm{d}\varepsilon_{kl}=0 && \text{中性变载}\\
&\mathrm{d}f=\frac{\partial f}{\partial \sigma_{ij}}C_{ijkl}^{e}\mathrm{d}\varepsilon_{kl}<0 && \text{卸载}
\end{aligned}\right\}\tag{4-87}
$$

根据单元的初始状态及加-卸载过程可知，与一个荷载增量步 $\Delta\{R\}$ 相对应的有三种网格单元，即弹性单元、过渡单元和塑性单元，不同的网格单元，其应力积分算法与刚度矩阵的计算亦不同。

1. 弹性单元分析

依据本书单元状态分类方法，对应于一个荷载增量步 $\{\Delta R\}$，弹性单元应力状态变化过程如图 4-9 所示。

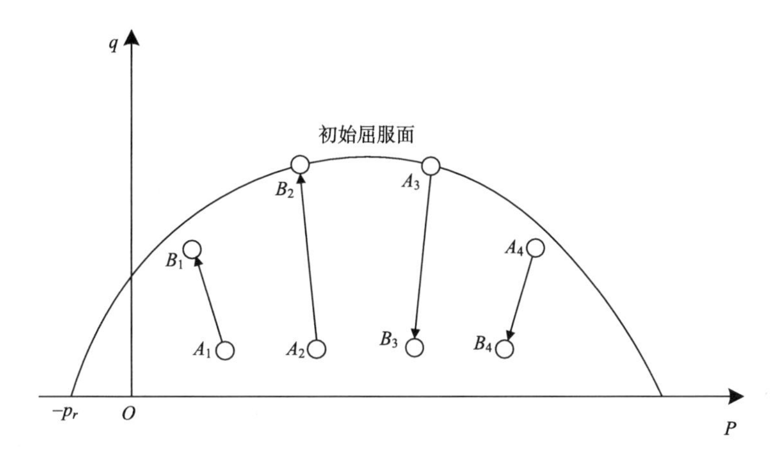

图 4-9　弹性单元应力状态变化过程

对于弹性单元，单元的塑性硬化参数 $H(\varepsilon_v^p)^n$ 为定值，当前状态下的等效应力和荷载增量步 $\Delta\boldsymbol{R}$ 结束后的等效应力均不大于塑性硬化参数，材料单元一直处于弹性状态。根据广义胡克定律，弹性矩阵 $\boldsymbol{C}^e$ 可由式(4-54)求出，由于弹性矩阵 $\boldsymbol{C}^e$ 中的弹性参数含有应力，它是加载过程的函数，数值计算中认为由于 $\boldsymbol{C}^e$ 在 $\Delta\boldsymbol{\sigma}$ 范围内变化不大，假设在每一加载步中是一个常数，并以该加载步前的应力状态计算，弹性单元的刚度矩阵 $\boldsymbol{k}^e$ 可由式(4-79)求出。

2. 塑性单元分析

依据本书单元状态分类方法，对应于一个荷载增量步 $\{\Delta R\}$，塑性单元应力状态变化过程如图 4-10 所示。

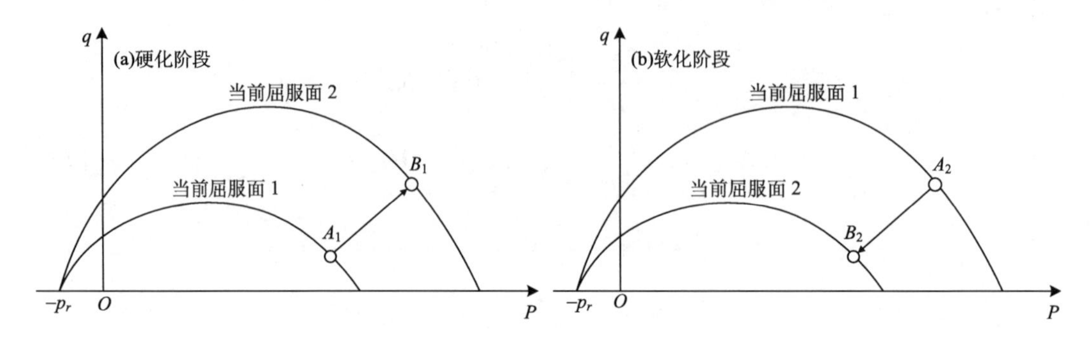

图 4-10　塑性单元应力状态变化过程

对于塑性单元，单元的塑性硬化参数 $H(\varepsilon_v^p)^n$ 与应力值 σ_{ij}^n、应变值 ε_{kl}^n 有关，弹塑性张量 C_{ijkl}^{ep} 中含有应力，它是加载过程的函数，直接求解比较困难，数值计算中认为 C_{ijkl}^{ep} 在 $\Delta\sigma_{ij}$ 范围内变化不大，假设在每一加载步中是一个常数，并以该加载步前的应力状态按照式(4-80)近似计算出 $\boldsymbol{k}^{ep}$。为了满足屈服准则，每次循环计算均需对当前屈服面硬化参数 $H(\varepsilon_v^p)^n$ 及参考屈服面 $H(\varepsilon_v^p)^n$ 进行修正，以保证应力点处于屈服面上。修正计算公式为

$$H = H + \frac{M(\theta)^4\left[M(\theta)_f^4 - \eta^4\right]}{M(\theta)_f^4\left[M(\theta)^4 - \eta^4\right]}\frac{\mathrm{d}\varepsilon_v^p}{\varphi'(\ln p) - \kappa} \tag{4-88}$$

$$\bar{H} = \bar{H} + \frac{\mathrm{d}\varepsilon_v^p}{\psi'(\ln p) - \kappa} \tag{4-89}$$

3. 过渡单元分析

依据本书单元状态分类方法，对应于一个荷载增量步 $\Delta\boldsymbol{R}$，过渡单元应力状态变化过程如图 4-11 所示。

对于过渡单元，加载前处于弹性状态，加载过程中屈服，之后进入塑性状态，在这一过程中采用弹性矩阵 $\boldsymbol{C}^e$ 或最终的塑性矩阵 $\boldsymbol{C}^{ep}$ 都会引起相当大的误差。因此，必须寻找一个合适的“平均”矩阵来描述，用符号 $\boldsymbol{C}^g$ 表示，称其为加权平均弹塑性矩阵。

定义加权系数 $\bar{m}$ 为

$$\bar{m} = \frac{\Delta\bar{\sigma}_A}{\Delta\bar{\sigma}_B} \quad 0 < m < 1 \tag{4-90}$$

式中，$\Delta\bar{\sigma}_A$ 为计算单元应力达到屈服所需要的等效应力增量，$\Delta\bar{\sigma}_B$ 为本次荷载所引起的

等效应力增量。

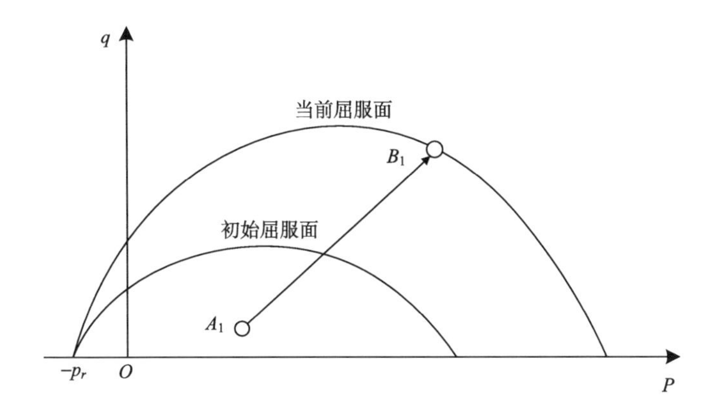

图 4-11　过渡单元应力状态变化过程

过渡单元的加权平均弹塑性矩阵 $\boldsymbol{C}^g$ 可近似表示为

$$\boldsymbol{C}^g = \bar{m}\boldsymbol{C}^e + \left(1-\bar{m}\right)\boldsymbol{C}^{ep} \tag{4-91}$$

数值计算中首先需要确定计算单元是否为过渡单元，判断条件是：当在第 i–1 个荷载增量步结束时，单元的等效应力状态为 $\bar{\sigma}_{i-1}$，且 $\bar{\sigma}_{i-1} < H(\varepsilon_v^p)^{i-1}$，进入第 i 个荷载增量步(Δt 内载荷增量 $\Delta\boldsymbol{P}$)，按弹性单元分析获得第 i 个荷载增量步结束时的等效应力状态为 $\bar{\sigma}_i$，且 $\bar{\sigma}_i > H(\varepsilon_v^p)^{i-1}$。

加权系数 $\bar{m}$ 的取值需采用循环迭代算法获得，基本思路为

(1) 根据硬化参数 $H(\varepsilon_v^p)^{i-1}$ 与等效应力 $\bar{\sigma}_{i-1}$ 的差，计算单元应力达到屈服所需要的等效应力增量 $\Delta\bar{\sigma}_A$。按弹性单元计算其加权平均弹塑性矩阵第 1 次循环值 $\boldsymbol{C}^{g(1)}$ 及刚度矩阵 $\boldsymbol{k}_i^{g(1)}$，并和其他单元刚度矩阵按式(4-82)进行组装，获得总刚度矩阵 $\boldsymbol{K}_i^{(1)}$，代入结构的增量平衡方程式(4-83)获得总位移向量 $\Delta\boldsymbol{\delta}_i^{(1)}$，从 $\{\Delta\delta\}_i^{(1)}$ 中提取该单元的位移列向量，并依据式(4-85)、式(4-86)求出 $\Delta\boldsymbol{\varepsilon}_i^{(1)}$、$\Delta\boldsymbol{\varepsilon}_i^{(1)}$，进而获得单元等效应力增量 $\Delta\bar{\sigma}_B^1$，根据式(4-90)可获得第 1 次迭代计算值 $\bar{m}^{(1)}$。

(2) 将 $\bar{m}^{(1)}$ 代入式(4-91)可获得加权平均弹塑性矩阵的第 2 次循环值 $\boldsymbol{C}^{g(2)}$，由于式(4-91)中的 $\boldsymbol{C}^{ep}$ 与当前应力状态有关，因此需对单元应力进行更新，计算公式为

$$\boldsymbol{\sigma}_i^{(1)} = \boldsymbol{\sigma}_{i-1} + \Delta\boldsymbol{\sigma}_i^{(1)} \tag{4-92}$$

(3) 将循环值 $\boldsymbol{C}^{g(2)}$ 代入式(4-81)可获得过渡单元刚度矩阵的第 2 次循环值 $\boldsymbol{k}_i^{g(2)}$，依据式(4-82)组装获得总刚度矩阵 $\boldsymbol{K}_i^{(2)}$，代入结构的增量平衡方程式(4-83)获得总位移向量 $\Delta\boldsymbol{\delta}_i^{(2)}$，从 $\Delta\boldsymbol{\delta}_i^{(2)}$ 中提取该单元的位移列向量，并依据式(4-85)、式(4-86)求出 $\Delta\boldsymbol{\varepsilon}_i^{(2)}$、$\Delta\boldsymbol{\delta}_i^{(2)}$，进而获得单元等效应力增量 $\Delta\bar{\sigma}_B^2$，根据式(4-90)可获得第 2 次迭代计算值 $\bar{m}^{(2)}$。

(4) 将 $\bar{m}^{(2)}$ 代入式(4-91)可获得加权平均弹塑性矩阵的第 3 次循环值 $\boldsymbol{C}^{g(3)}$，由于式

(4-91)中的$\boldsymbol{C}^{ep}$与当前应力状态有关，因此进一步对单元应力进行更新，计算公式为

$$\boldsymbol{\sigma}_i^{(2)} = \boldsymbol{\sigma}_{i-1} + \Delta\boldsymbol{\sigma}_i^{(2)} \tag{4-93}$$

(5) 依次类推，求出$\boldsymbol{C}^{g(4)}$、$\boldsymbol{C}^{g(5)}$、$\boldsymbol{C}^{g(6)}\cdots$，当前后两次计算的$\bar{m}$值十分接近，即$\bar{m}^{(k+1)} - \bar{m}^{(k)} < \varepsilon$，$\varepsilon$为设定的较小值，停止迭代，保存并输出$\bar{m}$值。

采用加权平均的弹塑性矩阵$\boldsymbol{C}^g$描述过渡单元时，在同一增量步内，对过渡单元$\bar{m}$的值往往要迭代若干次，每次迭代都要重新计算单元的切线刚度阵，并重新组装总刚度矩阵和解方程，求解过程比较复杂繁琐，由此增加了许多工作量，但从提高精度和加速收敛两方面大有好处。实践证明[8,9]：即使加载步长比较大，荷载步作用过程中新进入屈服的单元(过渡单元)数比较多，采用迭代计算出的加权系数$\bar{m}$及$\boldsymbol{C}^g$后，仍能获得比较满意的结果。如果不采用对过渡单元迭代的办法，则为了保证解的精度，必须控制每个增量步的大小，以保证每一步内新增加的塑性单元较少，否则将越来越偏离正确解，使求解失真，甚至发散。$\bar{m}$值的确定理论上要求两次迭代值非常接近时才能结束，而大量实践说明，一般迭代 2~3 次就能满足精度要求，所以往往以迭代次数来控制，这是对一个过渡单元而言，而从整个结构来看，还要求在前后两次迭代中不再有新的塑性单元产生来决定是否可进入下一增量步的计算。

4.6.4 数值实现过程

基于以上增量形式的应力应变关系及变刚度弹塑性有限元算法，本书研制了特定温度条件下计算冻土结构应力与变形的 MATLAB 计算机实施程序，其计算程序框图如图 4-12 所示，分析步骤为

(1) 划分有限元网格，对各网格单元进行节点与单元编号，输入材料参数、边界条件及初始条件，记录初始状态下的应力值σ_{ij}^0、应变值ε_{kl}^0和塑性硬化参数$H(\varepsilon_v^p)^0$；

(2) 将外荷载$\boldsymbol{R}$等分为N个增量步，每一增量步载荷$\Delta\boldsymbol{R}$为

$$\Delta\boldsymbol{R} = \frac{\boldsymbol{R}}{N} \tag{4-94}$$

(3) 根据公式$f^n = f(\bar{\sigma}, H^n)$逐个判断材料单元当前是否处于屈服状态，记录弹性状态单元和塑性状态单元的单元编号和单元数目，具体判别公式为

$$\begin{cases} f^n = f(\bar{\sigma}, H^n) < 0 & \text{弹性} \\ f^n = f(\bar{\sigma}, H^n) = 0 & \text{塑性} \end{cases} \tag{4-95}$$

(4) 施加荷载增量步载荷$\Delta\boldsymbol{R}$于结构，判断并统计弹性单元、塑性单元、过渡单元的单元编号及单元数目；

(5) 对于每个网格单元，根据其弹性区、塑性区或过渡区的不同情况分别形成单元刚度矩阵，组装单元刚度矩阵以获得总刚度矩阵 (首次迭代循环时，过渡单元按弹性单元处理)；

(6) 求解相应的整体平衡方程获得节点位移增量，进而计算应变增量及等效应变增量，并依此计算过渡单元中的加权系数$\bar{m}$；

(7) 重复步骤(5)~(6)，直到两次的 $\bar{m}$ 值十分接近时停止迭代，保存过渡单元最终的加权系数 $\bar{m}$ 值；

(8) 依据过渡单元最终的加权系数 $\bar{m}$ 值，计算其刚度矩阵，并与其他单元集合成总刚度矩阵，求解相应的平衡方程，获得与荷载增量步载荷 $\Delta\boldsymbol{R}$ 相对应的节点位移增量 $\Delta\boldsymbol{\delta}$、单元应变增量 $\Delta\boldsymbol{\varepsilon}$ 及单元应力增量 $\Delta\boldsymbol{\sigma}$，并将各增量值叠加到当前水平上去；

(9) 重复步骤(4)~(8)，直至全部载荷施加完毕，输出结果，结束。

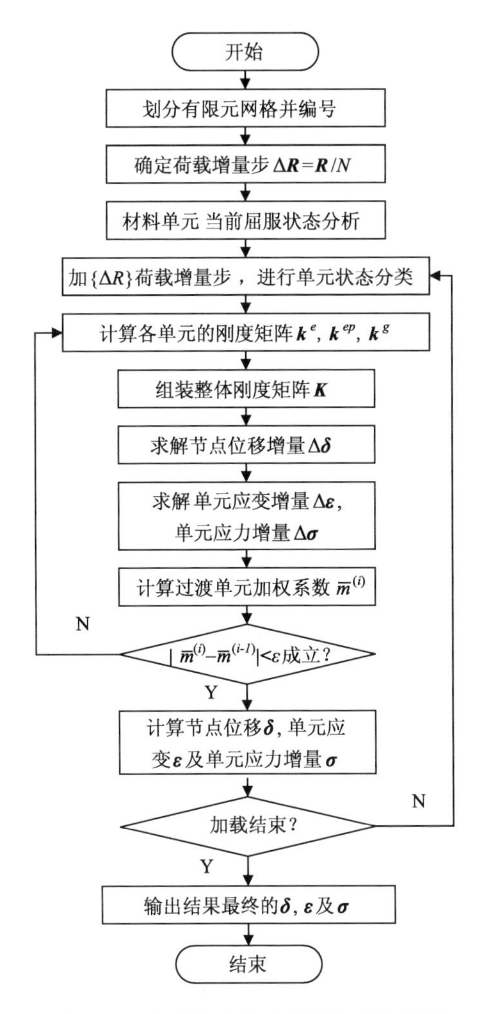

图 4-12 变刚度有限元算法计算流程图

主要参考文献

[1] Sheng D, Sloan S W, Yu H S. Aspects of finite element implementation of critical state models [J]. Computational mechanical, 2000, 26, 185-196.

[2] Roscoe K H, Schofield A N, Thurairajah A. Yielding of clays in states wetter than critical [J]. Geotechnique, 1963, 13(3), 21-40.

[3] Roscoe K H, Burland J. On the generalized stress-strain behaviour of wet clay [M]. Cambrige: Cambridge

University Press, 1968.

[4] 罗汀，姚仰平，侯伟. 土的本构关系[M]. 北京：人民交通出版社, 2010.

[5] Yao Y P, Sun D, Luo T. A critical state model for sands dependent on stress and density [J]. International Journal for Numerical and Analytical Methods in Geomechanics, 2004, 28(4): 323-337.

[6] Yao Y P, Sun D, Matsuoka H. A unified constitutive model for both clay and sand with hardening parameter independent on stress path [J]. Computers and Geotechnics, 2008, 35(2): 210-222.

[7] 刘祖典，党发宁. 土的弹塑性理论基础[M]. 北京：世界图书出版公司, 2002.

[8] 谢贻权，何福保. 弹性和塑性力学中的有限单元法[M]. 北京：机械工业出版社, 1981.

[9] 孟凡中. 弹塑性有限变形理论和有限元方法[M]. 北京:清华大学出版社,1985.

第 5 章　冻土工程变形场随机有限元分析方法

5.1　概　　述

寒区冻土工程病害潜在的发生和发展可以用温度场特征进行预测，但冻土工程病害最终还是以工程变形表现出来，因此，要实现对寒区冻土工程长期稳定性及可靠性评价，变形场的研究非常必要。本章节开展寒区冻土工程随机变形场的研究工作，考虑到温度对冻土区土体力学性质的强烈决定作用，进行随机温度场和随机变形场的单向耦合分析，试图获得寒区冻土工程随机应力场及随机变形场的动态发展过程，使其对寒区冻土工程长期稳定性及可靠性评价描述成为可能。

5.2　控制微分方程与有限元公式

建立寒区冻土工程应力场与变形场随机有限元分析模型的基础是寒区冻土工程结构确定性有限元分析技术。

5.2.1　确定性控制微分方程

建立在冻土上的路基、管道及塔基工程可以取其横断面，简化为二维问题来处理；结构分析中，此问题属于平面应变问题，规定水平向右为 x 轴正方向，竖直向下为 y 轴正方向，根据微元体的受力平衡条件可得如下平衡微分方程：

$$\partial^{\mathrm{T}}\boldsymbol{\sigma}-\boldsymbol{f}=0 \tag{5-1}$$

式中，∂ 为矩阵微分算子，$\partial=\begin{bmatrix}\dfrac{\partial}{\partial x} & 0 & \dfrac{\partial}{\partial y}\\ 0 & \dfrac{\partial}{\partial y} & \dfrac{\partial}{\partial x}\end{bmatrix}^{\mathrm{T}}$；$\boldsymbol{\sigma}$ 为应力列向量，$\boldsymbol{\sigma}=\{\sigma_x \quad \sigma_y \quad \tau_{xy}\}^{\mathrm{T}}$；$\boldsymbol{f}$ 为单元土体体力列向量，$\boldsymbol{f}=\{f_x \quad f_y\}^{\mathrm{T}}$。

根据基本几何关系可得土体应变和位移之间的几何方程：

$$\{\boldsymbol{\varepsilon}\}=-[\partial]\{\boldsymbol{u}\} \tag{5-2}$$

式中，$\boldsymbol{\varepsilon}$ 为应变列向量，$\boldsymbol{\varepsilon}=[\varepsilon_x \quad \varepsilon_y \quad \gamma_{xy}]^{\mathrm{T}}$；$\boldsymbol{u}$ 为位移列向量，$\boldsymbol{u}=\{u_x \quad u_y\}^{\mathrm{T}}$。

根据第 4 章冻土本构模型可得计算区域增量形式的应力-应变关系为

$$\left.\begin{aligned}\mathrm{d}\boldsymbol{\sigma}&=\boldsymbol{C}^{e}\mathrm{d}\boldsymbol{\varepsilon}\\ \mathrm{d}\boldsymbol{\sigma}&=\boldsymbol{C}^{ep}\mathrm{d}\boldsymbol{\varepsilon}\\ \mathrm{d}\boldsymbol{\sigma}&=\boldsymbol{C}^{g}\mathrm{d}\boldsymbol{\varepsilon}\end{aligned}\right\} \tag{5-3}$$

式中，$\boldsymbol{C}^{e}$ 为弹性矩阵，$\boldsymbol{C}^{ep}$ 为弹塑性矩阵，$\boldsymbol{C}^{g}$ 为加权平均弹塑性矩阵。

5.2.2　边界条件与初始条件

对于一般的工程结构，在边界面上应满足应力边界条件和位移边界条件，即

$$\boldsymbol{n\sigma} = \overline{\boldsymbol{f}} \tag{5-4}$$

$$\boldsymbol{u} = \overline{\boldsymbol{u}} \tag{5-5}$$

式中，$\boldsymbol{n}$ 为边界外法线的方向矢量；$\overline{\boldsymbol{f}}$ 为边界面上的已知面力，$\overline{\boldsymbol{f}} = \left\{\overline{\boldsymbol{f}_x} \quad \overline{\boldsymbol{f}_y}\right\}$；$\overline{\boldsymbol{u}}$ 为边界面上的已知位移，$\overline{\boldsymbol{u}} = \left\{\overline{\boldsymbol{u}_x} \quad \overline{\boldsymbol{u}_y}\right\}$。

在弹塑性问题分析中，由于物理方程为增量形式，因此求解结构的位移，应力及应变还需要给出初始条件。

初始条件分别为

$$\left.\begin{aligned} \boldsymbol{\sigma} &= \{\boldsymbol{\sigma}_0\} \\ \boldsymbol{u} &= \{\boldsymbol{u}_0\} \end{aligned}\right\} \tag{5-6}$$

式中，$\boldsymbol{\sigma}_0$ 为初始应力列向量；$\boldsymbol{u}_0$ 为初始位移列向量。

5.2.3　确定性有限元分析

在确定性有限元分析中，平衡方程一般以虚功方程给出，设物体的体积为 V，面力作用的表面积为 S，t 荷载步的应力列向量为 $\boldsymbol{\sigma}_t$，体力列向量为 $\boldsymbol{f}_t$，面力列向量为 $\overline{\boldsymbol{f}_t}$，虚应变列向量为 $\delta\boldsymbol{\varepsilon}$，虚位移列向量为 $\delta\boldsymbol{u}$，则虚功方程可表示为

$$\int_V \delta\boldsymbol{\varepsilon}^{\mathrm{T}}\boldsymbol{\sigma}_t \mathrm{d}V = \int_V \delta\boldsymbol{u}^{\mathrm{T}}\boldsymbol{f}_t \mathrm{d}V + \int_S \delta\boldsymbol{u}^{\mathrm{T}}\overline{\boldsymbol{f}_t}\mathrm{d}S \tag{5-7}$$

将研究对象划分成有限个网格单元，单元节点的位移列向量用 $\{\delta\}$ 表示，则单元内任意一点的位移和该单元节点位移间的关系可以写成

$$\boldsymbol{u} = \boldsymbol{N\delta} \tag{5-8}$$

式中，$\boldsymbol{N}$ 为已知的插值函数矩阵，亦称形函数矩阵。

根据式(5-2)，单元内任意一点的应变和该单元节点位移之间的关系为

$$\boldsymbol{\varepsilon} = \boldsymbol{B\delta} \tag{5-9}$$

式中，$\boldsymbol{B}$ 为应变—位移转换矩阵，亦称几何函数矩阵。

将式(5-8)、式(5-9)代入式(5-7)，整理可得

$$\int_V \delta\boldsymbol{\delta}^{\mathrm{T}}\boldsymbol{B}^{\mathrm{T}}\boldsymbol{\sigma}_t \mathrm{d}V = \int_V \delta\boldsymbol{\delta}^{\mathrm{T}}\boldsymbol{N}^{\mathrm{T}}\boldsymbol{f}_t \mathrm{d}V + \int_S \delta\boldsymbol{\delta}^{\mathrm{T}}\boldsymbol{N}^{\mathrm{T}}\overline{\boldsymbol{f}_t}\mathrm{d}S \tag{5-10}$$

上式中的 $\delta\boldsymbol{\delta}^{\mathrm{T}}$ 是由单元节点的虚位移构成的行向量，对于一个网格单元来说，节点位移与单元内的坐标无关，$\delta\boldsymbol{\delta}^{\mathrm{T}}$ 可提出到积分号外并消去，因此有

$$\int_V \boldsymbol{B}^{\mathrm{T}}\boldsymbol{\sigma}_t \mathrm{d}V = \int_V \boldsymbol{N}^{\mathrm{T}}\boldsymbol{f}_t \mathrm{d}V + \int_S \boldsymbol{N}^{\mathrm{T}}\overline{\boldsymbol{f}_t}\mathrm{d}S \tag{5-11}$$

式(5-11)即是确定性有限单元法的基本求解方程。

记 $t+\Delta t$ 荷载步的应力列向量为 $\boldsymbol{\sigma}_{t+\Delta t}$，体力列向量为 $\boldsymbol{f}_{t+\Delta t}$，面力列向量为 $\bar{\boldsymbol{f}}_{t+\Delta t}$，式(5-11)对于 $t+\Delta t$ 时刻仍然成立，即

$$\int_V \boldsymbol{B}^{\mathrm{T}}\boldsymbol{\sigma}_{t+\Delta t}\mathrm{d}V=\int_V \boldsymbol{N}^{\mathrm{T}}\boldsymbol{f}_{t+\Delta t}\mathrm{d}V+\int_S \boldsymbol{N}^{\mathrm{T}}\bar{\boldsymbol{f}}_{t+\Delta t}\mathrm{d}S \tag{5-12}$$

因为

$$\left.\begin{aligned}\boldsymbol{\sigma}_{t+\Delta t}&=\boldsymbol{\sigma}_t+\Delta\boldsymbol{\sigma}\\ \boldsymbol{f}_{t+\Delta t}&=\boldsymbol{f}_t+\Delta\boldsymbol{f}\\ \bar{\boldsymbol{f}}_{t+\Delta t}&=\bar{\boldsymbol{f}}_t+\Delta\bar{\boldsymbol{f}}\end{aligned}\right\} \tag{5-13}$$

将式(5-13)代入式(5-12)，并结合式(5-11)可得如下增量式：

$$\int_V \boldsymbol{B}^{\mathrm{T}}\Delta\boldsymbol{\sigma}\mathrm{d}V=\int_V \boldsymbol{N}^{\mathrm{T}}\Delta\boldsymbol{f}\mathrm{d}V+\int_S \boldsymbol{N}^{\mathrm{T}}\Delta\bar{\boldsymbol{f}}\mathrm{d}S \tag{5-14}$$

实际数值计算中，将体力列向量的荷载效应考虑到初始条件中，t 荷载步的体力列向量 $\boldsymbol{f}_t$ 与 $t+\Delta t$ 荷载步的体力列向量 $\boldsymbol{f}_{t+\Delta t}$ 不变，因此，式(5-14)可进一步简化为

$$\int_V \boldsymbol{B}^{\mathrm{T}}\Delta\boldsymbol{\sigma}\mathrm{d}V=\int_S \boldsymbol{N}^{\mathrm{T}}\Delta\bar{\boldsymbol{f}}\mathrm{d}S \tag{5-15}$$

对于每一个增量步，依据研究对象内单元的变形状态可将其计算区域分为弹性区、塑性区和过渡区。若以 V^e 表示弹性区，则在 V^e 区域内，应力和应变之间的关系由胡克定律来确定；若以 V^{ep} 表示塑性区，则在 V^{ep} 区域内，应力和应变之间的关系由普朗特—路伊斯方程确定；若以 V^g 表示过渡区，则在 V^g 区域内，应力和应变之间的关系由胡克定律和普朗特—路伊斯方程综合确定。对于整个计算区域，存在如下关系：

$$V=V^e+V^{ep}+V^g \tag{5-16}$$

根据式(5-16)，式(5-15)左边可表示为

$$\int_V \boldsymbol{B}^{\mathrm{T}}\Delta\boldsymbol{\sigma}\mathrm{d}V=\int_{V^e} \boldsymbol{B}^{\mathrm{T}}\Delta\boldsymbol{\sigma}\mathrm{d}V+\int_{V^{ep}} \boldsymbol{B}^{\mathrm{T}}\Delta\boldsymbol{\sigma}\mathrm{d}V+\int_{V^g} \boldsymbol{B}^{\mathrm{T}}\Delta\boldsymbol{\sigma}\mathrm{d}V \tag{5-17}$$

以单元节点荷载增量列向量 $\Delta\boldsymbol{R}$ 表示式(5-15)右端的积分，即

$$\int_S \boldsymbol{N}^{\mathrm{T}}\Delta\bar{\boldsymbol{f}}\mathrm{d}S=\Delta\boldsymbol{R} \tag{5-18}$$

于是，式(5-15)变为

$$\int_{V^e} \boldsymbol{B}^{\mathrm{T}}\Delta\boldsymbol{\sigma}\mathrm{d}V+\int_{V^{ep}} \boldsymbol{B}^{\mathrm{T}}\Delta\boldsymbol{\sigma}\mathrm{d}V+\int_{V^g} \boldsymbol{B}^{\mathrm{T}}\Delta\boldsymbol{\sigma}\mathrm{d}V=\Delta\boldsymbol{R} \tag{5-19}$$

将式(5-3)代入式(5-19)，并结合式(5-9)的增量关系，可得

$$\boldsymbol{K}\Delta\boldsymbol{\delta}=\Delta\boldsymbol{R} \tag{5-20}$$

其中

$$\begin{aligned}\boldsymbol{K}&=\sum_{i=1}^{n_1}\boldsymbol{k}_i^e+\sum_{j=1}^{n_2}\boldsymbol{k}_j^{ep}+\sum_{m=1}^{n_3}\boldsymbol{k}_m^g\\ &=\int_{V^e}\boldsymbol{B}^{\mathrm{T}}\boldsymbol{C}^e\boldsymbol{B}\mathrm{d}V+\int_{V^e}\boldsymbol{B}^{\mathrm{T}}\boldsymbol{C}^{ep}\boldsymbol{B}\mathrm{d}V+\int_{V^e}\boldsymbol{B}^{\mathrm{T}}\boldsymbol{C}^g\boldsymbol{B}\mathrm{d}V\end{aligned} \tag{5-21}$$

式(5-20)即是确定性变刚度弹塑性有限单元法的基本求解方程。冻土本构模型及数值算法章节已经给出了弹性矩阵 $\boldsymbol{C}^e$、弹塑性矩阵 $\boldsymbol{C}^{ep}$ 及加权平均弹塑性矩阵 $\boldsymbol{C}^g$ 的

计算方法，因此只需给出应变—位移转换矩阵 $\boldsymbol{B}$ 的具体表达式，方程式(5-20)即可求解。

当采用不同的有限元网格单元进行结构离散时，应变—位移转换矩阵 $\boldsymbol{B}$ 有不同的表达式，为了便于温度场与变形场的单向耦合计算，结构离散网格采用与温度场相同的离散网格，即等参三角形单元网格。在三节点三角形单元中，假定位移分量只是坐标的线性函数，即采用线性位移模式，则有

$$\left.\begin{aligned} u_x &= a_1 + a_2 x + a_3 y \\ u_y &= a_4 + a_5 x + a_6 y \end{aligned}\right\} \tag{5-22}$$

由节点约束条件，在三角形单元节点 i、j、m 处，有

$$\left.\begin{aligned} \delta_x(x_i, y_i) &= a_1 + a_2 x_i + a_3 y_i \\ \delta_y(x_i, y_i) &= a_4 + a_5 x_i + a_6 y_i \end{aligned}\right\} \quad (i, j, m) \tag{5-23}$$

求解方程式(5-23)可得系数 a_1、a_2、a_3、a_4、a_5、a_6 的具体值，再代回式(5-22)，整理可得

$$\left.\begin{aligned} u_x &= N_i \delta_x(x_i, y_i) + N_j \delta_x(x_j, y_j) + N_m \delta_x(x_m, y_m) \\ u_y &= N_i \delta_y(x_i, y_i) + N_j \delta_y(x_j, y_j) + N_m \delta_y(x_m, y_m) \end{aligned}\right\} \tag{5-24}$$

写成矩阵形式，有

$$\boldsymbol{u} = \begin{bmatrix} u_x \\ u_y \end{bmatrix} = \begin{bmatrix} N_i & 0 & N_j & 0 & N_m & 0 \\ 0 & N_i & 0 & N_j & 0 & N_m \end{bmatrix} \begin{bmatrix} \delta_x(x_i, y_i) \\ \delta_y(x_i, y_i) \\ \delta_x(x_j, y_j) \\ \delta_y(x_j, y_j) \\ \delta_x(x_m, y_m) \\ \delta_y(x_m, y_m) \end{bmatrix} = \boldsymbol{N\delta} \tag{5-25}$$

其中

$$\boldsymbol{N}_i = \frac{1}{2\Delta} \begin{vmatrix} 1 & x & y \\ 1 & x_j & y_j \\ 1 & x_k & y_k \end{vmatrix} = \frac{1}{2\Delta}(a_i + b_i x + c_i y) \quad (i, j, m) \tag{5-26}$$

将式(5-25)代入几何方程式(5-2)，整理得

$$\boldsymbol{\varepsilon} = -\partial \boldsymbol{N\delta} = \boldsymbol{B\delta} \tag{5-27}$$

其中

$$\boldsymbol{B} = -\partial \boldsymbol{N} = \frac{1}{2\Delta} \begin{bmatrix} b_i & 0 \\ 0 & c_i \\ c_i & b_i \end{bmatrix} \quad (i, j, m) \tag{5-28}$$

上式即为三角形单元离散条件下应变—位移转换矩阵 $\boldsymbol{B}$ 的具体表达式，传统确定性变形场计算中，式(5-20)的系数矩阵 $\boldsymbol{K}$ 和单元节点荷载增量列向量 $\Delta\boldsymbol{R}$ 均为确定量，因而方程(5-20)的解 $\Delta\boldsymbol{\delta}$ 为确定值；本书随机变形场计算中，土性参数的随机性及温度场的随

机性将导致系数矩阵 $\boldsymbol{K}$ 为随机量，因而方程(5-20)的解 $\Delta\boldsymbol{\delta}$ 为随机值。

5.3　冻土工程变形场随机分析模型

寒区冻土工程变形场随机有限元分析模型的重点是路基冻土力学参数的随机性描述及 Neumann 随机有限元法的应用。

5.3.1　冻土力学参数随机性描述

从确定性有限单元法计算应力场与变形场的基本方程及推导过程可以看出，影响寒区冻土工程应力场与变形场的基本力学参数是黏聚力 c 、内摩擦角 φ 及泊松比 v ，试验参数包括 ε_v - $\ln p$ 空间中回弹线斜率 κ 、伏斯列夫面(Hvorslev)斜率 M_h 。考虑温度对冻土基本力学参数的影响[1~3]，冻土的黏聚力、内摩擦角以及泊松比与土温的关系可用如下公式表示：

$$c = a_1 + b_1 |T| \tag{5-29}$$

$$\varphi = a_2 + b_2 |T| \tag{5-30}$$

$$v = a_3 + b_3 |T| \tag{5-31}$$

式中， a_i、b_i 均为试验常数，当土温大于 0 ℃时， b_i 均等于 0。

将基本力学参数以及试验参数分别模拟为一个连续宽平稳随机场 $X(x, y)$，根据本书提出的三角形单元局部平均法，采用三角形单元进行随机场网格离散。由于第 3 章已经得到多年冻土路基的随机温度场，即每一个随机场单元节点处的温度均值及标准差均已知，进而可以得到每一个随机场单元的温度均值及标准差，根据冻土基本力学参数与温度间的影响关系式(5-29)~式(5-31)，便可获得每一个随机场单元黏聚力、内摩擦角及泊松比的均值及标准差，各试验参数随机性描述方法与冻土热学参数随机性描述方法相同，本节不再赘述。

5.3.2　随机变形场 NSFEM 分析

考虑随机温度场对基本力学参数的影响，冻土力学参数模拟为随机场之后，依据有限元方程(5-20)、结构边界条件方程与初始条件方程，结合随机场及其局部平均理论便可采用 Monte-Carlo 法求冻土路基随机变形场。Monte-Carlo 法求解准确，对变异系数没有特别的限制，避免了繁琐的理论推导，并且可以与确定性有限元完美结合。但由于每次抽样都要进行一次有限元分析，当有限元节点较多时，每次结构刚度总矩阵的求逆将占用大量的计算时间。为了解决矩阵求逆的效率问题，本书引进 Neumann 展开式，以提高计算速度。

Neumann 展开式主要应用于有限元典型方程式(1-14)，依据变刚度弹塑性有限单元法得到的有限元方程(5-20)可以直接应用，无需做任何变量代换，因此，随机变形场 NSFEM 分析方法与做变量代换后的随机温度场 NSFEM 分析方法类似，从而可以得到如下递推式：

$$\Delta\boldsymbol{\delta}=\Delta\boldsymbol{\delta}^{(0)}-\Delta\boldsymbol{\delta}^{(1)}+\Delta\boldsymbol{\delta}^{(2)}-\Delta\boldsymbol{\delta}^{(3)}+\cdots \tag{5-32}$$

$$\Delta\boldsymbol{\delta}^{(0)}=\boldsymbol{K}_0^{-1}\Delta\boldsymbol{R} \tag{5-33}$$

$$\Delta\boldsymbol{\delta}^{(m)}=\boldsymbol{K}_0^{-1}\Delta\boldsymbol{K}\Delta\boldsymbol{\delta}^{(m-1)}\ \ (m=1,2,\cdots) \tag{5-34}$$

式中，$\boldsymbol{K}_0$ 为各随机参数在均值处的矩阵，$\Delta\boldsymbol{K}$ 为波动部分。

因此，根据式(5-33)求出 $\Delta\boldsymbol{\delta}^{(0)}$ 后，便可根据式(5-34)求出 $\Delta\boldsymbol{\delta}^{(1)}$、$\Delta\boldsymbol{\delta}^{(2)}$、 $\Delta\boldsymbol{\delta}^{(3)}\cdots$，代入式(5-32)便可求出特定荷载步的变形场增量 $\Delta\boldsymbol{\delta}$ 。式(5-32)为无穷多项矩阵，可用截断的办法只取前有限项之和，一般情况，当对于任意的 i ($1\leqslant i\leqslant M$，M 为有限元节点数目)，$|\Delta\boldsymbol{\delta}^{(m)}{}_i-\Delta\boldsymbol{\delta}^{(m-1)}{}_i|<\varepsilon_i$，$\{\varepsilon\}$为设定的较小值组成的列向量，不再计算 $\Delta\boldsymbol{\delta}^{(m+1)}$，取前 m+1 项之和。

在获得变形场增量 $\{\Delta\delta\}$ 后，便可根据几何方程及本构方程求得应力场增量 $\{\Delta\sigma\}$ ，结合初始条件获得节点位移场 $\{\delta\}$ 及应力场 $\{\sigma\}$ 。记有限元节点位移列阵为 $\boldsymbol{\delta}$ 、应力列阵为 $\boldsymbol{\sigma}$、位移均值列阵 $E(\boldsymbol{\delta})$、位移标准差列阵 $S(\boldsymbol{\delta})$ 、应力均值列阵 $E(\boldsymbol{\sigma})$ 、应力标准差列阵 $S(\boldsymbol{\sigma})$ ，根据数理统计基本理论，有

$$E(\boldsymbol{\delta})=\frac{1}{N}\sum_{i=1}^{N}\boldsymbol{\delta}_i \quad E(\boldsymbol{\sigma})=\frac{1}{N}\sum_{i=1}^{N}\boldsymbol{\sigma}_i \tag{5-35}$$

$$S(\boldsymbol{\delta})=\sqrt{\frac{1}{N-1}\sum_{i=1}^{N}[\boldsymbol{\delta}_i-E(\boldsymbol{\delta})]^2} \quad S(\boldsymbol{\sigma})=\sqrt{\frac{1}{N-1}\sum_{i=1}^{N}[\boldsymbol{\sigma}_i-E(\boldsymbol{\sigma})]^2} \tag{5-36}$$

式中，$\boldsymbol{\delta}_i$ 为第 i 次计算得到的有限元节点温度列阵，N 为随机计算次数，M 为有限元节点数目。

为了方便 MATLAB 随机有限元程序编写，将式(5-35)代入式(5-36)，得

$$S(\boldsymbol{\delta})=\sqrt{\frac{1}{N-1}\sum_{i=1}^{N}[\boldsymbol{\delta}_i]^2-\frac{N}{N-1}\left[E(\boldsymbol{\delta})\right]^2} \quad S(\boldsymbol{\sigma})=\sqrt{\frac{1}{N-1}\sum_{i=1}^{N}[\boldsymbol{\sigma}_i]^2-\frac{N}{N-1}\left[E(\boldsymbol{\sigma})\right]^2} \tag{5-37}$$

根据以上寒区冻土工程应力场与变形场随机分析模型，本书研制了考虑冻土力学参数随机性的应力场与变形场通用性随机有限元程序，程序框图见图 5-1。

5.4　冻土工程变形场随机有限元程序开发

由于寒区冻土工程应力场与随机变形场分析涉及随机场网格数字特征的计算、有限元网格随机参数的生成及随机温度场对冻土基本力学参数的影响，传统有限元分析软件(如 ANSYS、ADINA、ABAQUS、MSC)不易解决此类问题，需要进行自主程序开发。依据随机场离散及结构确定性有限元分析可知，随机应力场与随机变形场分析中涉及大量矩阵运算，数学软件 MATLAB 在矩阵运算方面具有独特的优势，且程序语言简单，操作方便，易于编译。

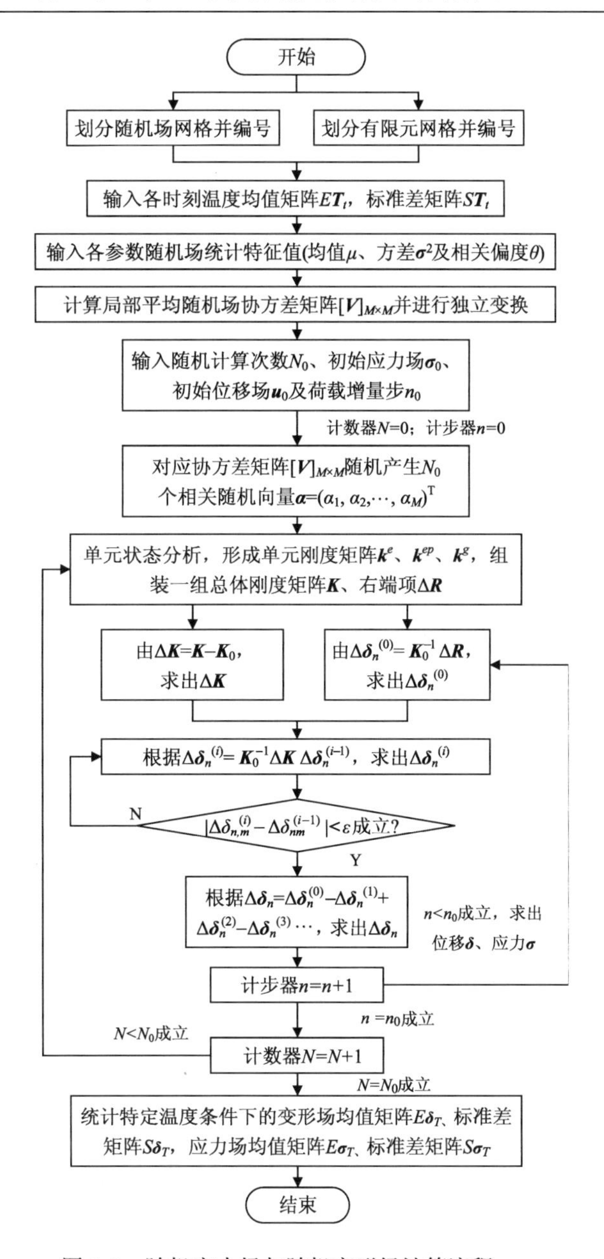

图 5-1　随机应力场与随机变形场计算流程

5.4.1　程序原理

本书开发的随机应力场与随机变形场自主程序原理如框图 5-2 所示。

1. 程序中的函数

应力场与变形场随机有限元程序包括一个主程序及 14 个子程序，子程序均以函数的形式进行编译，以 M 文件格式进行存储，以便 MATLAB 主程序的调用。子函数名称及注释如下：

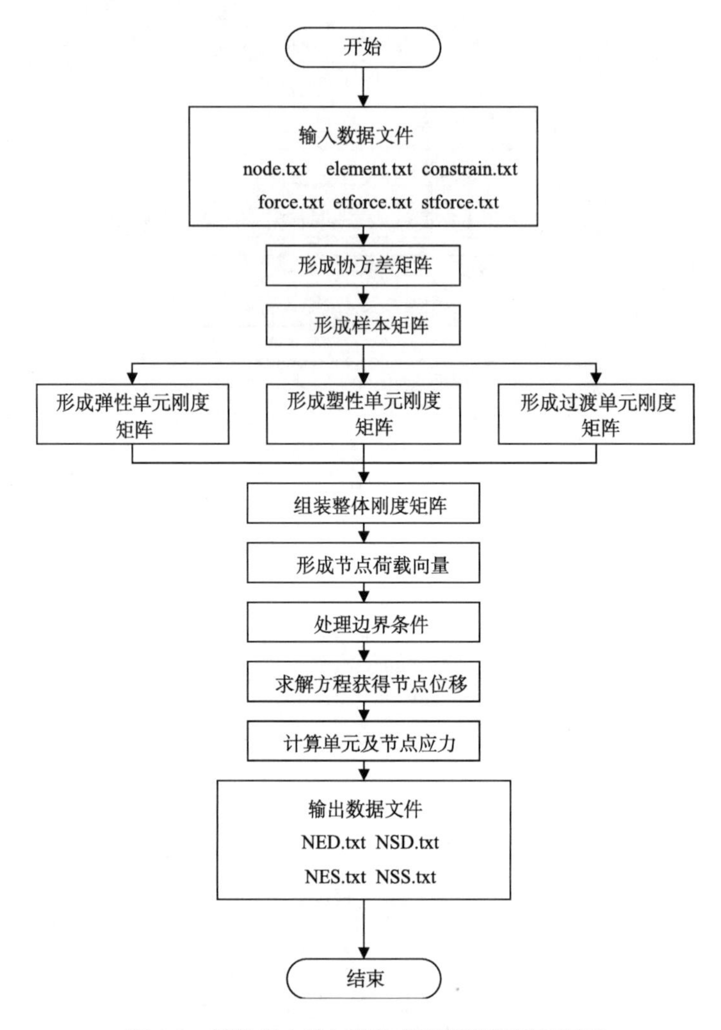

图 5-2　随机应力场与随机变形场程序原理框图

Triangle2D3Node_c(D,R,x1,y1,x2,y2,x3,y3,xp1,yp1,xp2,yp2,xp3,yp3)：该函数计算两个随机场单元的协方差

Cholesky(cov,M,nelem)：该函数计算协方差矩阵的 Cholesky 分解变换

Triangle2D3Node_MatrixE(NU,NK,FF)：该函数计算弹性单元的弹性矩阵

Triangle2D3Node_MatrixP(NC,NF,NU,NK,NM,aa,bb,H2,P2,FF)：该函数计算塑性单元的塑性矩阵

Triangle2D3Node_MatrixT(ME,MP,m)：该函数计算过渡单元的加权平均弹塑性矩阵

Triangle2D3Node_StiffnessE(xi,yi,xj,yj,xm,ym,ME)：该函数计算弹性单元的刚度矩阵

Triangle2D3Node_StiffnessP(xi,yi,xj,yj,xm,ym,MP)：该函数计算塑性单元的刚度矩阵

Triangle2D3Node_StiffnessT(xi,yi,xj,yj,xm,ym,MT)：该函数计算过渡单元的刚度矩阵

Triangle2D3Node_Assembly(KK,k,i,j,m)：该函数进行单元刚度矩阵的组装

Triangle2D3Node_Loading(NC,NF,NU,NK,xi,yi,xj,yj,xm,ym,FF,DE)：该函数对计算单元进行加—卸载判断

Triangle2D3Node_ParameterCH(NC,NF,NU,NK,NM,aa,bb,H2,P2,FF,DE)：该函数计算当前屈服面硬化参数增量值

Triangle2D3Node_ParameterRH(NC,NF,NU,NK,NM,aa,bb,mm,nn,H2,P2,FF,DE)：该函数计算参考屈服面硬化参数增量值

Triangle2D3Node_StressE(NC,NF,P1,FF)：该函数计算单元等效应力值

Triangle2D3Node_Strain(xi,yi,xj,yj,xm,ym,u)：该函数计算单元的应变

2. 文件管理

应力场与变形场随机有限元分析程序读入的数据文件：

node.txt (节点信息文件，可由 ANSYS 前处理导出，或手工生成)

element.txt (单元信息文件，可由 ANSYS 前处理导出，或手工生成)

constrain.txt (位移边界条件文件，可由 ANSYS 前处理导出，或手工生成)

force.txt (载荷状况文件，可由 ANSYS 前处理导出，或手工生成)

etforce.txt (节点温度均值文件，可由随机温度场均值计算结果导出)

stforce.txt (节点温度标准差文件，可由随机温度场标准差计算结果导出)

应力场与变形场随机有限元分析程序输出的数据文件：

NED.txt (节点位移均值文件，可供 SURFER 进行等值线绘图的数据文件)

NSD.txt (节点位移标准差文件，可供 SURFER 进行等值线绘图的数据文件)

NES.txt (节点应力均值文件，可供 SURFER 进行等值线绘图的数据文件)

NSS.txt (节点应力标准差文件，可供 SURFER 进行等值线绘图的数据文件)

应力场与变形场随机有限元程序中的文件管理如图 5-3 所示。

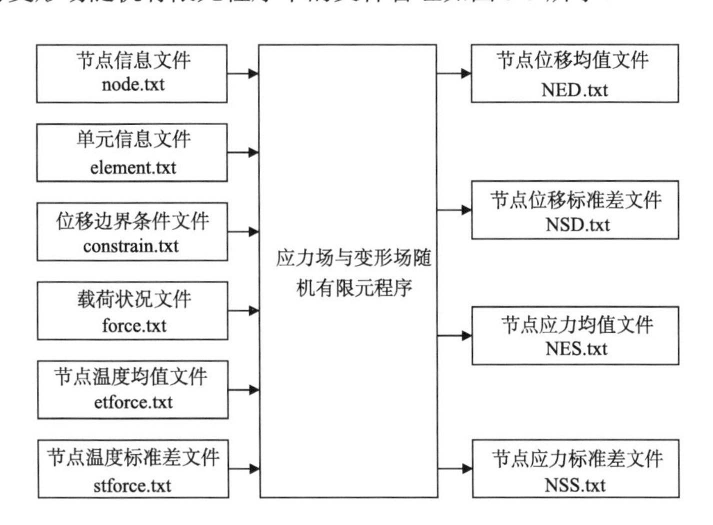

图 5-3　随机应力场与随机变形场程序文件管理

3. 数据文件格式

在随机应力场与随机变形场分析计算中，随机场网格与有限元网格均采用了三角形单元进行离散，且与随机温度场分析中的随机场网格与有限元网格完全相同，因此读入的节点信息文件 node.txt 和单元信息文件 element.txt 的格式与随机温度场中的节点信息文件 node.txt 和单元信息文件 element.txt 的格式完全相同，在此不再赘述。

读入的位移边界条件文件 constrain.txt 的格式如表 5-1 所示。

表 5-1　位移边界条件文件 constrain.txt 的格式

栏目	格式说明	实际需输入的数据
位移边界条件信息	每行为一个节点在一个方向上的约束信息 (每行三个数，每两个数之间用空格分开)	constrain.txt(n_ constrain,3) 有位移约束的节点号(空格)约束性质(空格)约束值 (例如：3　2　0)

说明：约束性质为 1 指 UX 的约束，约束性质为 2 指 UY 的约束。

读入的载荷状况文件 force.txt 的格式如表 5-2 所示。

表 5-2　载荷状况文件 force.txt 的格式

栏目	格式说明	实际需输入的数据
载荷状况信息	每行为一个节点在一个方向上的荷载信息 (每行三个数，每两个数之间用空格分开)	force.txt(n_ force,3) 有外载荷作用的节点号(空格)荷载性质(空格)荷载值 (例如：10　2　50.8)

说明：荷载性质为 1 指 UX 的荷载，荷载性质为 2 指 UY 的荷载。

在冻土路基温度场随机有限元程序开发研究中，得到的随机温度场结果以特定时刻节点温度均值文件 NET.txt 和节点温度标准差文件 NST.txt 为输出接口，对各时刻的温度均值和温度标准差进行组合，即可得冻土路基应力场与变形场随机有限元程序开发所需的节点温度均值文件 etforce.txt 和节点温度标准差文件 stforce.txt，具体格式如下。

读入的节点温度均值文件 etforce.txt 的格式如表 5-3 所示。

表 5-3　节点温度均值文件 etforce.txt 的格式

栏目	格式说明	实际需输入的数据
节点温度均值信息	每行为一个节点各时刻温度均值的信息 (每行 n 个数，每两个数之间用空格分开)	etforce.txt(n_ etforce, n) 节点的 x 方向坐标(空格)该节点 y 方向坐标(空格)节点第一时刻温度均值(空格)节点第二时刻温度均值(空格)节点第三时刻温度均值(空格)…… (例如：0.8　1.7　2.2　−1.8　1.5……)

读入的节点温度标准差文件 stforce.txt 的格式如表 5-4 所示。

表 5-4　节点温度标准差文件 stforce.txt 的格式

栏目	格式说明	实际需输入的数据
节点温度标准差信息	每行为一个节点各时刻温度标准差的信息 (每行 n 个数，每两个数之间用空格分开)	stforce.txt(n_ stforce, n) 节点的 x 方向坐标(空格)该节点 y 方向坐标(空格)节点第一时刻温度标准差(空格)节点第二时刻温度标准差(空格)节点第三时刻温度标准差(空格)…… (例如：1.5　2.2　1.6　1.1　1.4……)

输出的节点位移均值文件 NED.txt 的格式如表 5-5 所示。

表 5-5　节点位移均值文件 NED.txt 的格式

栏目	格式说明	实际需输入的数据
节点位移均值信息	每行为一个节点位移均值的信息 (每行三个数，每两个数之间用空格分开)	NED.txt (n_ NED,3) 节点的 x 方向坐标(空格)该节点 y 方向坐标(空格)节点的位移均值(例如：0.8　1.7　4.1)

输出的节点位移标准差文件 NSD.txt 的格式如表 5-6 所示。

表 5-6　节点位移标准差文件 NED.txt 的格式

栏目	格式说明	实际需输入的数据
节点位移标准差信息	每行为一个节点位移标准差的信息 (每行三个数，每两个数之间用空格分开)	NED.txt (n_ NED,3) 节点的 x 方向坐标(空格)该节点 y 方向坐标(空格)节点的位移标准差(例如：0.8　1.7　4.1)

输出的节点应力均值文件 NES.txt 的格式如表 5-7 所示。

表 5-7　节点应力均值文件 NES.txt 的格式

栏目	格式说明	实际需输入的数据
节点应力均值信息	每行为一个节点应力均值的信息 (每行三个数，每两个数之间用空格分开)	NES.txt (n_ NES,3) 节点的 x 方向坐标(空格)该节点 y 方向坐标(空格)节点的应力均值(例如：0.8　1.7　124)

输出的节点应力标准差文件 NSS.txt 的格式如表 5-8 所示。

表 5-8　节点应力标准差文件 NSS.txt 的格式

栏目	格式说明	实际需输入的数据
节点应力标准差信息	每行为一个节点应力标准差的信息 (每行三个数，每两个数之间用空格分开)	NSS.txt (n_ NSS,3) 节点的 x 方向坐标(空格)该节点 y 方向坐标(空格)节点的应力标准差(例如：0.8　1.7　124)

5.4.2 程序研发

根据以上程序原理，本书研制了寒区冻土工程变形场随机有限元数值计算程序，程序包括 1 个主程序及 14 个子函数，至此，本书基本构建了寒区冻土工程随机热力分析模型。

主要参考文献

[1] 穆彦虎. 青藏铁路冻土区路基温度和变形动态变化分析研究[D]. 兰州:中国科学院研究生院博士学位论文, 2012.

[2] Sheppard M T, Kay B D, Loch J P G. Development and testing of a computer model for heat and mass flow in freezing soils [J]. Proceedings of the 3rd international conference on permafrost, 1978, 76-81.

[3] Li S Y, Lai Y M, Zhang M Y, et al. Study on long-term stability of Qinghai-Tibet Railway embankment [J]. Cold Regions Science and Technology, 2009, 57(2~3):139-147.

第 6 章 典型冻土工程随机温度场与变形场分析

6.1 概　　述

寒区冻土工程走廊主要基础工程的病害类型及程度直接影响工程的稳定性及服役性能，深入了解其病害形成机理对于选择合适的方法避免工程病害的发生或将病害降低到最小的程度，是多年冻土工程建设和发展的保证，研究成果将有利于提出相关灾害与工程病害防治预案和措施。根据调查，由于冻融循环对土体的影响，青藏工程走廊重大冻土工程基础均出现不同程度的病害特征。例如，线性基础的公路铁路出现不均匀沉降，路面、路肩处出现纵、横向裂缝；管线基础的输油管道和光缆基础出现拱曲、悬空、拉断等病害；深基础的输电塔基、旱桥桩基出现沉降、不均匀沉降、倾覆等病害特征。现场调查分析表明，不同病害受基础结构特点、冻土和结构的热力相互作用特征、热流方向及基础结构受力特点等因素所决定，更重要的是，不同基础工程类型的病害特征与冻土的热力稳定性直接相关，而冻土的热力稳定性直接受不同工程的热力边界条件所决定。冻土工程的修建，改变了冻土区冻土表面原有的热力边界条件并形成新的热力边界条件，工程及周边冻土的温度场需经过长期的过程达到新的平衡。为了科学地分析冻土和冻土工程形成的新热力平衡体系，需要结合实际工程地质条件及气候条件确定典型冻土工程的随机热力特征。

6.2 路基工程随机温度场与变形场分析

6.2.1 计算模型与参数

选择青藏铁路某一海拔 4 500 m 的冻土路基为研究对象，为简化计算，忽略道碴层及阴阳坡效应，认为路基断面具有对称性，计算模型如图 6-1 所示。

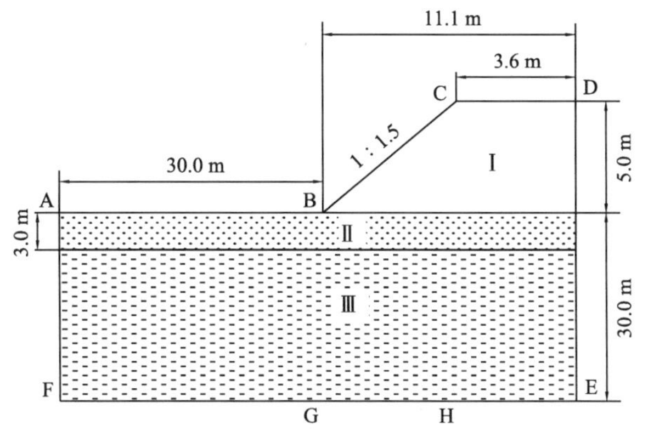

图 6-1　路基断面计算模型

图中区域Ⅰ为路堤填土，区域Ⅱ为粉质黏土，区域Ⅲ为强风化泥岩，参考前人的研究工作[1~4]，冻土热学参数取值见表 6-1。

表 6-1　路基中各介质的热学参数

物理量	λ_f [W/(m·℃)]	C_f [J/(m^3·℃)]	λ_u [W/(m·℃)]	C_u [J/(m^3·℃)]	L (J/m^3)
路堤填土	1.980	1.913×10^6	1.919	2.227×10^6	2.04×10^7
粉质黏土	1.351	1.879×10^6	1.125	2.357×10^6	6.03×10^7
强风化泥岩	1.824	1.846×10^6	1.474	2.099×10^6	3.77×10^7

根据附面层原理[5]，在计算模型图 6-1 的上边界条件分析中，年平均气温取–4℃，年温度变化幅值取 11.5 ℃，50 年平均气温温升取 2.6 ℃，天然地表 AB 边的温度变化规律为式(3-65)，路堤斜坡 BC 的温度变化规律为式(3-66)，路基中面 CD 的温度变化规律为式(3-67)，路基区域两侧铅垂面边界 AF、DE 取为绝热边界，路基区域底边界 FE 取恒定地温梯度边界条件[6]，热流密度取为 0.06 W/m^2。

初始条件以不考虑升温的天然地表温度方程式(3-65)作为Ⅱ、Ⅲ区域的上边界条件进行反复多年计算，直到得到稳定的温度场为止，计算中考虑最不利的情况，假设路基在夏季完成施工，因此将计算得到的 7 月 15 日温度场作为该区计算的温度初始条件，为保证计算结果的有效性和实用性，路基填土区域Ⅰ温度取该时间浅层地表土层温度。

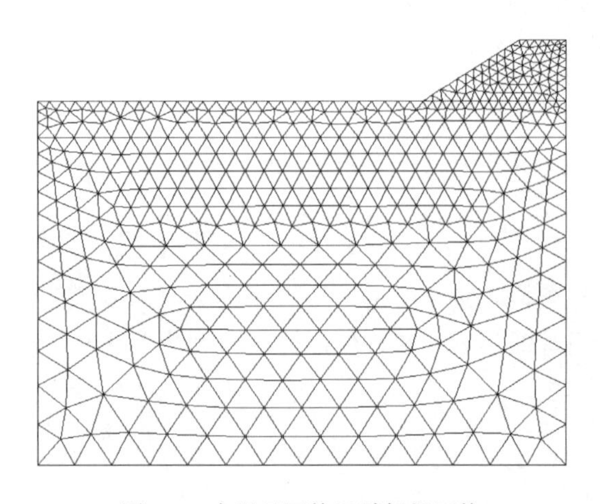

图 6-2　有限元网格及随机场网格

计算结构采用三角形网格进行有限元离散，同时，热学参数随机场亦采用三角形网格进行离散，有限元网格与随机场网格使用同一套网格，如图 6-2 所示。显然，随机场单元的数字特征与有限元单元可以一一对应，大大减少了程序编制工作，应用方便。图有 943 个单元，522 个节点，本书将路堤填土区域和粉质黏土区域的导热系数、体积比热容、相变潜热考虑为三个独立式随机场，假定相关距离为 5 m，标准相关系数的形式取为式(2-66)，随机变量服从正态分布，计算中考虑随机参数变异系数分别为 0.1 和 0.25

两种情况，如表 6-2 所示。

表 6-2　热学参数不同的变异系数

项目	变异系数							
	A	B	C	λ_f	C_f	λ_u	C_u	L
情况 1	0.1	0.1	0.1	0.1	0.1	0.1	0.1	0.1
情况 2	0.25	0.25	0.25	0.25	0.25	0.25	0.25	0.25

冻土的基本力学性质随着土温的不同而发生变化。研究表明[7~9]，冻土的黏聚力、内摩擦角以及泊松比与土温的关系可用式(5-29)~式(5-31)表示，计算域中各土层的基本力学参数取值见表 6-3。

根据现有的室内外三轴试验成果[10~13]，等向固结曲线 $\varepsilon_v=\varphi(\ln p)$ 和临界状态曲线 $\varepsilon_v=\psi(\ln\bar{p})$ 的拟合曲线形式分别为 $\varepsilon_v=ae^{b\ln p}$ 和 $\varepsilon_v=me^{n\ln\bar{p}}$，计算域中各土层的试验参数取值见表 6-4。

表 6-3　路基中各介质的基本力学参数

计算参数	γ (kN/m^3)	a_1 (MPa)	b_1	a_2	b_2	a_3	b_3
路堤填土	20	0.03	0.094	23	9.5	0.35	−0.007
粉质黏土	19.6	0.15	0.090	22	8	0.40	−0.008
强风化泥岩	20.7	0.10	0.240	28	11	0.25	−0.004

表 6-4　路基中各介质的试验参数

计算参数	κ	M_h	a	b	m	n
路堤填土	5.07×10^{-7}	1.06	2.12×10^{-5}	0.70	1.79×10^{-4}	0.64
粉质黏土	5.12×10^{-7}	1.24	2.28×10^{-5}	0.72	1.88×10^{-4}	0.69
强风化泥岩	5.23×10^{-7}	1.35	2.42×10^{-5}	0.74	1.96×10^{-4}	0.73

根据路基修建完成时间、通车运营时间以及青藏铁路运量要求，设定平均每天有列车荷载的时间为 5 min，其大小可按照规范《铁路路基设计规范》[14]的规定，列车(活)荷载采用Ⅱ级铁路次重型换算荷载(时速为 80 km/h≤v≤120 km/h)，其分布宽度为 3.5 m，荷载强度为 60.1 kPa。对于力学边界条件，路基上表面 AB、BC、CD 的 x 方向及 y 方向均自由；路基区域两侧铅垂面边界 AF、DE 限制 x 方向移动，y 方向自由；路基区域底边界 EF 限制 y 方向移动，x 方向自由，荷载与边界条件如图 6-3 所示。

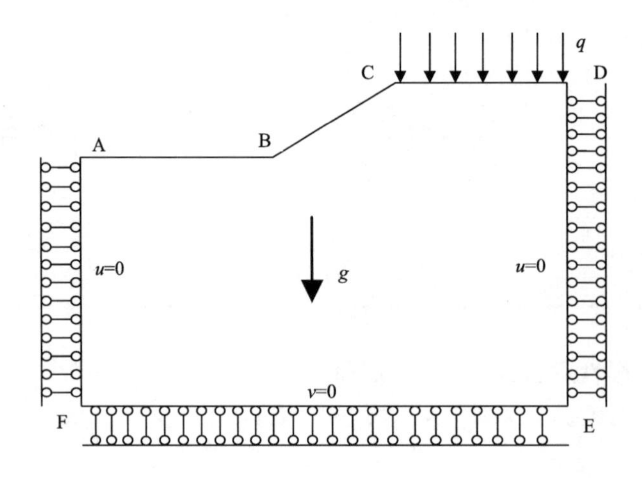

图 6-3　荷载与边界条件

计算结构采用与温度场分析相同的三角形网格进行有限元离散，同时，力学参数随机场亦采用三角形网格进行离散，有限元网格与随机场网格使用同一套网格，如图 6-2 所示。显然，随机场单元的数字特征与有限元单元可以一一对应，加之随机温度场分析与随机变形场分析采用了同一套离散网格，因此大大减少了程序编制工作。本书将路堤填土区域和粉质黏土区域的黏聚力、内摩擦角、泊松比、回弹线斜率、伏斯列夫面斜率考虑为五个独立式随机场，假定相关距离为 5 m，标准相关系数的形式取为式(2-66)，等向固结曲线及临界状态曲线的拟合参考为服从正态分布的随机变量，计算中考虑随机参数的变异系数分别为 0.1 和 0.25 两种情况，如表 6-5 所示。以路基土体自重荷载作用下形成的应力场为初始应力条件，规定初始位移场为零，计算中考虑最不利的情况，假设路基在夏季 7 月 15 日完成施工。

表 6-5　力学参数不同的变异系数

项目	变异系数					
	κ	M_h	a	b	m	n
情况 1	0.1	0.1	0.1	0.1	0.1	0.1
情况 2	0.25	0.25	0.25	0.25	0.25	0.25

根据本书编制的 MATLAB 随机有限元程序便可进行多年冻土地区路基随机温度场及变形场的计算。

6.2.2　计算结果与分析

1. 温度均值

图 6-4(a)为路堤修筑完成后第 15 年 7 月 15 日的温度均值分布图，从该图可以看到，天然地表下多年冻土上限(均值为 0 ℃等温线)的坐标为 $Y=-1.8$ m，而在路堤下存在一个

巨大的融化盘，最大深度已达到–4.1 m。图 6-4(b)为路堤修筑完成后第 15 年 10 月 15 日的温度均值分布图，从该图可以看到，路堤下的温度均值总体上明显高于天然地表下的温度均值，路堤下多年冻土上限比天然地表下多年冻土上限低 1.8 m。

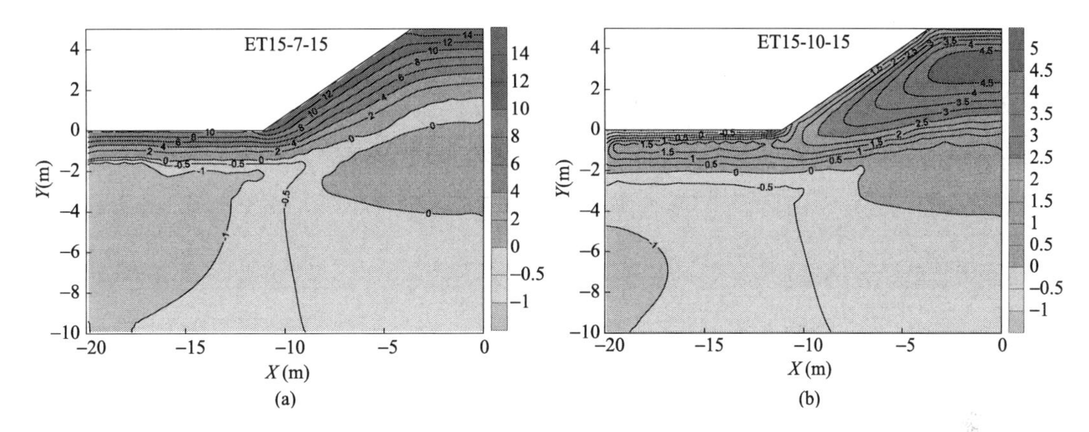

图 6-4　路堤修筑完成后第 15 年温度均值分布 (单位: ℃)

图 6-5(a)为路堤修筑完成后第 30 年 7 月 15 日的温度均值分布图，从该图可以看到，天然地表下多年冻土上限的坐标为 Y=–1.9 m，而路堤融化盘的最大深度已达到–5.6 m。图 6-5(b)为路堤修筑完成后第 30 年 10 月 15 日的温度均值分布图，从该图可以看到，路堤下的温度均值总体上明显高于天然地表下的温度均值，路堤下多年冻土上限比天然地表下多年冻土上限低 3.3 m。

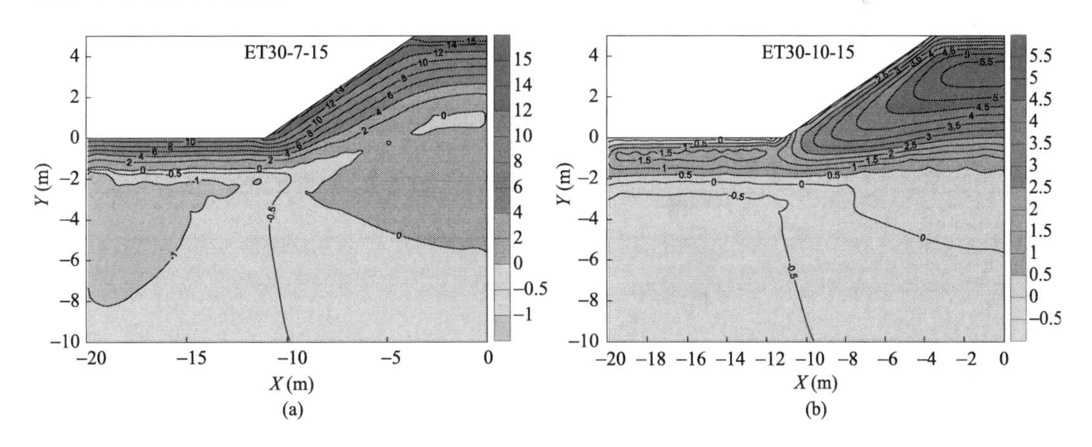

图 6-5　路堤修筑完成后第 30 年温度均值分布 (单位: ℃)

比较图 6-4(a)与图 6-5(a)可以发现，气候变暖使冻土天然上限下移，且由于路堤的修筑，其下部冻土上限下移得更为严重；比较图 6-4(b)与图 6-5(b)可以得到相似的结论。因此，在考虑土性参数及上边界条件随机性时，气候变暖及路堤的修筑加速了冻土的退化。

依据多年冻土路基土层区确定性分析方法[1,2]，本书得到了路堤修筑完成后第 15 年 7 月 15 日和 10 月 15 日的确定性温度分布，如图 6-6 所示，可以发现多年冻土路基均值温度场分布与确定性温度场分布基本相同，依据伯努利大数定理便可印证文中随机模型的合理性和计算方法的正确性。

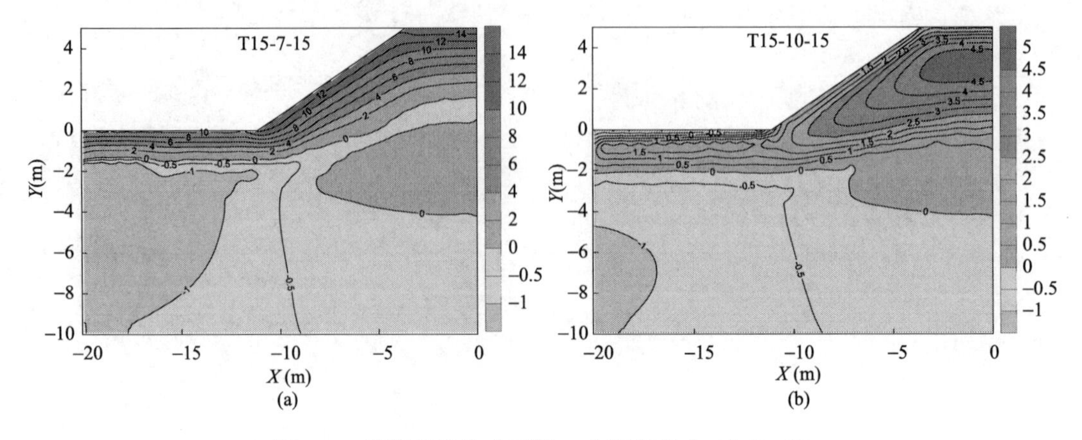

图 6-6　路堤修筑完成后第 15 年温度分布 (单位: ℃)

图 6-7(a)、(b)、(c)、(d)分别为不同时刻沿垂直线 DE、CH、BG、AF 的温度均值分布曲线图，从该图可以看到，温度均值在 7 月 15 日沿深度逐渐降低，最后趋于稳定；温度均值在 10 月 15 日沿深度先略微升高后逐渐降低，最后趋于稳定。沿垂直线 DE 和 CH，当深度超过−4 m 时，7 月 15 日和 10 月 15 日的地温均稳定在−1~0 ℃的高温冻土区段；沿垂直线 BG 和 AF，当深度超过−2 m 时，7 月 15 日和 10 月 15 日的地温均稳定在−1~0 ℃的高温冻土区段。可以看到，7 月 15 日较高的温度均值处于路基上边界，10 月 15 日较高的温度均值处于路堤中部，显然，地基土中存在大量的高温冻土。

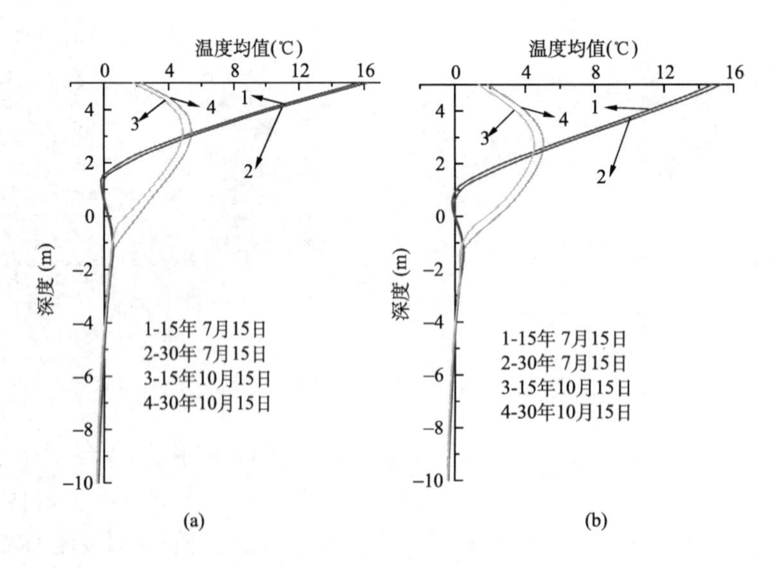

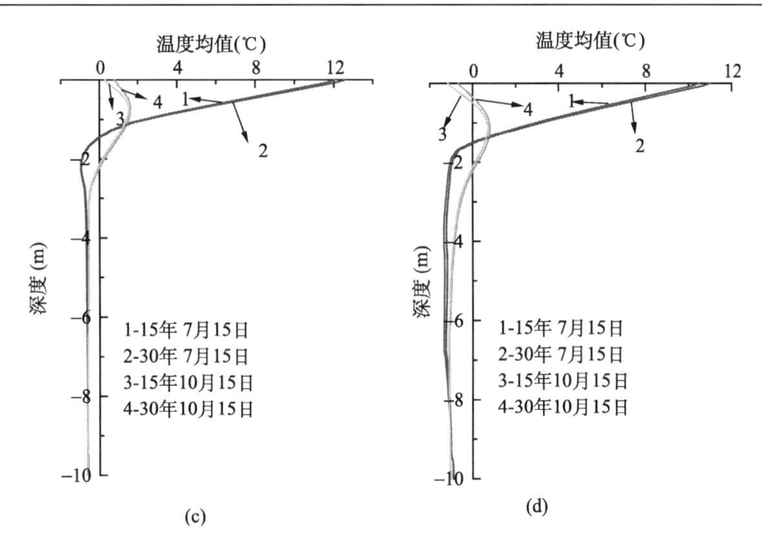

图 6-7　不同时刻沿垂直线的温度均值分布

2. 温度标准差

本书考虑随机参数变异系数分别为 0.1 和 0.25 两种情况。

图 6-8 (a)、(c)分别为路堤修筑完成后第 15 年 7 月 15 日两种变异系数情况下温度标准差分布图，从图中可以看出，两种情况路基上部的标准差都明显大于路基下部的标准差；比较两图可知，变异系数越大，同一位置处的温度标准差越大，且两种情况的标准差分布图整体具有相似性。图 6-8 (b)、(d)分别为路堤修筑完成后第 15 年 10 月 15 日两种变异系数情况下温度标准差分布图，从图中可以看出，两种情况路堤底部的标准差明显较大；比较两图可知，变异系数越大，同一位置处的温度标准差越大，且两种情况的标准差分布图整体具有相似性。

图 6-9 (a)、(c)分别为路堤修筑完成后第 30 年 7 月 15 日两种变异系数情况下温度标准差分布图，从图中可以看出，与第 15 年 7 月 15 日类似，两种情况路基上部的标准差都明显大于路基下部的标准差；比较两图可知，变异系数越大，同一位置处的温度标准差越大，且两种情况的标准差分布图整体具有相似性。图 6-9 (b)、(d)分别为路堤修筑完成后第 30 年 10 月 15 日两种变异系数情况下温度标准差分布图，从图中可以看出，与第 15 年 10 月 15 日类似，两种情况路堤底部的标准差明显较大；比较两图可知，变异系数越大，同一位置处的温度标准差越大，且两种情况的标准差分布图整体具有相似性。

为了进一步分析路基断面特定位置温度标准差变化情况，根据获得的温度场标准差结果，以年份为间隔单位，考虑随机参数变异系数分别为 0.1 和 0.25 两种情况，提取冻土路堤顶面中心点 D 下 2 m 和 5 m 位置处 7 月 15 日和 10 月 15 日的温度标准差值，得到路基特定位置标准差随时间的变化曲线，如图 6-10 所示。从图中可以看出，若不考虑全球气温升高效应，温度场稳定后，路基中任意位置的温度标准差应该为某一恒定值；课题研究中考虑了 50 年平均升温 2.6 ℃，温度标准差不稳定，总体随时间标准差在增加，说明如果仅采用传统确定性分析方法，随时间演化，气温升高，对温度场分析可能造成

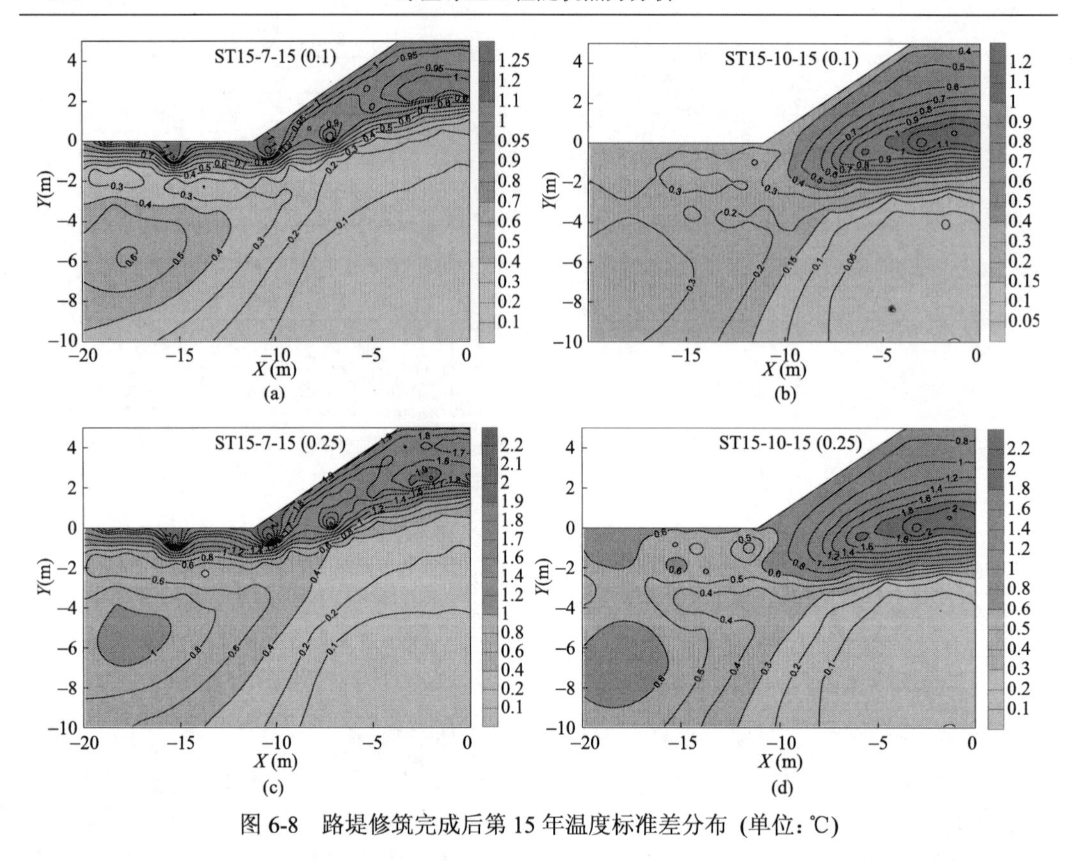

图 6-8　路堤修筑完成后第 15 年温度标准差分布 (单位: ℃)

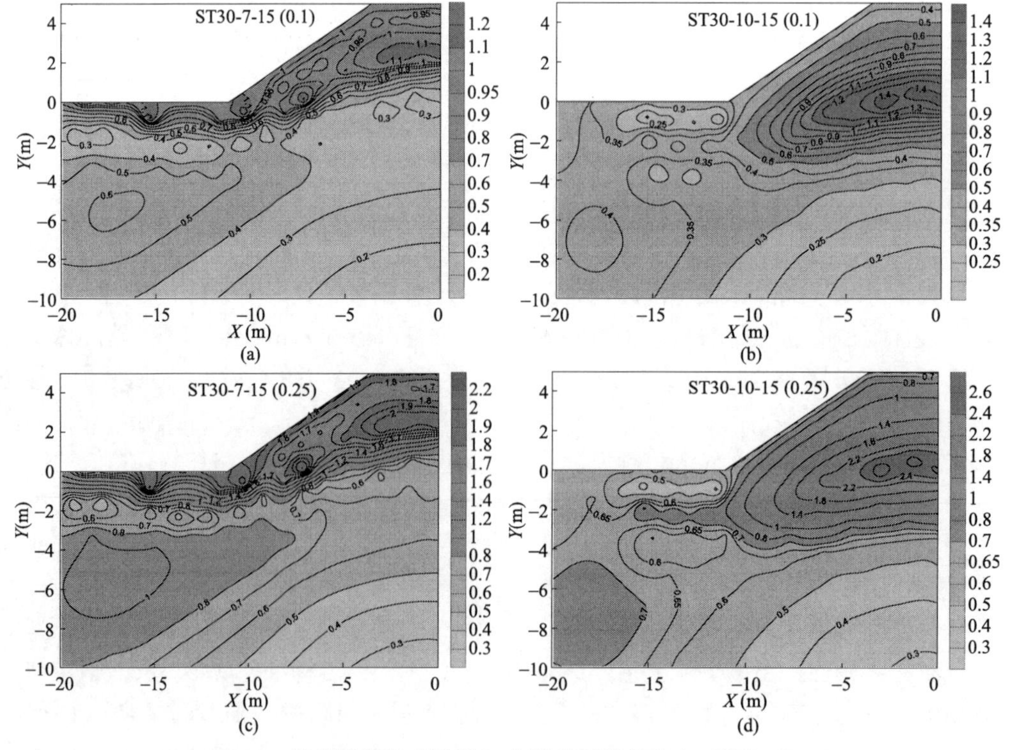

图 6-9　路堤修筑完成后第 30 年温度标准差分布 (单位: ℃)

的误差越来越大。同时，对于路基中心点 D 下 2 m 位置处，7 月份标准差明显大于 10 月份；对于路基中心点 D 下 5 m 位置处，10 月份标准差明显大于 7 月份，说明路基断面不同位置标准差变化规律存在差异。

参数变异系数为 0.1 条件下，图 6-11(a)、(b)、(c)、(d)分别为不同时刻沿垂直线 DE、CH、BG、AF 的温度标准差分布曲线图，从图中可以看到，温度标准差在 7 月 15 日沿深度逐渐降低，最后趋于稳定；温度均值在 10 月 15 日沿深度先略微升高后逐渐降低，最后趋于稳定，尤其沿垂直线 DE 和 CH 表现较为明显。参数变异系数为 0.25 条件下，图 6-11(e)、(f)、(g)、(h)分别为不同时刻沿垂直线 DE、CH、BG、AF 的温度标准差分布曲线图，从图中可以看到，参数变异系数为 0.25 条件下获得的温度标准差分布曲线图与参数变异系数为 0.1 条件下获得的温度标准差分布曲线总体上具有相似性。温度标准差在 7 月 15 日沿深度逐渐降低，最后趋于稳定；温度均值在 10 月 15 日沿深度先略微升高后逐渐降低，最后趋于稳定，尤其沿垂直线 DE 和 CH 表现较为明显。从图 6-11 还可以看到，天然地表下 7 月 15 日和 10 月 15 日较高的温度标准差均处于路基上部；而路堤下 7 月 15 日较高的温度标准差处于路堤上部，10 月 15 日较高的温度标准差处于路堤底部。总体来说，考虑边界条件及冻土热参数随机性得到的温度场具有随机性，尤其对于地基中的高温冻土，由于区域内标准差的存在，高温冻土的热力学状态存在随机性，因为冻

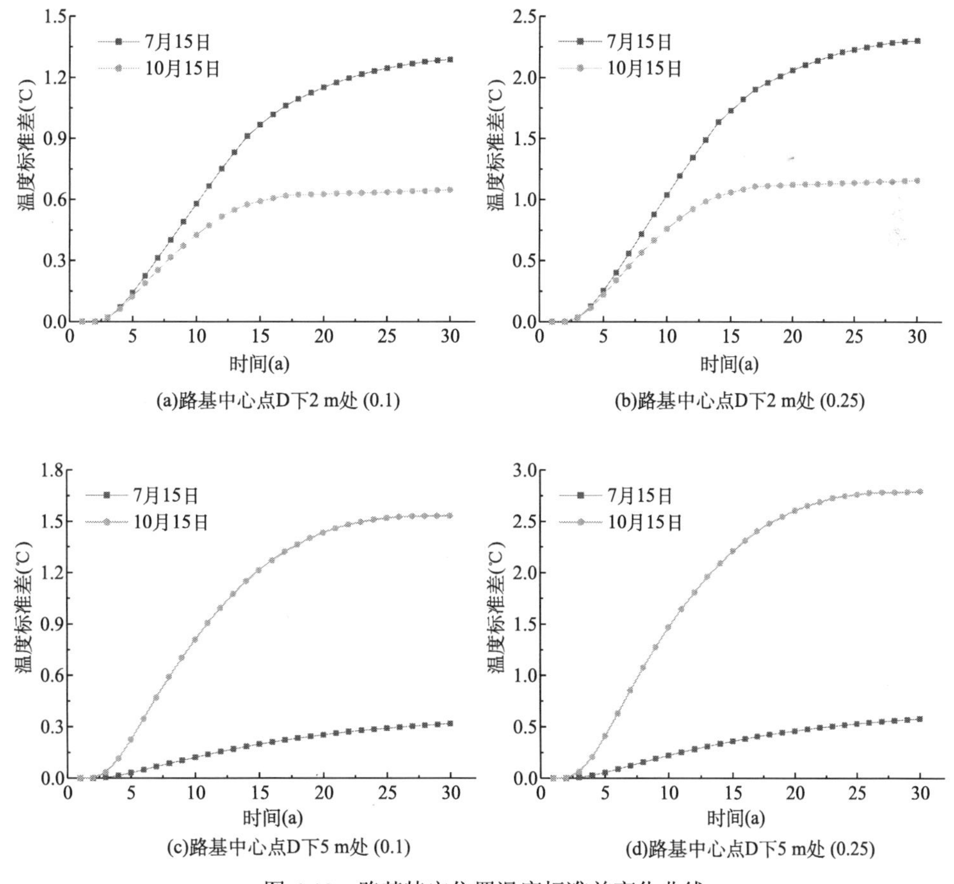

图 6-10　路基特定位置温度标准差变化曲线

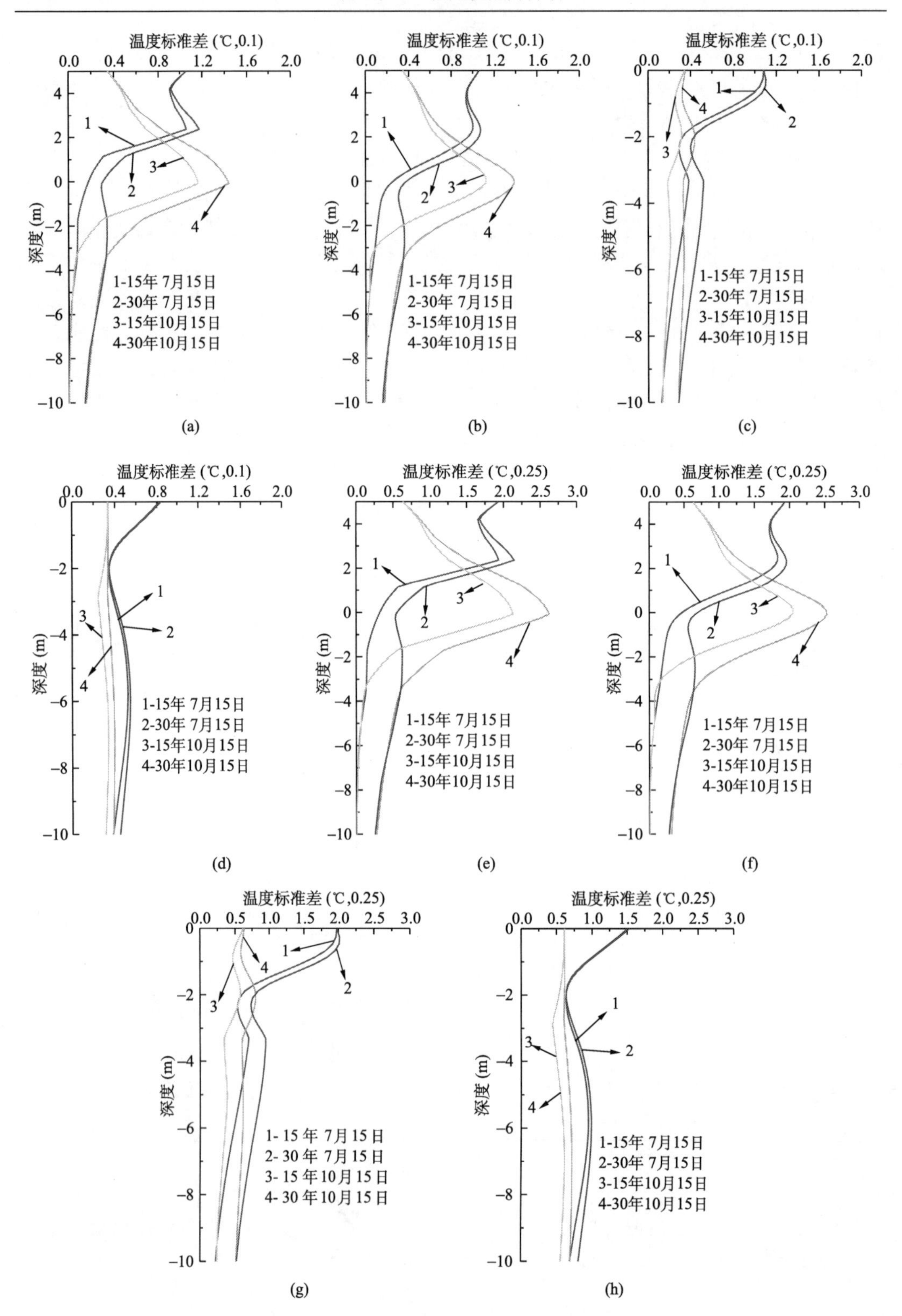

图 6-11　不同时刻沿垂直线的温度标准差分布

结状态和融化状态冻土热力学性质有较大差异，因此本书得到的随机温度场对下文的随机应力场及随机变形场分析有重要意义。

3. 变形均值

图 6-12(a)、(b)分别为路堤修筑完成后第 15 年 7 月 15 日、10 月 15 日的水平位移均值分布图，从图中可以看到，7 月 15 日和 10 月 15 日的路基水平位移均值较小，最大值分别为 0.45 cm 和 0.46 cm，位置均在坡脚右方，且 7 月 15 日和 10 月 15 日水平位移均值分布基本相似。图 6-12(c)、(d)为路堤修筑完成后第 15 年 7 月 15 日、10 月 15 日的竖向位移均值分布图，从图中可以看到，从路堤顶面到路基中部，竖向位移均值逐渐减小，最大值在路基顶面中心位置处，7 月 15 日和 10 月 15 日分别为 9.71 cm 和 9.73 cm，且 7 月 15 日和 10 月 15 日路基中竖向位移均值分布基本相似。

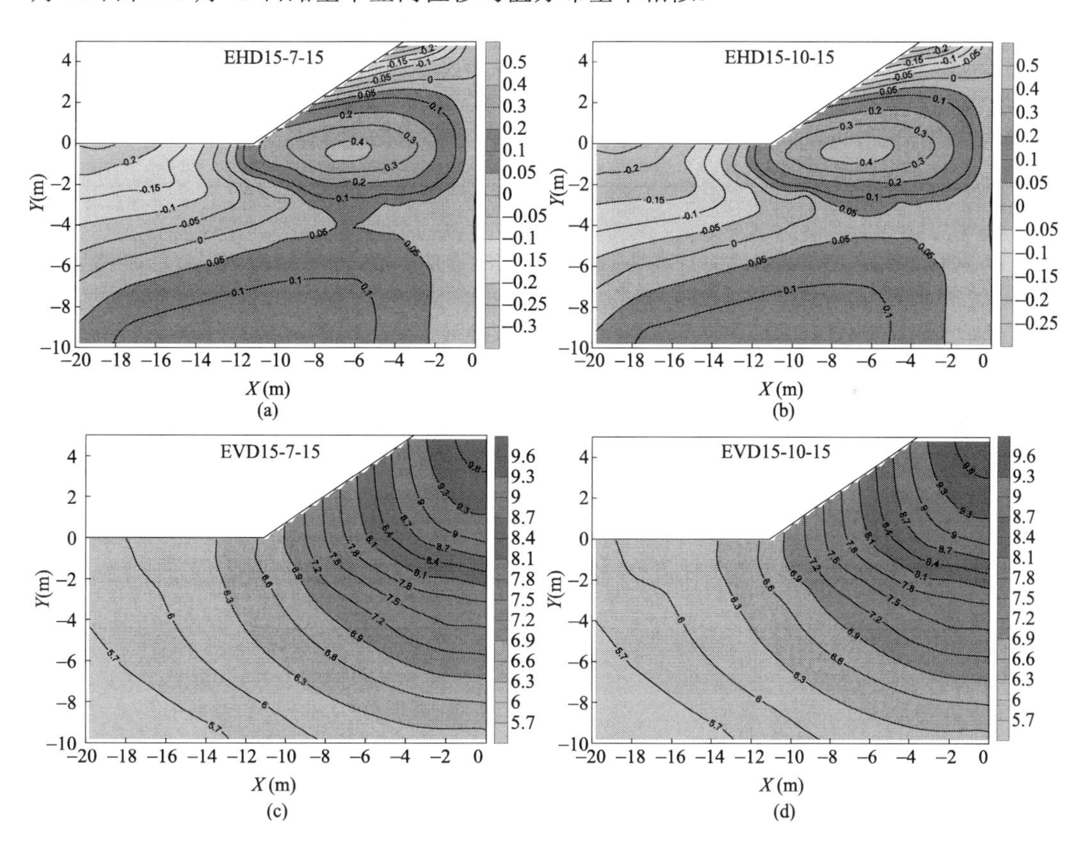

图 6-12　路堤修筑完成后第 15 年位移均值分布 (单位：cm)

图 6-13(a)、(b)分别为路堤修筑完成后第 30 年 7 月 15 日、10 月 15 日的水平位移均值分布图，从图中可以看到，7 月 15 日和 10 月 15 日的路基水平位移均值较小，最大值分别为 0.47 cm 和 0.48 cm，位置均在坡脚右方，且 7 月 15 日和 10 月 15 日水平位移均值分布基本相似。图 6-13(c)、(d)为路堤修筑完成后第 30 年 7 月 15 日、10 月 15 日的竖向位移均值分布图，从图中可以看到，竖向位移均值从路堤顶面到路基中部逐渐减小，

最大值在路堤顶面中心位置处，7 月 15 日和 10 月 15 日分别为 11.1 cm 和 11.2 cm，且 7 月 15 日和 10 月 15 日路基中竖向位移均值分布基本相似。

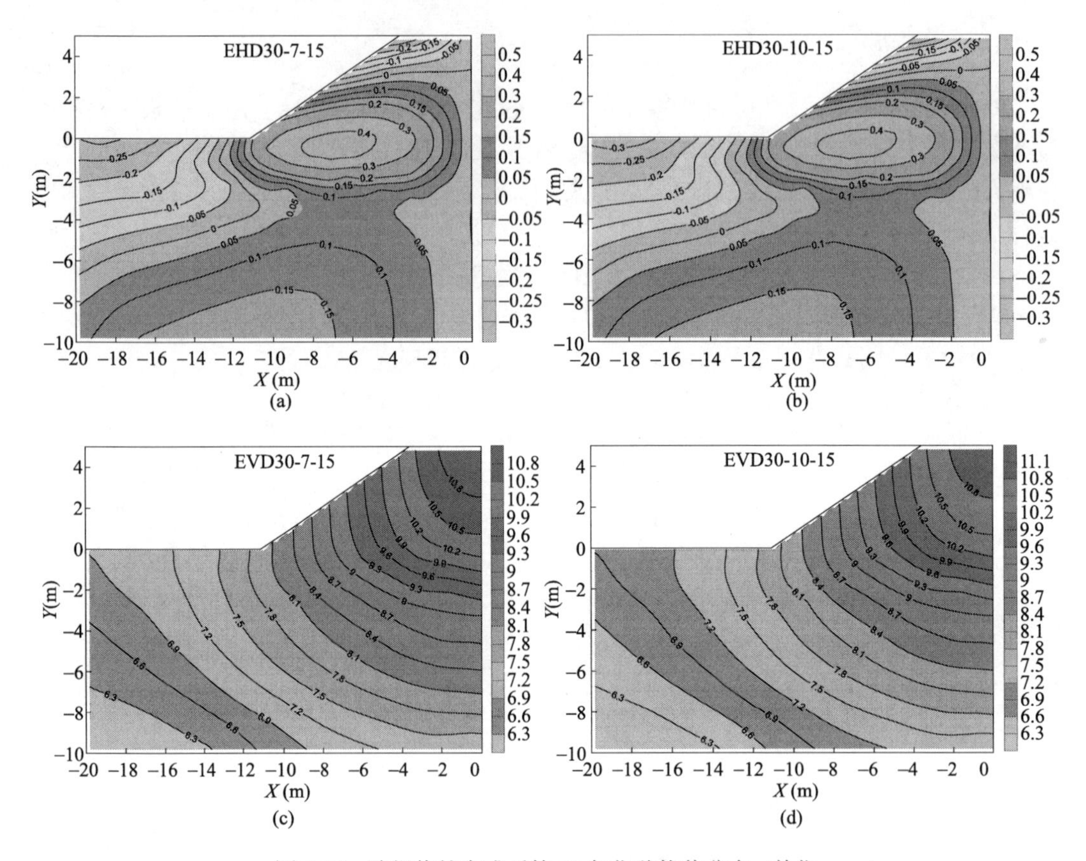

图 6-13　路堤修筑完成后第 30 年位移均值分布 (单位：cm)

比较图 6-12 及图 6-13 可知，相同年份中温度变化对水平位移均值分布影响较小；不同年份中温度变化对水平位移均值分布影响较小，气候变暖基本不会引起水平位移均值分布发生变化；相同年份中温度变化对竖向位移均值分布有一定影响；不同年份中温度变化对竖向位移均值分布有较大影响，气候变暖会引起竖向位移均值分布发生较大变化。为了进一步分析路基断面特定位置沉降均值变化情况，根据获得的竖向位移均值结果，以年份为间隔单位，提取冻土路堤顶面中心点 D 处，中心点 D 下 2 m、5 m 及 10 m 位置处 7 月份、10 月份、1 月份和 4 月份的竖向位移均值，得到路基特定位置沉降均值随时间的变化曲线，如图 6-14 所示。

从图 6-14(a)可以看出，路基中心点 D 处 7 月份、10 月份、1 月份和 4 月份的沉降均值变化可分为三个阶段。路堤修筑完成后第 1 年至第 3 年，由于施工的扰动，路堤底部大量的冻土将发生融化，因此沉降变形明显，该阶段为第一阶段；路堤修筑完成后第 3 年至第 6 年，由于路基填土发生部分冻结，路堤中部分融土转变为冻土，路基沉降值为正值，发生冻胀变形，该阶段为第二阶段；路堤修筑完成后第 7 年开始，由于气温变暖加速了冻土的退化，路基沉降变形逐年增加，该阶段为第三阶段。从图 6-14 (b)、(c)可以看出，路基中心点 D 下 2 m 处和 5 m 处沉降均值变化规律与路基中心点 D 处的沉降均值变化规律相似，均可分为三个阶段。从图 6-14 (d)可以看出，路基中心点 D 下 10 m 处的路基沉降均值基本一直增加，与其余三个位置的沉降均值变化规律有差异，这是路基中心点 D 下 10 m 处的施工扰动作用较小造成的。

4. 变形标准差

考虑随机参数变异系数分别为 0.1 和 0.25 两种情况。图 6-15(a)、(c)分别为路堤修筑完成后第 15 年 7 月 15 日两种变异系数情况下水平位移标准差分布图，从图中可以看出，两种情况路堤斜坡中下部的标准差较大，最大值分别为 0.05 cm 和 0.11 cm，比较两图可知，变异系数越大，同一位置处的水平位移标准差越大，且两种情况的标准差分布图整体具有相似性。图 6-15(b)、(d)分别为路堤修筑完成后第 15 年 10 月 15 日两种变异系数情况下水平位移标准差分布图，从图中可以看出，两种情况路堤斜坡底部的标准差较大，最大值分别为 0.05 cm 和 0.12 cm，比较两图可知，变异系数越大，同一位置处的水平位移标准差越大，且两种情况的标准差分布图整体具有相似性。

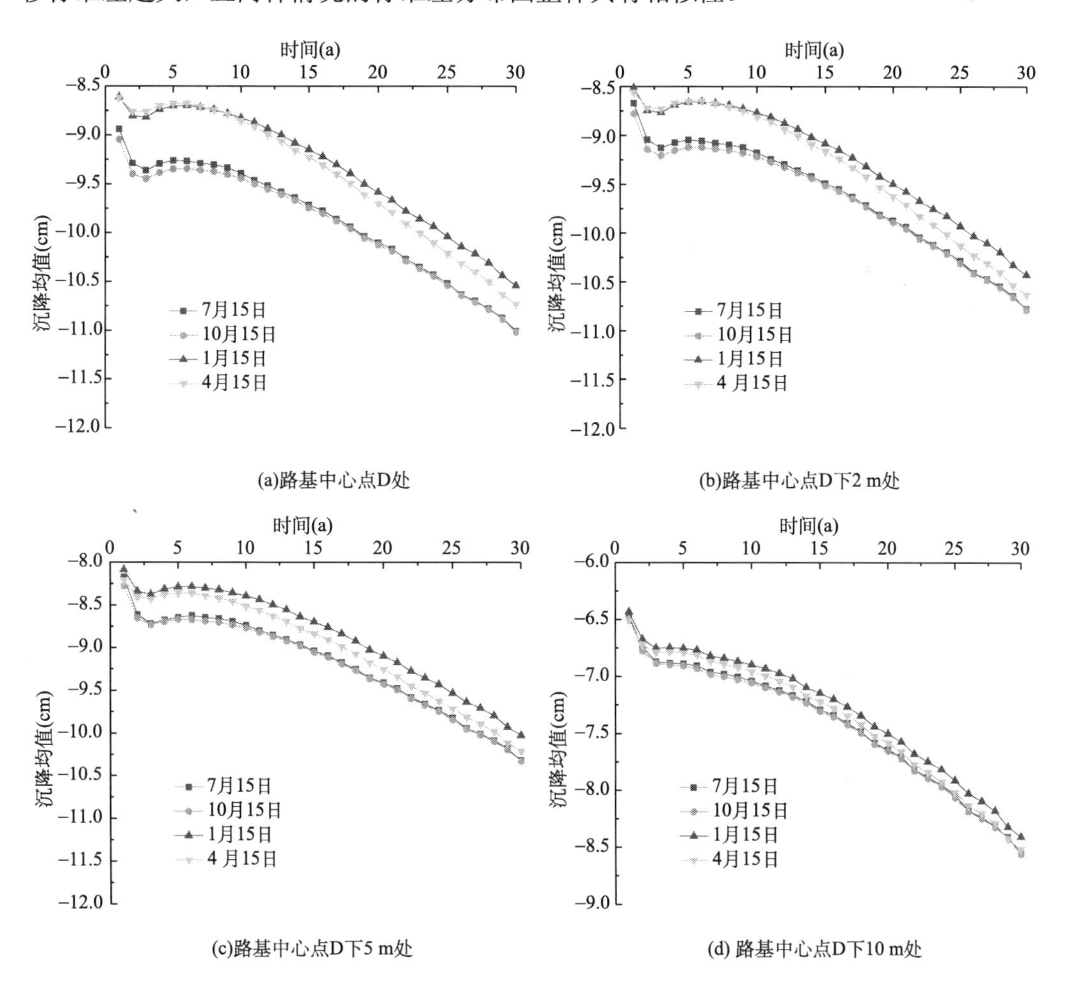

图 6-14　路基特定位置沉降均值变化曲线

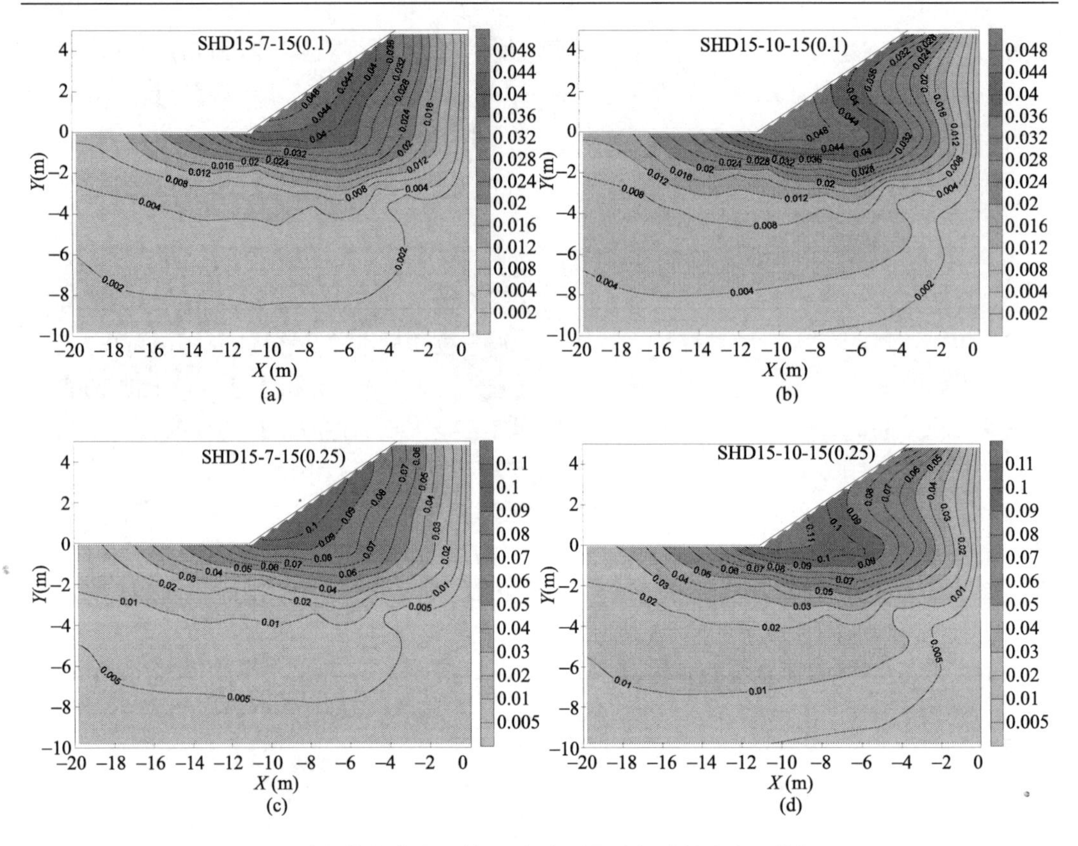

图 6-15 路堤修筑完成后第 15 年水平位移标准差分布 (单位：cm)

图 6-16 (a)、(c)分别为路堤修筑完成后第 15 年 7 月 15 日两种变异系数情况下竖向位移标准差分布图，从图中可以看出，由于 7 月 15 日路堤底部融化盘的存在，两种情况该位置的标准差均较大，最大值分别为 1.01 cm 和 1.77 cm，比较两图可知，变异系数越大，同一位置处的竖向位移标准差越大，且两种情况的标准差分布整体具有相似性。图 6-16 (b)、(d)分别为路堤修筑完成后第 15 年 10 月 15 日两种变异系数情况下竖向位移标准差分布图，从图中可以看出，两种情况路堤顶部的标准差明显较大，最大值分别为 1.21 cm 和 2.23 cm，比较两图可知，变异系数越大，同一位置处的竖向位移标准差越大，且两种情况的标准差分布整体具有相似性。比较图 6-16 (a)、(b)可知，7 月 15 日和 10 月 15 日竖向位移标准差分布有较大差异，说明相同年份中温度变化对竖向位移标准差分布影响较大，比较图 6-16 (c)、(d)可得相同的结论。

图 6-17 (a)、(c)分别为路堤修筑完成后第 30 年 7 月 15 日两种变异系数情况下水平位移标准差分布图，从图中可以看出，两种情况路堤斜坡中下部的标准差较大，最大值分别为 0.05 cm 和 0.12 cm，比较两图可知，变异系数越大，同一位置处的水平位移标准差越大，且两种情况的标准差分布图整体具有相似性。图 6-17 (b)、(d)分别为路堤修筑完成后第 30 年 10 月 15 日两种变异系数情况下水平位移标准差分布图，从图中可以看出，两种情况路堤斜坡底部的标准差较大，最大值分别为 0.05 cm 和 0.13 cm，比较两图可知，变异系数越大，同一位置处的水平位移标准差越大，且两种情况的标准差分布图整体具

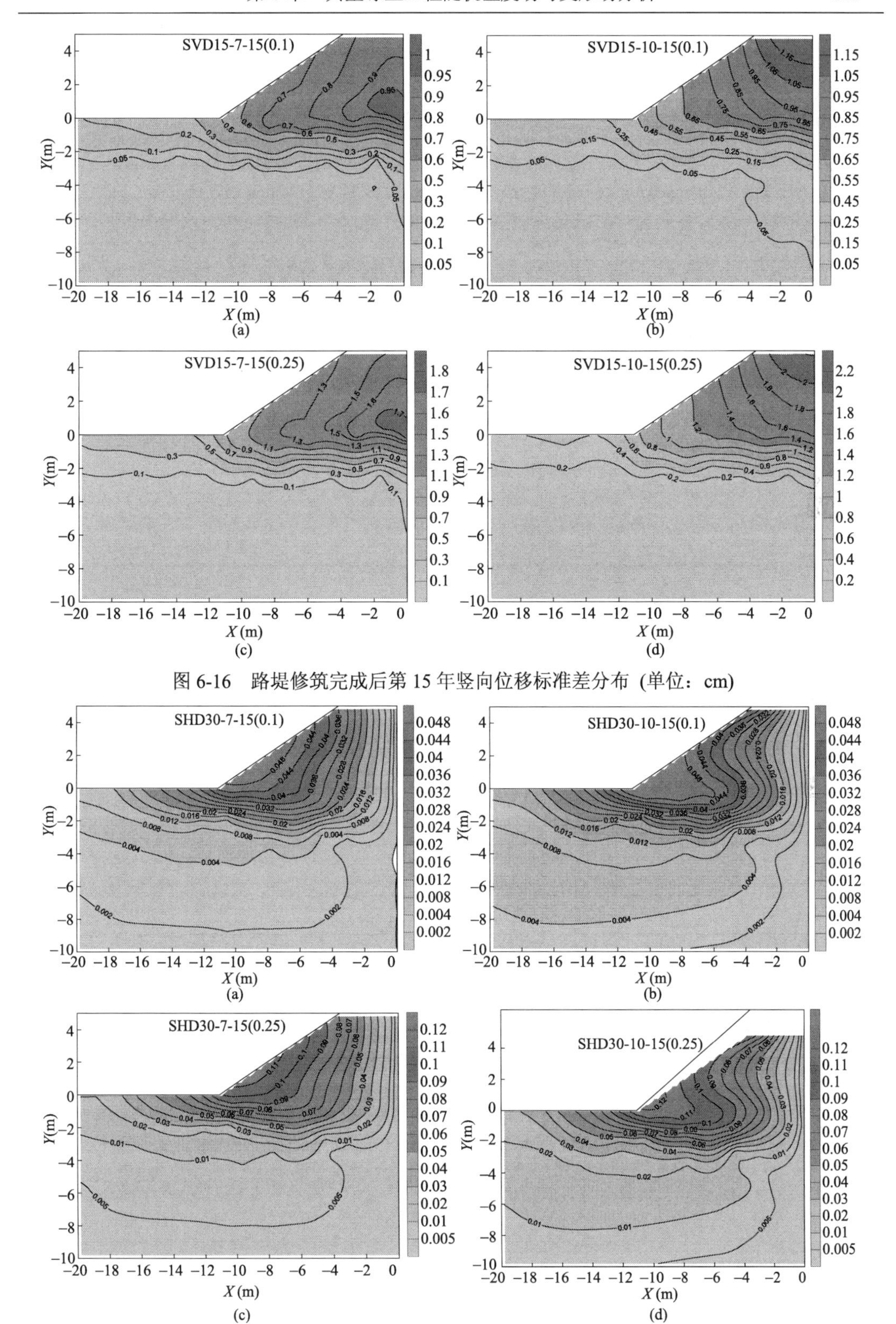

图 6-16 路堤修筑完成后第 15 年竖向位移标准差分布（单位：cm）

图 6-17 路堤修筑完成后第 30 年水平位移标准差分布（单位：cm）

有相似性。比较图 6-17 (a)、(b)可知，第 30 年 7 月 15 日和 10 月 15 日水平位移标准差有一定差异，再一次说明相同年份中温度变化对水平位移标准差分布有一定影响，比较图 6-17 (c)、(d)可得相同的结论。

图 6-18 (a)、(c)分别为路堤修筑完成后第 30 年 7 月 15 日两种变异系数情况下竖向位移标准差分布图，从图中可以看出，由于 7 月 15 日路堤底部融化盘的存在，两种情况该位置的标准差均较大，最大值分别为 1.09 cm 和 1.95 cm，比较两图可知，变异系数越大，同一位置处的竖向位移标准差越大，且两种情况的标准差分布整体具有相似性。图 6-18 (b)、(d)分别为路堤修筑完成后第 30 年 10 月 15 日两种变异系数情况下竖向位移标准差分布图，从图中可以看出，两种情况路堤顶部的标准差明显较大，最大值分别为 1.38 cm 和 2.47 cm，比较两图可知，变异系数越大，同一位置处的竖向位移标准差越大，且两种情况的标准差分布整体具有相似性。比较图 6-18 (a)、(b)可知，7 月 15 日和 10 月 15 日竖向位移标准差有较大差异，再一次说明相同年份中温度变化对竖向位移标准值分布影响较大。

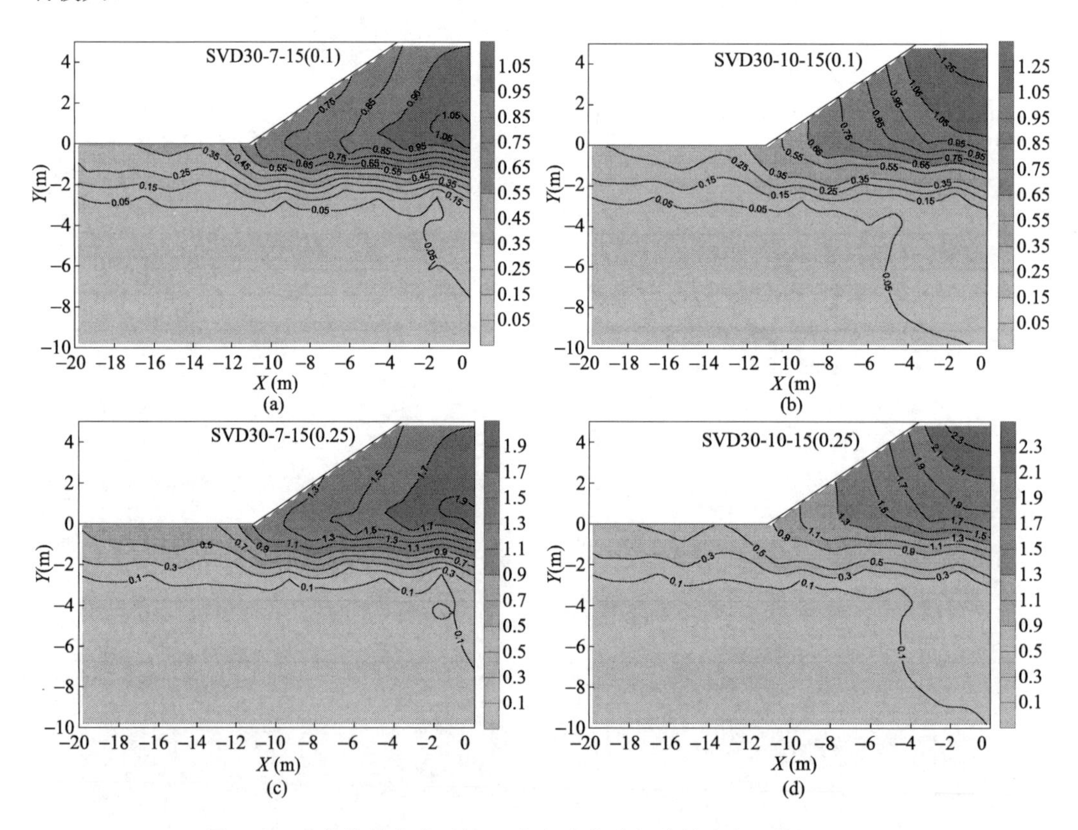

图 6-18 路堤修筑完成后第 30 年竖向位移标准差分布（单位：cm）

为了进一步分析路基断面特定位置沉降标准差变化情况，根据获得的竖向位移标准差结果，以年份为间隔单位，考虑随机参数变异系数分别为 0.1 和 0.25 两种情况，提取冻土路堤顶面中心点 D 处，中心点 D 下 2 m、5 m 及 10 m 位置处 7 月份、10 月份、1 月份和 4 月份的竖向位移标准差，得到路基特定位置沉降标准差随时间的变化曲线，如

图 6-19 所示。从图中可以看出，路基断面中心点 D 处和中心点 D 下 2 m、5 m 及 10 m 位置处的沉降标准差均随时间逐渐增加；其中，路堤修筑完成后前 15 年增加速度较快，之后增加速度减慢；同时，位置越浅，分段增加现象越明显，显然，这是由于施工的扰动造成的。若不考虑全球气温升高效应，温度场稳定后，路基中任意位置的沉降标准差应该为某一恒定值；课题研究中考虑了 50 年平均升温 2.6℃，温度场不存在稳定情况，从图中可以看出，路基断面特定位置沉降标准差总体随时间在增加，说明如果仅采用传统确定性分析方法，随时间演化，气温升高，对沉降分析可能造成的误差越来越大。

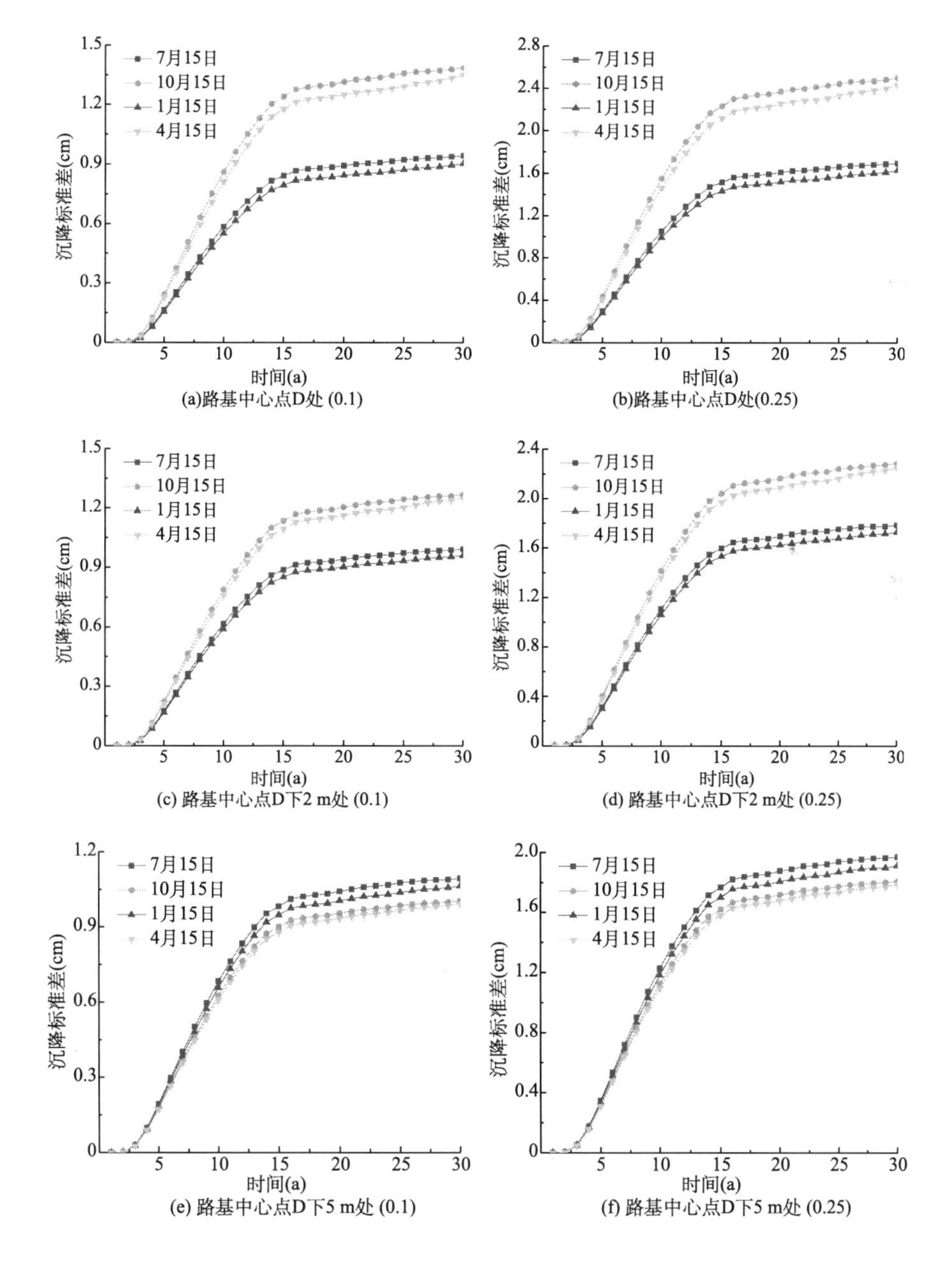

(a)路基中心点D处 (0.1)

(b)路基中心点D处(0.25)

(c) 路基中心点D下2 m处 (0.1)

(d) 路基中心点D下2 m处 (0.25)

(e) 路基中心点D下5 m处 (0.1)

(f) 路基中心点D下5 m处 (0.25)

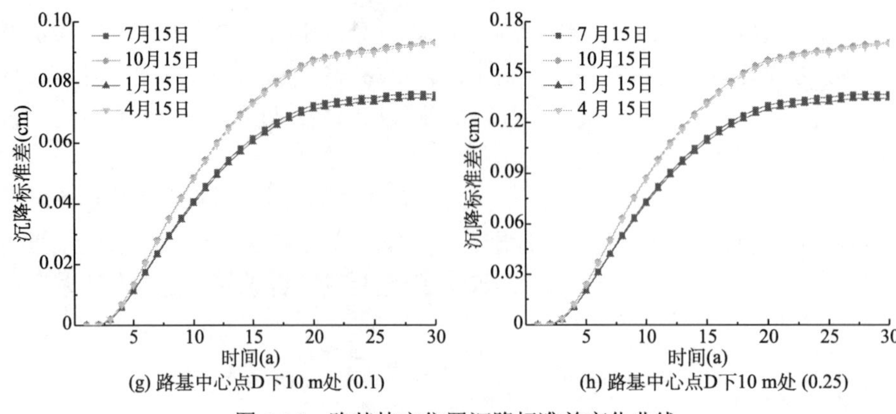

(g) 路基中心点D下10 m处 (0.1)　　(h) 路基中心点D下10 m处 (0.25)

图 6-19　路基特定位置沉降标准差变化曲线

6.2.3　变形可靠性评价

实际工程中，以路基变形超过一定范围为可靠性评价指标，依据《铁路路基设计规范》并结合工程实际，本项目对路基中心及路肩不同时刻沉降变形超过 10 cm、12 cm、14 cm 及 16 cm 进行可靠性评估。

1. 分布拟合检验

由 NSFEM 分析可得路基沉降变形的样本，然而并不能确切预知总体服从何种分布，因此需要根据来自总体的样本对总体的分布进行推断，以判断总体服从何种分布。依据 NSFEM 分析过程可知，每次随机模拟均能得到某一时刻路基沉降变形的样本，在进行可靠性评价之前，对样本值进行分布拟合检验。因数据较多且篇幅有限，选择以路基中心第 15 年 7 月 15 日和第 15 年 10 月 15 日的沉降变形为例，进行分布拟合检验。

根据最大似然估计法及前文随机变形场的结果可知，路基中心第 15 年 7 月 15 日的沉降变形均值为 11.1 cm；当变异系数为 0.1 时，标准差为 0.92 cm；当变异系数为 0.25 时，标准差为 1.65 cm。对于变异系数为 0.1 的情况，随机模拟 10 000 次获得的样本中，最大值为 14.579 cm，最小值为 7.486 3 cm。将 10 000 个数据的区间[7.486 3, 14.579]等分成 10 个互不重叠的小区间，分别计算频数、频率及累计频率，如表 6-6 所示。

表 6-6　路基中心 D 点第 15 年 7 月 15 日沉降变形的频数、频率分布表(δ=0.01)

编号	分组$(t_{i-1}, t_i]$	频数 f_i	频率 f_i/n	累计频率
1	[7.486 3,8.195 5]	4	0.000 4	
2	(8.195 5,8.904 8]	69	0.006 9	0.050 2
3	(8.904 8,9.614]	429	0.042 9	
4	(9.614,10.323]	1 473	0.147 3	0.197 5
5	(10.323,11.032]	2 818	0.281 8	0.478 3
6	(11.032,11.742]	2 859	0.285 9	0.765 2

续表

编号	分组$(t_{i-1}, t_i]$	频数 f_i	频率 f_i/n	累计频率
7	(11.742,12.451]	1 680	0.168	0.933 2
8	(12.451,13.16]	543	0.054 3	
9	(13.16,13.869]	118	0.011 8	0.933 2+0.066 8=1
10	(13.869,14.579]	7	0.000 7	

进一步将频率 $f_i/n<0.05$ 的合并，最后分为 6 组，结合统计样本的范围，6 组数据依次为$(-\infty, 9.614]$，(9.614,10.323]，(10.323,11.032]，(11.032,11.742]，(11.742,12.451]，$(12.451, +\infty)$。依据公式：

$$p_i = \Phi\left(\frac{t_i - \mu}{\sigma}\right) - \Phi\left(\frac{t_{i-1} - \mu}{\sigma}\right) \tag{6-1}$$

可获得卡方(X^2)分布的相关计算参数值，如表 6-7 所示，由于 k=6，r=2，自由度 $k-r-1=3$，$X^2_{0.10}(3)=6.251$。

表 6-7　路基中心 D 点第 15 年 7 月 15 日沉降变形的 X^2 分布表(δ=0.01)

编号	分组$(t_{i-1}, t_i]$	频数 f_i	p_i	np_i	$(f_i-np_i)^2/np_i$
1	$(-\infty, 9.614]$	502	0.0494	494	0.1296
2	(9.614, 10.323]	1473	0.1446	1446	0.5041
3	(10.323, 11.032]	2818	0.2758	2758	1.3053
4	(11.032, 11.742]	2859	0.2923	2923	1.4013
5	(11.742, 12.451]	1680	0.1712	1712	0.5981
6	$(12.451, +\infty)$	668	0.0667	667	0.0015
合计		10000	1.0000	10000	3.9399

由表 6-7 可知，$X^2=3.9399$，由于 $X^2<X^2_{0.10}(3)$，因此，在显著水平 $\alpha=0.1$ 条件下可以认为当变异系数为 0.1 时，路基中心第 15 年 7 月 15 日的沉降变形服从均值为 11.1 cm、标准差为 0.92 cm 的正态分布。

当变异系数为 0.25 时，根据最大似然估计法及前文随机变形场的结果可知，路基中心第 15 年 7 月 15 日的沉降变形均值为 11.1 cm，标准差为 1.65 cm。随机模拟 10 000 次获得的样本中，最大值为 17.284 cm，最小值为 4.831 9 cm。将 10 000 个数据的区间[4.8319, 17.284]等分成 10 个互不重叠的小区间，分别计算频数、频率及累计频率，如表 6-8 所示。

表 6-8　路基中心 D 点第 15 年 7 月 15 日沉降变形的频数、频率分布表(δ=0.25)

编号	分组$(t_{i-1}, t_i]$	频数 f_i	频率 f_i/n	累计频率
1	[4.8319,6.0771]	13	0.0013	
2	(6.0771,7.3222]	103	0.0103	0.065 0
3	(7.3222,8.5674]	534	0.0534	

续表

编号	分组$(t_{i-1}, t_i]$	频数f_i	频率f_i/n	累计频率
4	(8.5674,9.8126]	1491	0.1491	0.2141
5	(9.8126,11.058]	2749	0.2749	0.4890
6	(11.058,12.303]	2803	0.2803	0.7693
7	(12.303,13.548]	1620	0.162	0.9313
8	(13.548,14.793]	553	0.0553	0.9866
9	(14.793,16.038]	116	0.0116	0.9866+0.0134=1
10	(16.038,17.284]	18	0.0018	

进一步将频率$f_i/n<0.05$的合并，最后分为 7 组，结合统计样本的范围，7 组数据依次为(−∞,8.567 4]，(8.567 4,9.812 6]，(9.812 6,11.058]，(11.058,12.303]，(12.303,13.548]，(13.548,14.793]，(14.793,+∞)。依据公式(6.1)，可获得卡方(X^2)分布的相关计算参数值，如表 6-9 所示，由于k=7，r=2，自由度$k-r-1=4$，$X^2_{0.10}(4)=7.779$。

表 6-9　路基中心 D 点第 15 年 7 月 15 日沉降变形的 X^2 分布表(δ=0.25)

编号	分组$(t_{i-1}, t_i]$	频数f_i	p_i	np_i	$(f_i-np_i)^2/np_i$
1	(−∞,8.5674]	650	0.0624	624.03	1.0808
2	(8.5674,9.8126]	1491	0.1552	1552.20	2.4130
3	(9.8126,11.058]	2749	0.2722	2722.20	0.2638
4	(11.058,12.303]	2803	0.2772	2771.80	0.3512
5	(12.303,13.548]	1620	0.1640	1640.20	0.2488
6	(13.548,14.793]	553	0.0563	563.48	0.1949
7	(14.793,+∞)	134	0.0126	126.05	0.5014
合计		10000	1.0000	10000	5.0539

由上表可知，X^2=5.053 9，由于$X^2<X^2_{0.10}(3)$，因此，在显著水平α=0.1 条件下可以认为当变异系数为 0.25 时，路基中心第 15 年 7 月 15 日的沉降变形服从均值为 11.1 cm、标准差为 1.65 cm 的正态分布。

根据最大似然估计法及前文随机变形场的结果可知，路基中心第 15 年 10 月 15 日的沉降变形均值为 11.2 cm；当变异系数为 0.1 时，标准差为 1.21 cm；当变异系数为 0.25 时，标准差为 2.23 cm。对于变异系数为 0.1 的情况，随机模拟 10 000 次获得的样本中，最大值为 15.664 cm，最小值为 6.099 8 cm。将 10 000 个数据的区间[6.099 8, 15.664]等分成 10 个互不重叠的小区间，分别计算频数、频率及累计频率，如表 6-10 所示。

进一步将频率$f_i/n<0.05$的合并，最后分为 5 组，结合统计样本的范围，5 组数据依次为：(−∞,9.925 6]，(9.925 6,10.882]，(10.882,11.839]，(11.839,12.795]，(12.795,+∞)。依据公式(6.1)，可获得卡方(X^2)分布的相关计算参数值，如表 6-11 所示，由于k=5，r=2，自由度$k-r-1=2$，$X^2_{0.10}(2)=4.605$。

表 6-10　路基中心 D 点第 15 年 10 月 15 日沉降变形的频数、频率分布表(δ=0.01)

编号	分组(t_{i-1}, t_i]	频数 f_i	频率 f_i/n	累计频率
1	[6.0998,7.0562]	5	0.0005	
2	(7.0562,8.0127]	44	0.0044	0.1455
3	(8.0127,8.9692]	258	0.0258	
4	(8.9692,9.9256]	1148	0.1148	
5	(9.9256,10.882]	2520	0.2520	0.3975
6	(10.882,11.839]	2968	0.2968	0.6943
7	(11.839,12.795]	2143	0.2143	0.9086
8	(12.795,13.751]	719	0.0719	
9	(13.751,14.708]	172	0.0172	0.9086+0.0914=1
10	(14.708,15.664]	23	0.0023	

表 6-11　路基中心 D 点第 15 年 10 月 15 日沉降变形的 X^2 分布表(δ=0.01)

编号	分组(t_{i-1}, t_i]	频数 f_i	p_i	np_i	$(f_i-np_i)^2/np_i$
1	(−∞,9.9256]	307	0.0318	318.10	0.3873
2	(9.9256,10.882]	2520	0.2482	2482.30	0.5726
3	(10.882,11.839]	2968	0.3029	3029.40	1.2445
4	(11.839,12.795]	2143	0.2180	2179.90	0.6246
5	(12.795,+∞)	914	0.0932	932.20	0.3553
合计		10000	1.0000	10000	3.1834

由上表可知，X^2=3.183 4，由于 $X^2<X^2_{0.10}(2)$，因此，在显著水平 α=0.1 条件下可以认为当变异系数为 0.1 时，路基中心第 15 年 10 月 15 日的沉降变形服从均值为 11.2 cm、标准差为 1.21 cm 的正态分布。

当变异系数为 0.25 时，根据最大似然估计法及前文随机变形场的结果可知，路基中心第 15 年 10 月 15 日的沉降变形均值为 11.2 cm，标准差为 2.23 cm。随机模拟 10 000 次获得的样本中，最大值为 19.236 cm，最小值为 3.1792 cm。将 10 000 个数据的区间[3.1792, 19.236]等分成 10 个互不重叠的小区间，分别计算频数、频率及累计频率，如表 6-12 所示。

表 6-12　路基中心 D 点第 15 年 10 月 15 日沉降变形的频数、频率分布表(δ=0.25)

编号	分组(t_{i-1}, t_i]	频数 f_i	频率 f_i/n	累计频率
1	(3.1792,4.7848]	26	0.0026	
2	(4.7848,6.3905]	145	0.0145	0.0761
3	(6.3905,7.9962]	590	0.0590	
4	(7.9962,9.6018]	1606	0.1606	0.2367

续表

编号	分组$(t_{i-1}, t_i]$	频数f_i	频率f_i/n	累计频率
5	(9.6018,11.207]	2627	0.2627	0.4994
6	(11.207,12.813]	2615	0.2615	0.7609
7	(12.813,14.419]	1653	0.1653	0.9262
8	(14.419,16.024]	581	0.0581	
9	(16.024,17.63]	137	0.0137	0.9262+0.0738=1
10	(17.63,19.236]	20	0.0020	

进一步将频率f_i/n<0.05的合并，最后分为6组，结合统计样本的范围，6组数据依次为(−∞,7.996 2]，(7.996 2,9.601 8]，(9.601 8,11.207]，(11.207,12.813]，(12.813,14.419]，(14.419,+∞)。依据公式(6.1)，可获得卡方(X^2)分布的相关计算参数值，如表6-13所示，由于k=6，r=2，自由度k–r–1=3，$X^2_{0.10}(3)$=6.251。

表6-13　路基中心D点第15年10月15日沉降变形的X^2分布表(δ=0.25)

编号	分组$(t_{i-1}, t_i]$	频数f_i	p_i	np_i	$(f_i-np_i)^2/np_i$
1	(−∞,7.9962]	761	0.0754	754.04	0.0642
2	(7.9962,9.6018]	1606	0.1614	1613.80	0.0377
3	(9.6018,11.207]	2627	0.2645	2644.70	0.1185
4	(11.207,12.813]	2615	0.2640	2640.10	0.2386
5	(12.813,14.419]	1653	0.1603	1603.00	1.5596
6	(14.419,+∞)	738	0.0744	744.40	0.0550
合计		10000	1.0000	10000	2.0736

由上表可知，X^2=2.073 6，由于$X^2<X^2_{0.10}(3)$，因此，在显著水平α=0.1条件下可以认为当变异系数为0.25时，路基中心第15年10月15日的沉降变形服从均值为11.2 cm、标准差为2.23 cm的正态分布。

2. 变形可靠性分析

针对路基中心及路肩不同时刻沉降变形超过10 cm、12 cm、14 cm及16 cm的可靠性评估问题，依据Monte-Carlo计算方法的基本思想，在已知沉降变形状态变量的概率分布情况下，根据结构的极限状态方程$g_X(X_1,X_2,\cdots,X_n)-S=0$，利用Monte-Carlo模拟方法产生符合状态变量概率分布的一组随机数$X_1,X_2,\cdots,X_n$，将随机数代入状态函数$Z=g_X(X_1,X_2,\cdots,X_n)-S$计算得到状态函数的一个随机数，如此用同样的方法产生N个状态函数的随机数。如果N个状态函数的随机数中有M个小于或等于零，当N足够大时，根据大数定律，此时的频率已近似于概率，因而可定义可靠性功能函数为

$$\beta=p\left\{g_X(X_1,X_2,\cdots,X_n)-S\leqslant 0\right\}=\frac{M}{N} \tag{6-2}$$

式中，S 为允许沉降变形量。

失效概率为

$$\psi = 1 - \beta \tag{6-3}$$

为了进一步讨论路基中心不同时刻沉降变形的可靠度，根据获得的竖向位移均值及标准差结果，以路基中心不同时刻允许沉降变形量为 10 cm、12 cm、14 cm 及 16 cm，并结合进行上述可靠性分析过程，当参数变异系数为 0.25 时，提取并计算冻土路堤顶面中心 D 点处的可靠度，得到路基中心 D 点沉降可靠度随时间的变化曲线，如图 6-20、图 6-21 所示。从图 6-20 可以看出，冻土路堤顶面中心 D 点允许沉降变形量为 10 cm 时，路堤施工完成后 5 年内，可靠度基本稳定在 100%，第 5 年后，可靠度开始降低，说明已有沉降变形样本值超过 10 cm，至第 30 年 7 月 15 日，可靠度仅为 30%，说明该沉降标准条件下路基约有 70%的沉降变形样本值超过 10 cm。冻土路堤顶面中心 D 点允许沉降变形量为 12 cm 时，路堤施工完成后 10 年内，可靠度基本稳定在 100%，第 10 年后，可靠度开始降低，至第 30 年 10 月 15 日，可靠度约为 65%。冻土路堤顶面中心 D 点允许沉降变形量为 14 cm 时，路堤施工完成后 12 年内，可靠度基本稳定在 100%，第 12 年后，可靠度稍有降低，至第 30 年 10 月 15 日，可靠度约为 88%。冻土路堤顶面中心 D 点允许沉降变形量为 16 cm 时，路堤施工完成后 30 年内，可靠度基本稳定在 98%，说明沉降变形样本值基本不超过 16 cm。

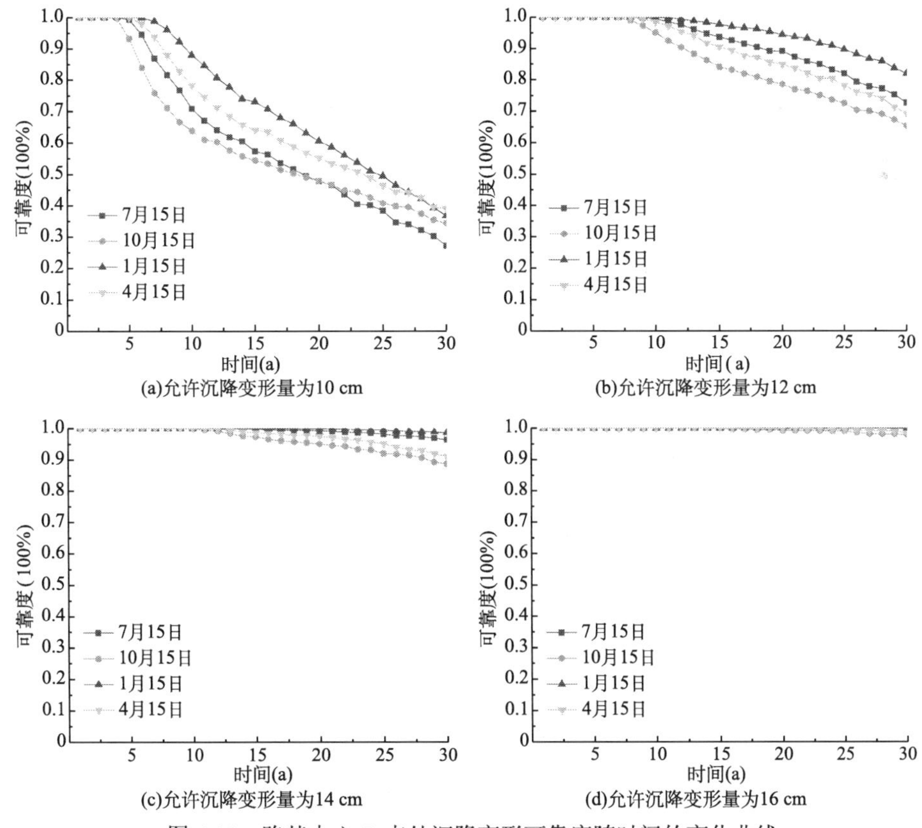

图 6-20　路基中心 D 点处沉降变形可靠度随时间的变化曲线

为了进一步讨论路肩不同时刻沉降变形的可靠度，根据获得的竖向位移均值及标准差结果，以路肩不同时刻允许沉降变形量为 10 cm、12 cm、14 cm 及 16 cm，并结合进行上述可靠性分析过程，参数当变异系数为 0.25 时，提取并计算冻土路肩 C 点处的可靠度，得到路肩 C 点沉降可靠度随时间的变化曲线，如图 6-21 所示。从图 6-21 可以看出，路肩 C 点允许沉降变形量为 10 cm 时，路堤施工完成后 5 年内，可靠度基本稳定在 100%，第 5 年后，可靠度开始降低，说明已有沉降变形样本值超过 10 cm，至第 30 年 7 月 15 日，可靠度仅为 32%，说明该沉降标准条件下路基约有 68%的沉降变形样本值超过 10 cm。路肩 C 点允许沉降变形量为 12 cm 时，路堤施工完成后 10 年内，可靠度基本稳定在 100%，第 10 年后，可靠度开始降低，至第 30 年 10 月 15 日，可靠度约为 68%。路肩 C 点允许沉降变形量为 14 cm 时，路堤施工完成后 13 年内，可靠度基本稳定在 100%，第 13 年后，可靠度稍有降低，至第 30 年 10 月 15 日，可靠度约为 91%。路肩 C 点允许沉降变形量为 16 cm 时，路堤施工完成后 30 年内，可靠度基本稳定在 98%，说明沉降变形样本值基本不超过 16 cm。

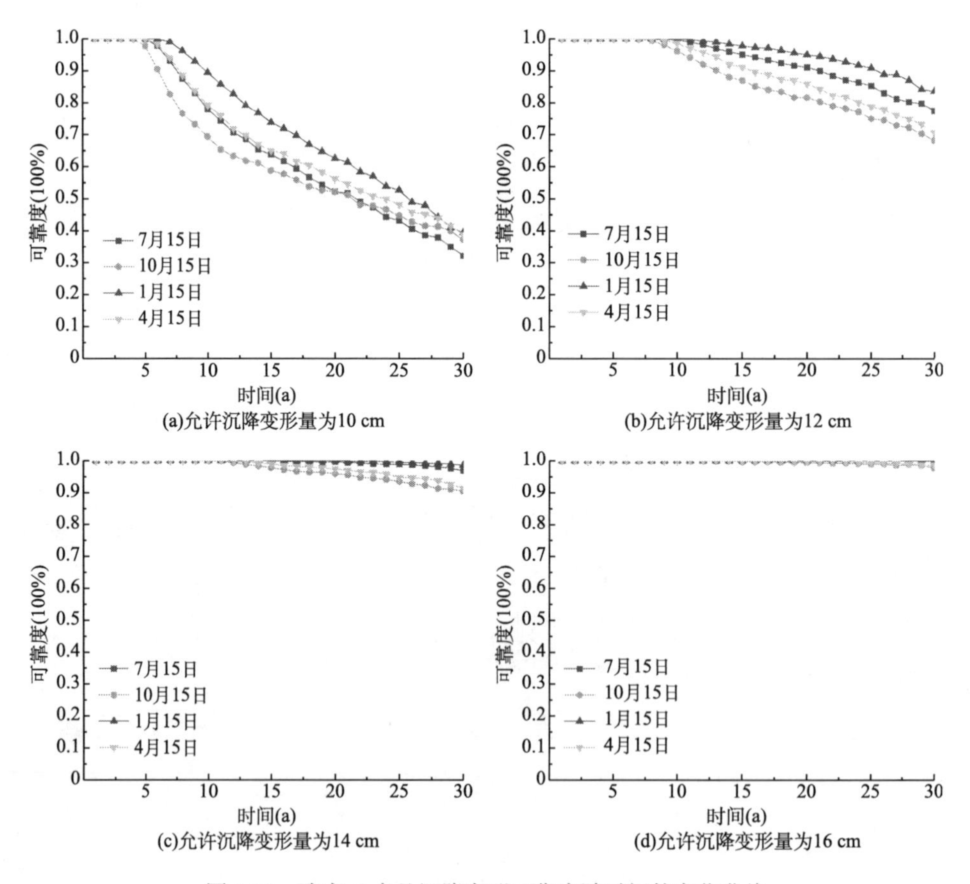

图 6-21　路肩 C 点处沉降变形可靠度随时间的变化曲线

6.3　管线工程随机温度场与变形场分析

6.3.1　计算模型与参数

典型输油管道断面计算模型如图 6-22 所示。

图中区域Ⅰ为粉质黏土，区域Ⅱ为砂砾土，区域Ⅲ为风化基岩，参考前人的研究工作[15,16]，冻土热学参数取值见表 6-14。

根据附面层原理[5]，在计算模型图 6-22 的上边界条件分析中，天然地表 DC 边的温度变化规律为

$$T_n = (A + 1.2) + B\sin\left(\frac{2\pi}{8\,760}t_h + \frac{\pi}{2}\right) + \frac{C}{8\,760 \times 50}t_h \tag{6-4}$$

输油管道外壁的温度变化规律为

$$T_s = 2.5 + 12.5\sin\left(\frac{2\pi}{8\,760}t_h + \frac{\pi}{2}\right) \tag{6-5}$$

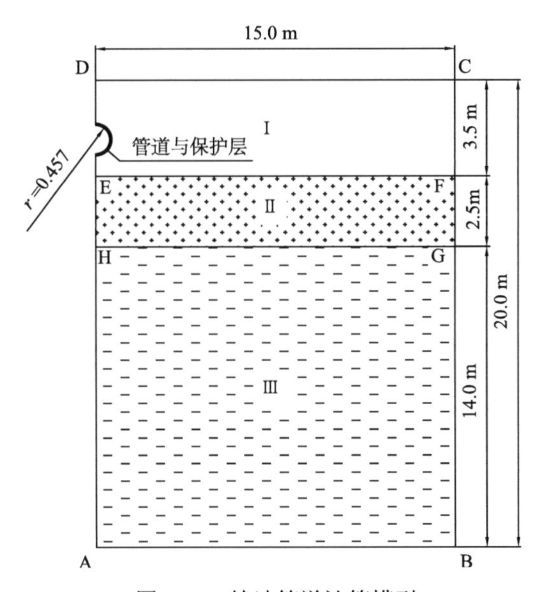

图 6-22　输油管道计算模型

表 6-14　输油管道周围冻土的热学参数

物理量	λ_f [W/(m·℃)]	C_f [J/(m³·℃)]	λ_u [W/(m·℃)]	C_u [J/(m³·℃)]	L (J/m³)
粉质黏土	1.472	1.764×10^6	1.211	2.403×10^6	6.01×10^7
砂砾土	1.380	2.210×10^6	1.060	3.170×10^6	1.32×10^7
风化基岩	1.832	1.711×10^6	1.536	2.102×10^6	3.69×10^7

计算区域两侧铅垂面边界 AD、BC 取为绝热边界，底边界 AB 取恒定地温梯度边界条件[15]，热流密度取为 0.06 W/m^2。

初始条件以不考虑升温的天然地表温度方程式(6-4)作为 I 区域的上边界条件进行反复多年计算，直到得到稳定的温度场为止，计算中考虑最不利的情况，假设管道在夏季完成施工，因此将计算得到的 7 月 15 日温度场作为该区计算的温度初始条件。

计算结构采用三角形网格进行有限元离散，同时，热学参数随机场亦采用三角形网格进行离散，有限元网格与随机场网格使用同一套网格，如图 6-23 所示。显然，随机场单元的数字特征与有限元单元可以一一对应，大大减少了程序编制工作，应用方便。图 6-23 有 1 740 个单元，932 个节点，本书将砂砾土区域和粉质黏土区域的导热系数、体积比热容、相变潜热考虑为三个独立式随机场，假定相关距离为 5 m，标准相关系数的形式取为式(2-66)，随机变量服从正态分布，计算中假定随机参数变异系数为 0.2。

冻土的基本力学性质随着土温的不同而发生变化，冻土的黏聚力、内摩擦角以及泊松比与土温的关系可用式(5-29)~式(5-31)表示，计算域中各土层的基本力学参数取值见表 6-15。

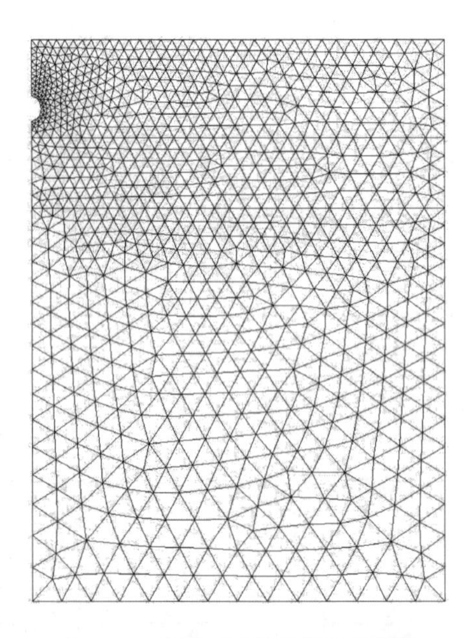

图 6-23　有限元网格及随机场网格

表 6-15　输油管道周围冻土的基本力学参数

计算参数	γ (kN·m^{-3})	a_1 (MPa)	b_1	a_2	b_2	a_3	b_3
粉质黏土	18.3	0.03	0.092	23	9.5	0.35	−0.007
砂砾土	19.4	0.16	0.088	21	8	0.40	−0.008
风化基岩	21.6	0.12	0.241	27	11	0.25	−0.004

等向固结曲线 $\varepsilon_v=\varphi(\ln p)$ 和临界状态曲线 $\varepsilon_v=\psi(\ln\overline{p})$ 的拟合曲线形式分别为 $\varepsilon_v=ae^{b\ln p}$ 和 $\varepsilon_v=me^{n\ln\overline{p}}$，计算域中各土层的试验参数取值见表 6-16。

表 6-16　输油管道周围冻土各介质的试验参数

计算参数	κ	M_h	a	b	m	n
粉质黏土	5.12×10^{-7}	1.24	2.28×10^{-5}	0.72	1.88×10^{-4}	0.69
砂砾土	5.18×10^{-7}	1.07	2.14×10^{-5}	0.71	1.76×10^{-4}	0.66
风化基岩	5.28×10^{-7}	1.38	2.49×10^{-5}	0.77	1.91×10^{-4}	0.82

对于力学边界条件，上表面 CD 的 x 方向及 y 方向均自由；计算区域两侧铅垂面边界 AD、BC 限制 x 方向移动，y 方向自由；计算区域底边界 AB 限制 y 方向移动，x 方向自由，荷载与边界条件如图 6-24 所示。

计算结构采用与温度场分析相同的三角形网格进行有限元离散，同时，力学参数随机场亦采用三角形网格进行离散，有限元网格与随机场网格使用同一套网格。本书将粉质黏土和砂砾土区域的黏聚力、内摩擦角、泊松比、回弹线斜率、伏斯列夫面斜率考虑为五个独立式随机场，假定相关距离为 5 m，标准相关系数的形式取为式(2-66)，等向固结曲线及临界状态曲线的拟合参考为服从正态分布的随机变量，计算中考虑随机参数的变异系数为 0.2。以计算区域土体自重荷载作用下形成的应力场为初始应力条件，规定初始位移场为零，计算中考虑最不利的情况，假设输油管道在夏季 7 月 15 日完成施工。根据本书编制的 MATLAB 随机有限元程序便可进行多年冻土地区输油管道随机温度场及变形场的计算。

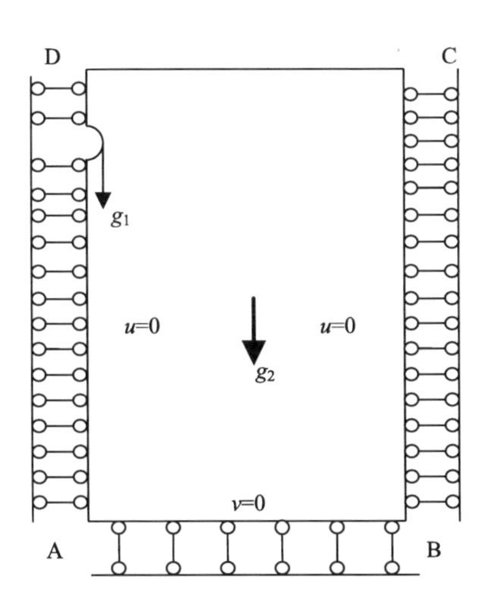

图 6-24　荷载与边界条件

6.3.2　计算结果与分析

1. 温度均值

图 6-25(a)为输油管道修筑完成后第 15 年 7 月 15 日的温度均值分布图，从该图可以看到，天然地表下多年冻土上限(均值为 0℃等温线)的坐标为 $Y=-1.8$ m，而在输油管道下，最大深度已达到−3.22 m。图 6-25(b)为输油管道修筑完成后第 15 年 10 月 15 日的温度均值分布图，从该图可以看到，输油管道下最大融深已达到−3.45 m。

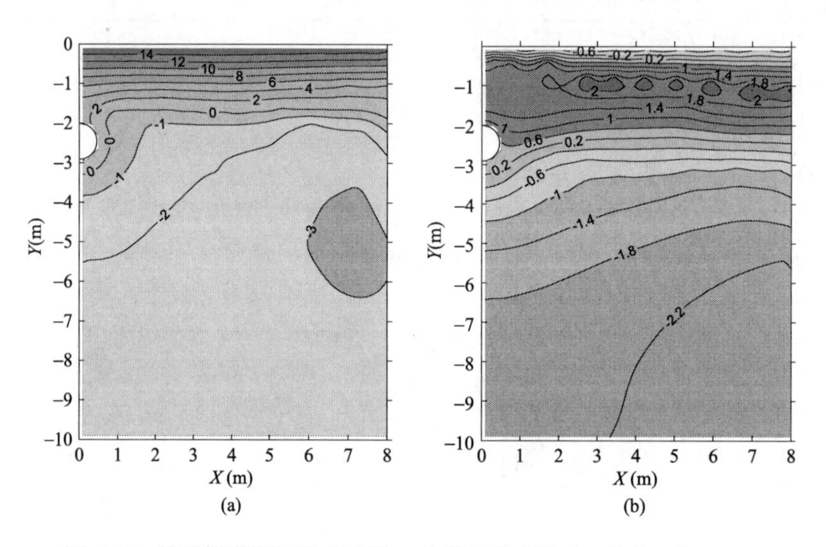

图 6-25　输油管道修筑完成后第 15 年温度均值分布（单位：℃）

图 6-26(a)为输油管道修筑完成后第 30 年 7 月 15 日的温度均值分布图，从该图可以看到，天然地表下多年冻土上限的坐标为 $Y=-1.9$ m，而在输油管道下，最大深度已达到3.32 m。图 6-26(b)为输油管道修筑完成后第 30 年 10 月 15 日的温度均值分布图，从该图可以看到，输油管道下最大融深已达到−3.55 m。

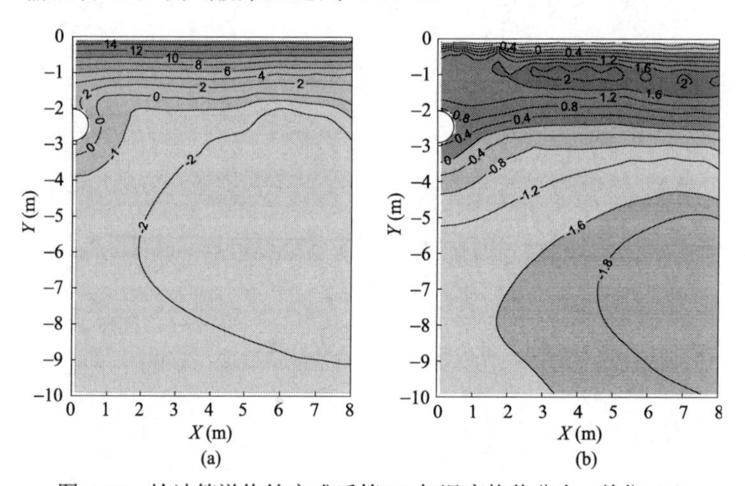

图 6-26　输油管道修筑完成后第 30 年温度均值分布（单位：℃）

比较图 6-25(a)与图 6-26(a)可以发现，气候变暖使冻土天然上限下移，且由于输油管道的修筑，其下部冻土上限下移得更为严重；比较图 6-25(b)与图 6-26(b)可以得到相似的结论。因此，在考虑土性参数及上边界条件随机性时，气候变暖及输油管道的修筑加速了冻土的退化。依据多年冻土输油管道土层区确定性分析方法[16]，本书得到了输油管道修筑完成后第 15 年 7 月 15 日和 10 月 15 日的确定性温度分布，如图 6-27 所示，可以发现多年冻土输油管道均值温度场分布与确定性温度场分布基本相同，依据伯努利大数定理便可印证文中随机模型的合理性和计算方法的正确性。

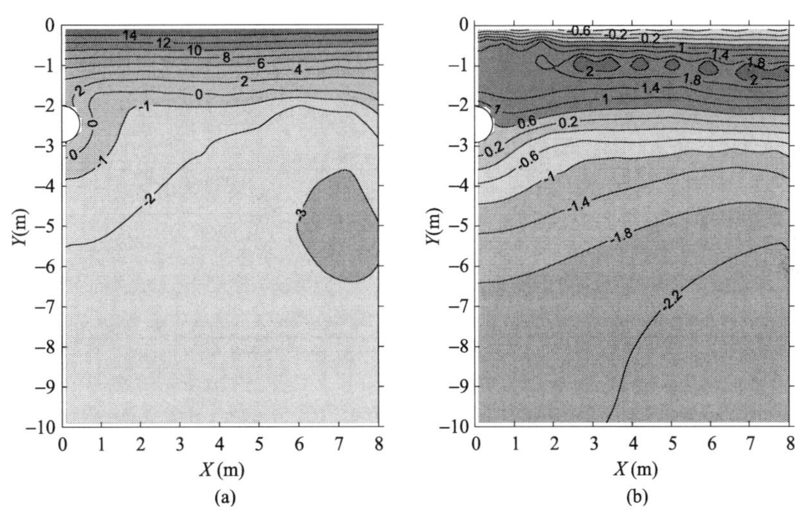

图 6-27　输油管道修筑完成后第 15 年温度分布（单位：℃）

2. 温度标准差

图 6-28(a)为输油管道修筑完成后第 15 年 7 月 15 日的温度标准差分布图，从该图可以看到，地表和输油管道周围的温度标准差较大，且随着深度的增加，温度标准差逐渐

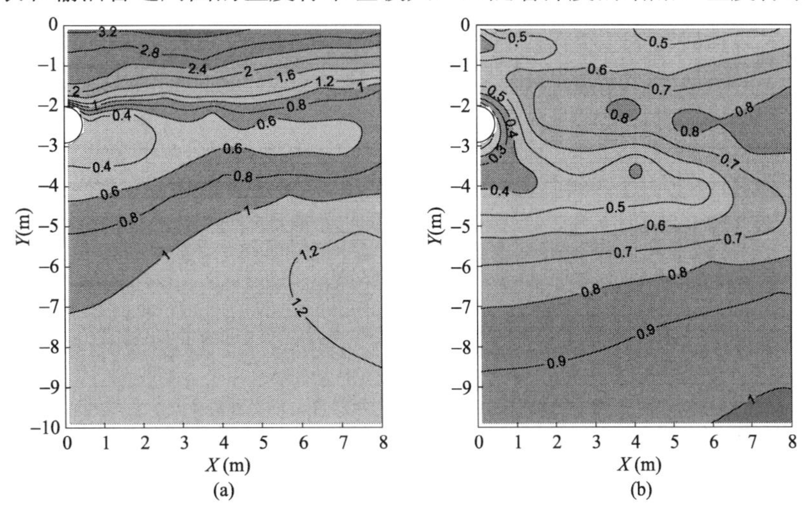

图 6-28　输油管道修筑完成后第 15 年温度标准差分布（单位：℃）

减小，最大的温度标准差值约为 3.2 ℃。图 6-28(b)为输油管道修筑完成后第 15 年 10 月 15 日的温度标准差分布图，从该图可以看到，输油管道周围的温度标准差较大，且温度标准差离散性明显，最大的温度标准差值约为 0.9℃。

图 6-29(a)为输油管道修筑完成后第 30 年 7 月 15 日的温度标准差分布图，从该图可以看到，地表和输油管道周围的温度标准差较大，且随着深度的增加，温度标准差逐渐减小，最大的温度标准差值约为 3.5℃。图 6-29(b)为输油管道修筑完成后第 30 年 10 月 15 日的温度标准差分布图，从该图可以看到，输油管道周围的温度标准差较大，最大的温度标准差值约为 1.1℃。

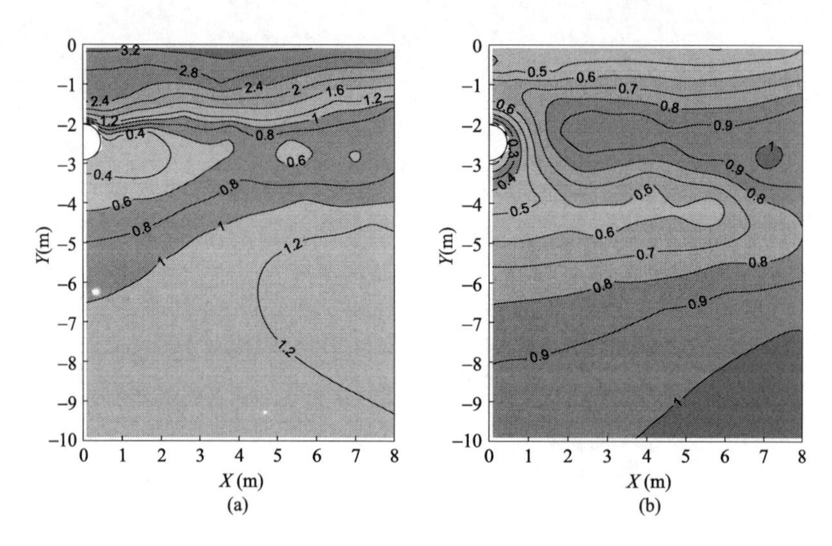

图 6-29　输油管道修筑完成后第 30 年温度标准差分布(单位：℃)

为了进一步分析断面整体温度标准差变化情况，根据获得的温度场标准差结果，以年份为间隔单位，计算断面标准差的均值及最大值，得到计算断面标准差平均值及最大值随时间的变化曲线，如图 6-30 所示。从图中可以看出，若不考虑全球气温升高效应，温度场稳定后，计算断面标准差平均值及最大值应该为某一恒定值；课题研究中考虑了

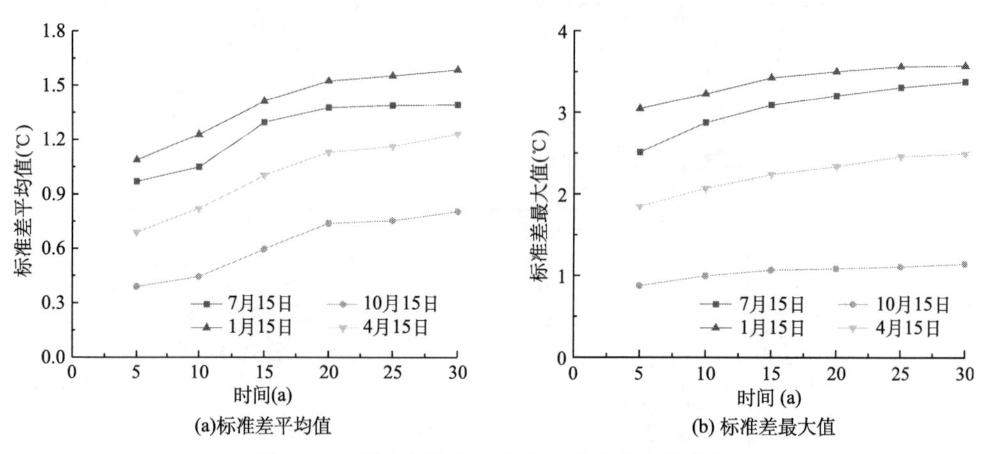

图 6-30　温度标准差平均值与最大值变化曲线

50 年平均升温 2.6 ℃，温度标准差平均值及最大值均不稳定，总体随时间在增加，说明如果仅采用传统确定性分析方法，随时间演化，气温升高，对温度场分析可能造成的误差越来越大。

3. 变形均值

图 6-31 (a)为输油管道修筑完成后第 15 年 7 月 15 日的水平位移均值分布图，图 6-31 (b)为输油管道修筑完成后第 15 年 10 月 15 日的水平位移均值分布图，从该图可以看到，输油管道周边土体水平位移均值较小，最大值约为 0.37 cm。图 6-31 (c)为输油管道修筑完成后第 15 年 7 月 15 日的竖向位移均值分布图，图 6-31 (d)为输油管道修筑完成后第 15 年 10 月 15 日的竖向位移均值分布图，从该图可以看到，输油管道周边土体竖向位移均值较大，最大值约为 11.4 cm。同时可以发现，7 月 15 日的水平位移均值分布图与 10 月 15 日的水平位移均值分布图相似；7 月 15 日的竖向位移均值分布图与 10 月 15 日的竖向位移均值分布图亦相似，说明相同年份中，温度变化对水平位移均值分布影响较小，对竖向位移均值分布有一定影响。

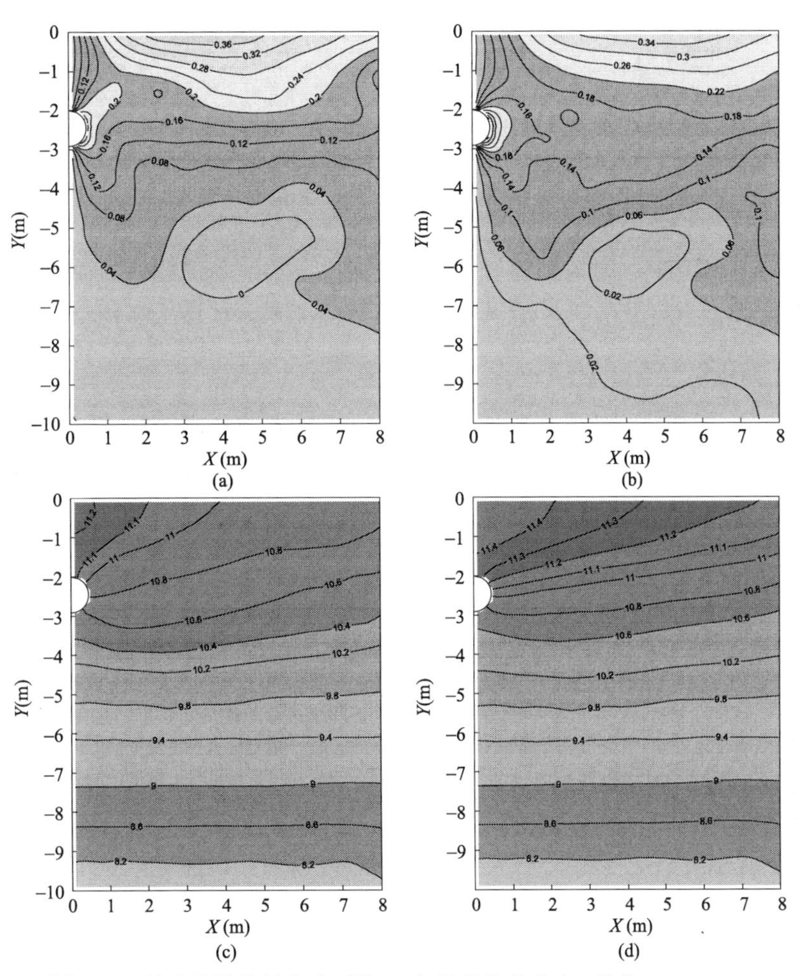

图 6-31　输油管道修筑完成后第 15 年位移均值分布（单位：cm）

图 6-32(a)为输油管道修筑完成后第 30 年 7 月 15 日的水平位移均值分布图，图 6-32 (b)为输油管道修筑完成后第 30 年 10 月 15 日的水平位移均值分布图，从该图可以看到，输油管道周边土体水平位移均值仍然较小，最大值约为 0.39 cm。图 6-32 (c)为输油管道修筑完成后第 15 年 7 月 15 日的竖向位移均值分布图，图 6-32 (d)为输油管道修筑完成后第 15 年 10 月 15 日的竖向位移均值分布图，从该图可以看到，输油管道周边土体竖向位移均值增加较大，最大值约为 13.6 cm。同时可以发现，7 月 15 日的水平位移均值分布图与 10 月 15 日的水平位移均值分布图相似；7 月 15 日的竖向位移均值分布图与 10 月 15 日的竖向位移均值分布图亦相似，再次说明相同年份中，温度变化对水平位移均值分布影响较小，对竖向位移均值分布有一定影响。比较图 6-31 与图 6-32 可知，随着时间的推移，水平位移均值变化不大，竖向位移均值在增加。因此，可以得出气温变暖对水平位移均值影响较小，对竖向位移均值影响较大。

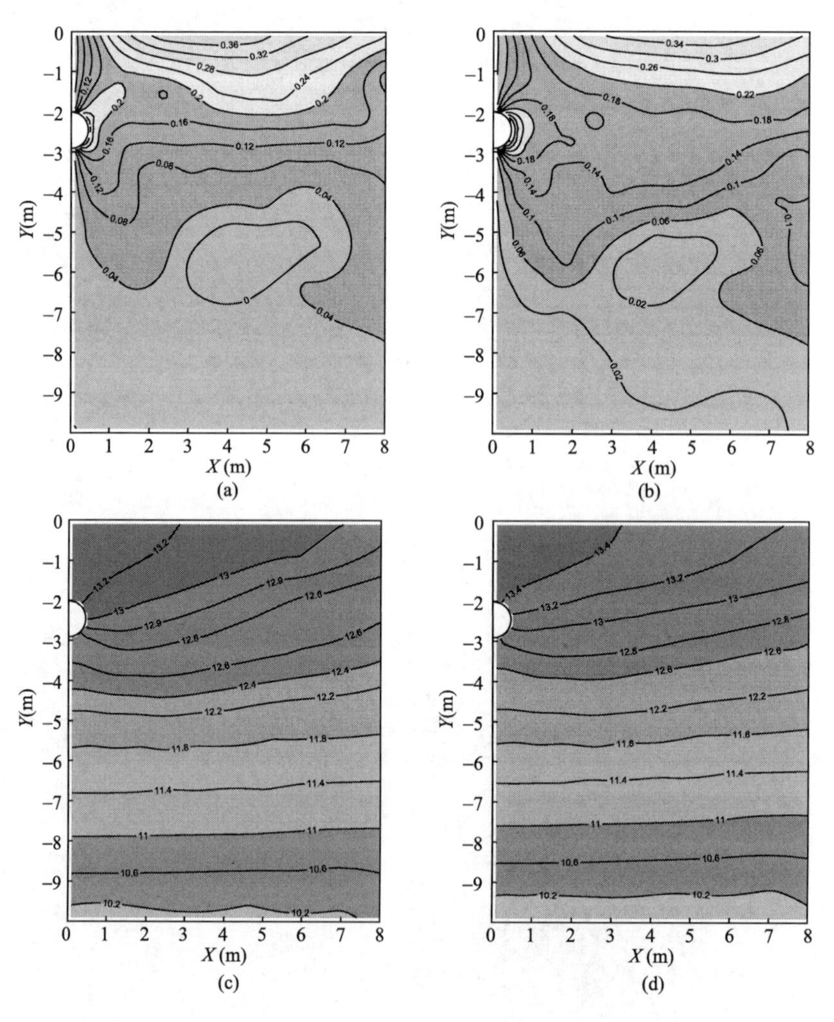

图 6-32　输油管道修筑完成后第 30 年位移均值分布（单位：cm）

4. 变形标准差

图 6-33(a)为输油管道修筑完成后第 15 年 7 月 15 日的水平位移标准差分布图，图 6-33(b)为输油管道修筑完成后第 15 年 10 月 15 日的水平位移标准差分布图，从该图可以看到，输油管道周边土体水平位移标准差较小，最大值约为 0.05 cm。图 6-33(c)为输油管道修筑完成后第 15 年 7 月 15 日的竖向位移标准差分布图，图 6-33(d)为输油管道修筑完成后第 15 年 10 月 15 日的竖向位移标准差分布图，从该图可以看到，输油管道周边土体竖向位移标准差较大，最大值约为 1.21 cm。同时可以发现，7 月 15 日的水平位移标准差分布图与 10 月 15 日的水平位移标准差分布图相似；7 月 15 日的竖向位移标准差分布图与 10 月 15 日的竖向位移标准差分布图亦相似，说明相同年份中，温度变化对水平位移标准差分布影响较小，对竖向位移标准差分布有一定影响。

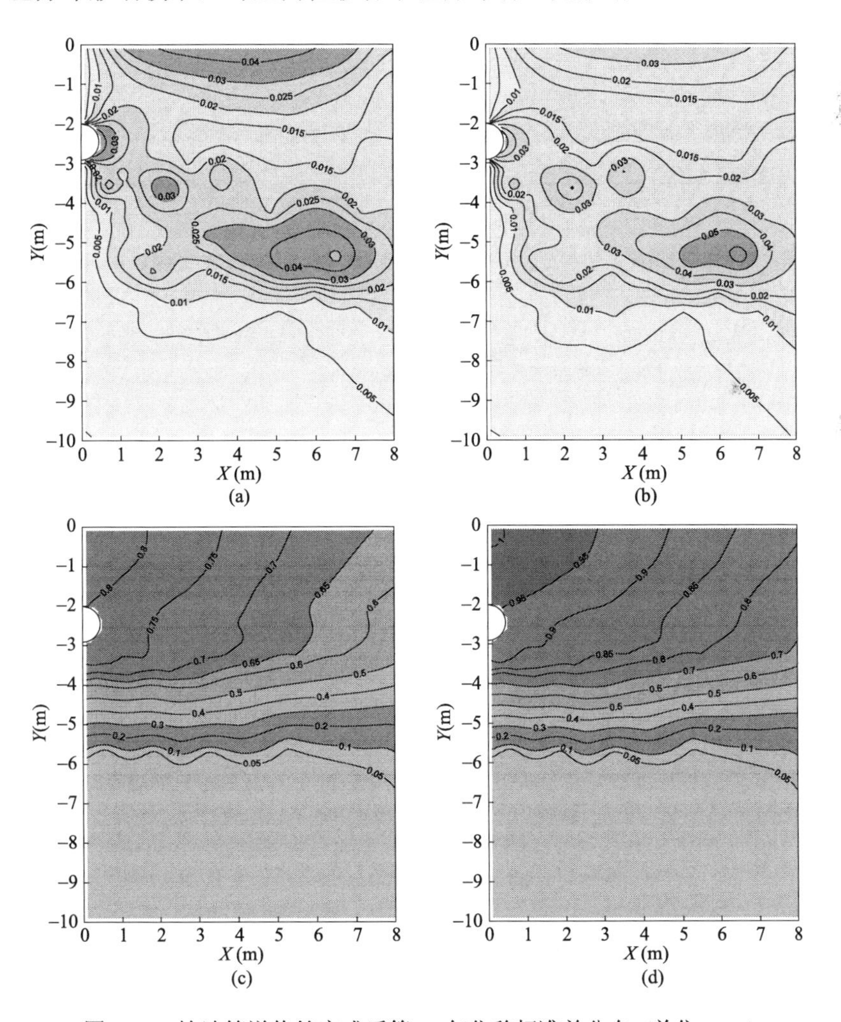

图 6-33　输油管道修筑完成后第 15 年位移标准差分布（单位：cm）

图 6-34 (a)为输油管道修筑完成后第 30 年 7 月 15 日的水平位移标准差分布图，图 6-34 (b)为输油管道修筑完成后第 30 年 10 月 15 日的水平位移标准差分布图，从该图可以看到，输油管道周边土体水平位移均值仍然较小，最大值约为 0.07 cm。图 6-34 (c)为输油管道修筑完成后第 15 年 7 月 15 日的竖向位移标准差分布图，图 6-34 (d)为输油管道修筑完成后第 15 年 10 月 15 日的竖向位移标准差分布图，从该图可以看到，输油管道周边土体竖向位移标准差增加较大，最大值约为 1.38 cm。同时可以发现，7 月 15 日的水平位移标准差分布图与 10 月 15 日的水平位移标准差分布图相似；7 月 15 日的竖向位移标准差分布图与 10 月 15 日的竖向位移标准差分布图亦相似，再次说明相同年份中，温度变化对水平位移标准差分布影响较小，对竖向位移均值分布有一定影响。比较图 6-33 与图 6-34 可知，随着时间的推移，水平位移标准差变化不大，竖向位移标准差在增加。因此，可以得出气温变暖对水平位移标准差影响较小，对竖向位移标准差影响较大。

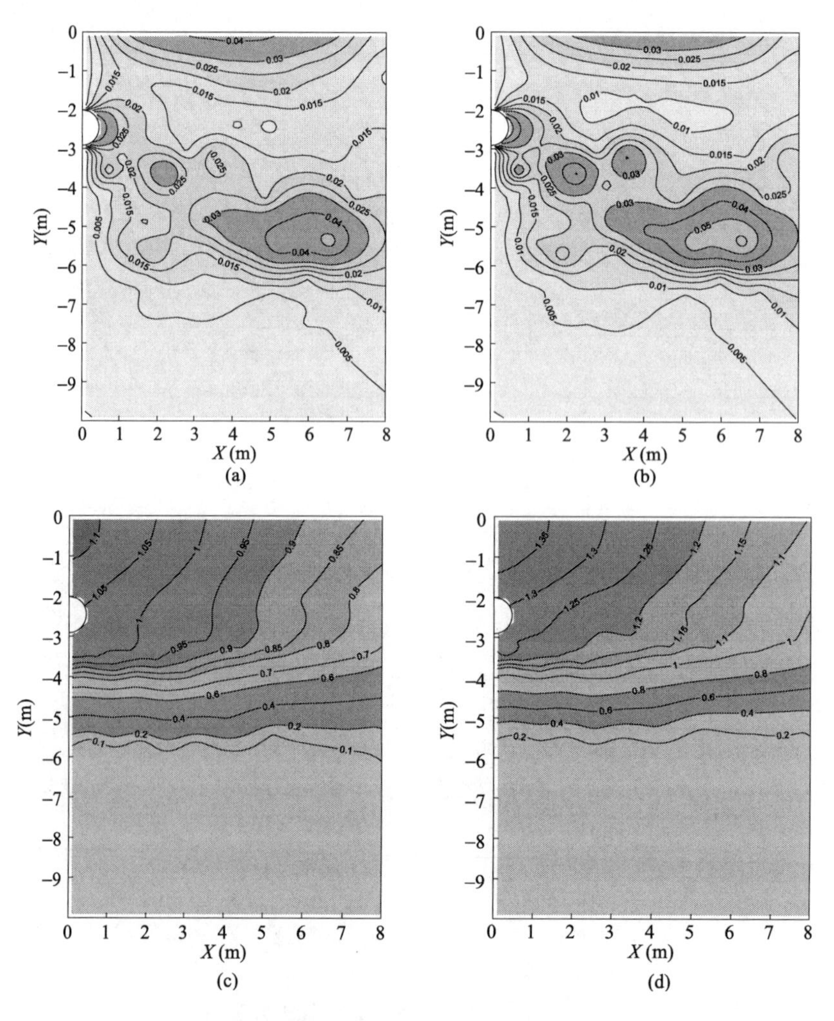

图 6-34　输油管道修筑完成后第 30 年位移标准差分布 (单位：cm)

为了进一步分析断面整体温度标准差变化情况，根据获得的位移场标准差结果，以年份为间隔单位，计算断面位移标准差的平均值及最大值，得到计算断面标准差平均值及最大值随时间的变化曲线，如图 6-35 与图 6-36 所示。从图中可以看出，若不考虑全球气温升高效应，位移场稳定后，计算断面标准差平均值及最大值应该为某一恒定值；课题研究中考虑了 50 年平均升温 2.6℃，位移标准差平均值及最大值均不稳定，总体随时间在增加，说明如果仅采用传统确定性分析方法，随时间演化，气温升高，对位移场分析可能造成的误差越来越大。

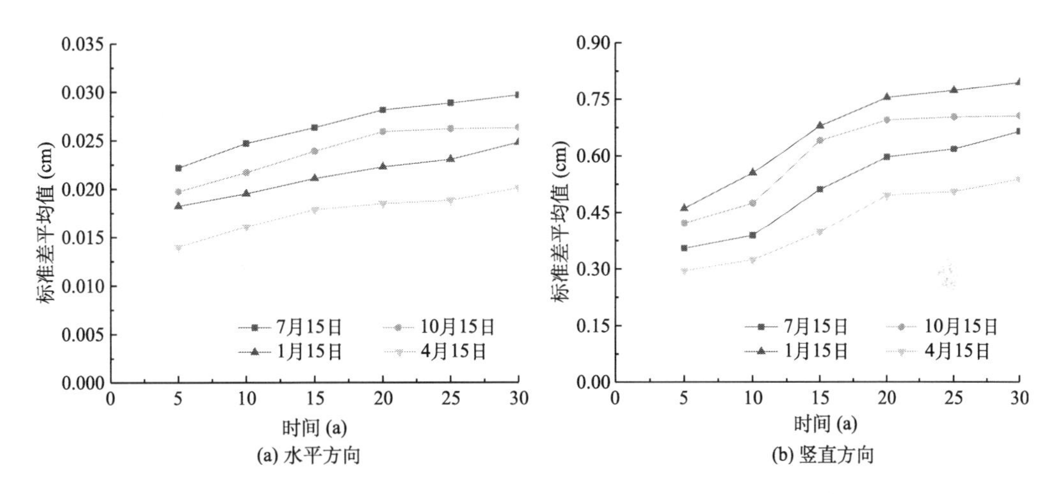

图 6-35　水平位移标准差与竖向位移标准差平均值变化曲线

6.3.3　变形可靠性评价

实际工程中，以地基地表变形超过一定范围为可靠性评价指标，本项目对输油管道中心上部地表的沉降变形超过 12 cm、14 cm、16 cm 及 18 cm 进行可靠性评估。

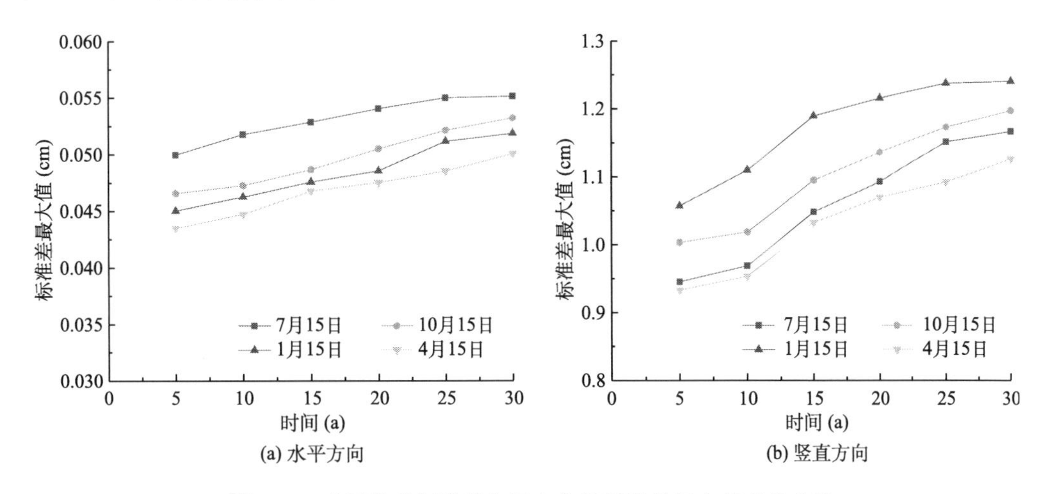

图 6-36　水平位移标准差与竖向位移标准差最大值变化曲线

1. 分布拟合检验

由 NSFEM 分析可得管道工程沉降变形的样本，然而并不能确切预知总体服从何种分布，因此需要根据来自总体的样本对总体的分布进行推断，以判断总体服从何种分布。依据 NSFEM 分析过程可知，每次随机模拟均能得到某一时刻输油管道沉降变形的样本，在进行可靠性评价之前，对样本值进行分布拟合检验。因数据较多且篇幅有限，选择以输油管道中心上部地表第 15 年 7 月 15 日和第 15 年 10 月 15 日的沉降变形为例，进行分布拟合检验。

根据最大似然估计法及前文随机变形场的结果可知，输油管道中心上部 D 点第 15 年 7 月 15 日的沉降变形均值为 13.5 cm，标准差为 1.05 cm，随机模拟 10 000 次获得的样本中，最大值为 17.339 cm，最小值为 9.598 cm。将 10 000 个数据的区间[9.598, 17.339]等分成 10 个互不重叠的小区间，分别计算频数、频率及累计频率，如表 6-17 所示。

表 6-17　输油管道中心上部 D 点第 15 年 7 月 15 日沉降变形的频数、频率分布表

编号	分组$(t_{i-1}, t_i]$	频数 f_i	频率 f_i/n	累计频率
1	[9.598,10.372]	15	0.0015	
2	(10.372,11.146]	111	0.0111	0.0644
3	(11.146,11.92]	518	0.0518	
4	(11.92,12.694]	1496	0.1496	0.214
5	(12.694,13.468]	2644	0.2644	0.4784
6	(13.468,14.242]	2718	0.2718	0.7502
7	(14.242,15.017]	1702	0.1702	0.9204
8	(15.017,15.791]	647	0.0647	
9	(15.791,16.565]	136	0.0136	0.9204+0.0796=1
10	(16.565,17.339]	13	0.0013	

进一步将频率 $f_i/n<0.05$ 的合并，最后分为 6 组，结合统计样本的范围，6 组数据依次为$(-\infty,11.92]$，$(11.92,12.694]$，$(12.694,13.468]$，$(13.468,14.242]$，$(14.242,15.017]$，$(15.017,+\infty)$。依据公式(6.1)，可获得卡方(X^2)分布的相关计算参数值，如表 6-18 所示，由于 k=6，r=2，自由度 $k-r-1=3$，$X^2_{0.10}(3)=6.251$。

由上表可知，$X^2=4.2128$，由于 $X^2<X^2_{0.10}(3)$，因此，在显著水平 $\alpha=0.1$ 条件下输油管道中心上部地表第 15 年 7 月 15 日的沉降变形服从均值为 13.5 cm、标准差为 1.05 cm 的正态分布。

根据最大似然估计法及前文随机变形场的结果可知，输油管道中心上部 D 点第 15 年 10 月 15 日的沉降变形均值为 13.6 cm、标准差为 1.13 cm，随机模拟 10000 次获得的样本中，最大值为 18.344 cm，最小值为 9.264 3 cm。将 10 000 个数据的区间[9.264 3, 18.344]等分成 10 个互不重叠的小区间，分别计算频数、频率及累计频率，如表 6-19 所示。

表 6-18　输油管道中心上部 D 点第 15 年 7 月 15 日沉降变形的 X^2 分布表

编号	分组$(t_{i-1}, t_i]$	频数 f_i	p_i	np_i	$(f_i-np_i)^2/np_i$
1	(−∞,11.92]	644	0.0662	661.93	0.4857
2	(11.92,12.694]	1496	0.1532	1531.60	0.8275
3	(12.694,13.468]	2644	0.2665	2664.90	0.1639
4	(13.468,14.242]	2718	0.2723	2722.70	0.0081
5	(14.242,15.017]	1702	0.1656	1656.20	1.2665
6	(15.017,+∞)	796	0.0763	762.62	1.4610
合计		10000	1.0000	10000	4.2128

表 6-19　输油管道中心上部 D 点第 15 年 10 月 15 日沉降变形的频数、频率分布表

编号	分组$(t_{i-1}, t_i]$	频数 f_i	频率 f_i/n	累计频率
1	[9.2643,10.172]	15	0.0015	
2	(10.172,11.08]	121	0.0121	0.0755
3	(11.08,11.988]	619	0.0619	
4	(11.988,12.896]	1902	0.1902	0.2657
5	(12.896,13.804]	3011	0.3011	0.5668
6	(13.804,14.712]	2649	0.2649	0.8317
7	(14.712,15.62]	1314	0.1314	0.9631
8	(15.62,16.528]	316	0.0316	
9	(16.528,17.436]	47	0.0047	0.9631+0.0369=1
10	(17.436,18.344]	6	0.0006	

进一步将频率 $f_i/n<0.05$ 的合并，最后分为 6 组，结合统计样本的范围，6 组数据依次为(−∞,11.92]，(11.92,12.694]，(12.694,13.468]，(13.468,14.242]，(14.242,15.017]，(15.017,+∞)。依据公式(6.1)，可获得卡方(X^2)分布的相关计算参数值，如表 6-20 所示，由于 k=6，r=2，自由度 $k-r-1=3$，$X^2_{0.10}(3)=6.251$。

表 6-20　输油管道中心上部 D 点第 15 年 10 月 15 日沉降变形的 X^2 分布表

编号	分组$(t_{i-1}, t_i]$	频数 f_i	p_i	np_i	$(f_i-np_i)^2/np_i$
1	(−∞,11.988]	755	0.0769	769.00	0.2549
2	(11.988,12.896]	1902	0.1898	1898.00	0.0084
3	(12.896,13.804]	3011	0.3050	3050.00	0.4987
4	(13.804,14.712]	2649	0.2658	2658.00	0.0305
5	(14.712,15.62]	1314	0.1256	1256.00	2.6783
6	(15.62,+∞)	369	0.0376	376.00	0.1303
合计		10000	1.0000	10000	3.6011

由上表可知，X^2=3.601 1，由于 $X^2 < X^2_{0.10}(3)$，因此，在显著水平 α=0.1 条件下输油管道中心上部地表第 15 年 10 月 15 日的沉降变形服从均值为 13.6 cm、标准差为 1.13 cm 的正态分布。

2. 变形可靠性分析

针对输油管道中心上部地表不同时刻沉降变形超过 12 cm、14 cm、16 cm 及 18 cm 的可靠性评估问题，依据 Monte-Carlo 计算方法的基本思想，在已知沉降变形状态变量概率分布情况下，根据结构极限状态方程 $g_X(X_1, X_2, \cdots, X_n) - S = 0$，利用 Monte-Carlo 模拟方法产生符合状态变量概率分布的一组随机数 $X_1, X_2, \cdots, X_n$，将随机数代入状态函数 $Z = g_X(X_1, X_2, \cdots, X_n) - S$ 计算得到状态函数的一个随机数，如此用同样的方法产生 N 个状态函数的随机数。如果 N 个状态函数的随机数中有 M 个小于或等于零，当 N 足够大时，根据大数定律，此时的频率已近似于概率，因而可定义可靠性功能函数为式(6-2)，失效概率为式(6-3)。

为了进一步讨论输油管道中心上部 D 点不同时刻沉降变形的可靠度，根据获得的竖向位移均值及标准差结果，以输油管道中心上部地表不同时刻允许沉降变形量为 12 cm、14 cm、16 cm 及 18 cm，并结合进行上述可靠性分析过程，提取并计算输油管道中心上部 D 点处的可靠度，得到 D 点沉降可靠度随时间的变化曲线，如图 6-37 所示。从图中

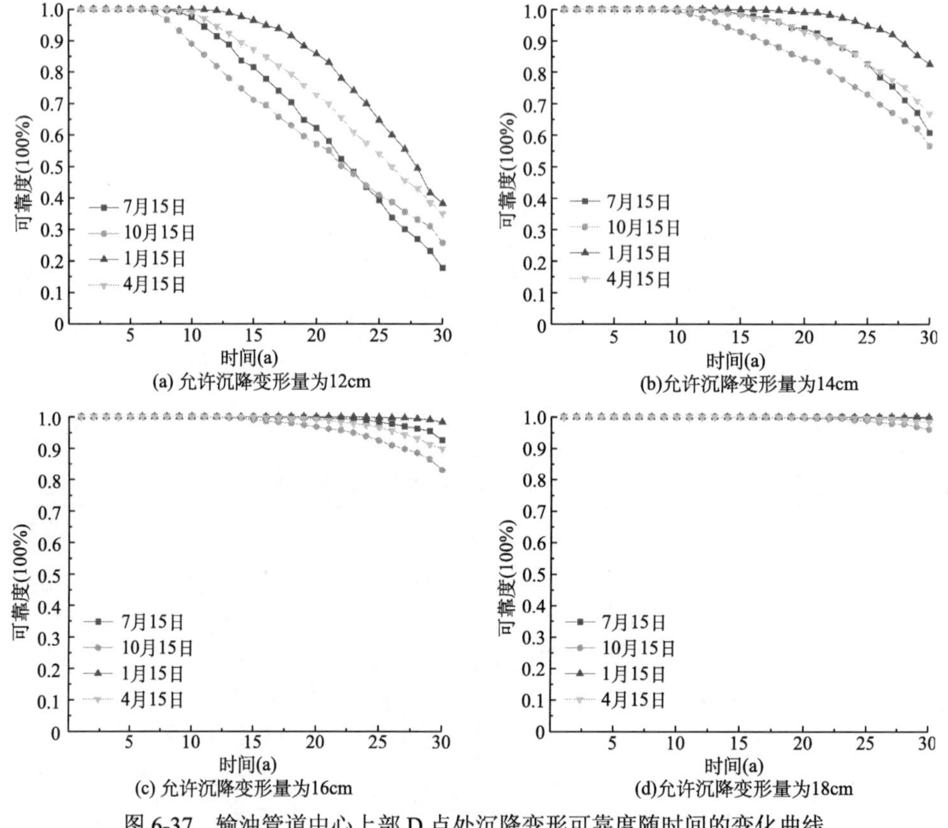

图 6-37　输油管道中心上部 D 点处沉降变形可靠度随时间的变化曲线

可以看出，输油管道中心上部 D 点允许沉降变形量为 12 cm 时，管道施工完成后 7 年内，可靠度基本稳定在 100%，第 7 年后，可靠度开始降低，说明已有沉降变形样本值超过 12 cm，至第 30 年 7 月 15 日，可靠度仅为 18%，说明该沉降标准条件下输油管道中心上部 D 点约有 82%的沉降变形样本值超过 12 cm。输油管道中心上部 D 点允许沉降变形量为 14 cm 时，管道施工完成后 12 年内，可靠度基本稳定在 100%，第 12 年后，可靠度开始降低，至第 30 年 10 月 15 日，可靠度约为 55%。输油管道中心上部 D 点允许沉降变形量为 16 cm 时，管道施工完成后 15 年内，可靠度基本稳定在 100%，第 15 年后，可靠度稍有降低，至第 30 年 10 月 15 日，可靠度约为 83%。输油管道中心上部 D 点允许沉降变形量为 18 cm 时，管道施工完成后 30 年内，可靠度基本稳定在 96%，说明沉降变形样本值基本不超过 18 cm

6.4　塔基工程随机温度场与变形场分析

6.4.1　计算模型与参数

典型输电线塔基断面计算模型如图 6-38 所示。

图中区域Ⅰ为砂砾土，区域Ⅱ为粉质黏土，区域Ⅲ为风化泥岩，参考前人的研究工作[17,18]，冻土热学参数取值见表 6-21。

根据附面层原理[5]，在计算模型图 6-38 的上边界条件分析中，天然地表未扰动土表面温度变化规律为

$$T=(A+0.5)+(B+0.5)\sin\left(\frac{2\pi}{8\,760}t_h+\frac{\pi}{2}+\alpha_0\right)+\frac{C}{365\times24\times50}t_h \tag{6-6}$$

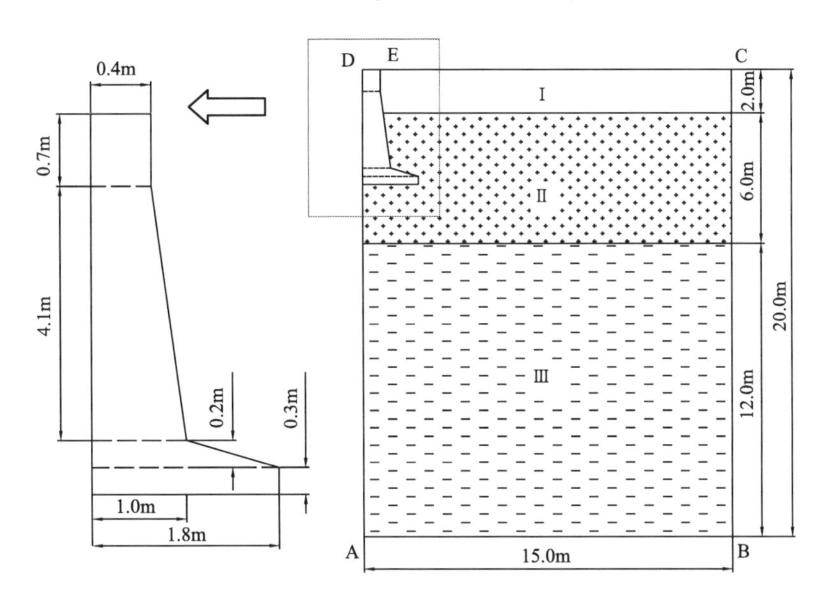

图 6-38　输电线塔基计算模型

表 6-21　混凝土及冻土的热学参数

物理量	λ_f [W/(m·℃)]	C_f [J/(m³·℃)]	λ_u [W/(m·℃)]	C_u [J/(m³·℃)]	L (J/m³)
混凝土	2.951	2.075×10^6	2.951	2.075×10^6	0
砂砾土	2.478	1.631×10^6	1.904	2.106×10^6	7.730×10^7
粉质黏土	1.673	2.032×10^6	1.092	2.235×10^6	1.498×10^8
风化泥岩	1.383	1.994×10^6	1.243	2.419×10^6	1.111×10^8

天然地表扰动土表面温度变化规律为

$$T=(A+3)+(B+1.5)\sin\left(\frac{2\pi}{8\,760}t_h+\frac{\pi}{2}+\alpha_0\right)+\frac{C}{365\times24\times50}t_h \tag{6-7}$$

混凝土上表面温度变化规律为

$$T=(A+5)+(B+4.5)\sin\left(\frac{2\pi}{8\,760}t_h+\frac{\pi}{2}+\alpha_0\right)+\frac{C}{365\times24\times50}t_h \tag{6-8}$$

计算区域两侧铅垂面边界 AD、BC 取为绝热边界，底边界 AB 取恒定地温梯度边界条件[17]，热流密度取为 0.06 W/m²。

初始条件以不考虑升温的天然地表未扰动温度方程式(6-6)作为 I 区域的上边界条件进行反复多年计算，直到得到稳定的温度场为止，计算中考虑最不利的情况，假设输电线塔基在夏季完成施工，因此将计算得到的 7 月 15 日温度场作为该区计算的温度初始条件。计算结构采用三角形网格进行有限元离散，同时，热学参数随机场亦采用三角形网格进行离散，有限元网格与随机场网格使用同一套网格。本书将砂砾土区域和粉质黏土区域的导热系数、体积比热容、相变潜热考虑为三个独立式随机场，假定相关距离为 5 m，标准相关系数的形式取为式(2-66)，随机变量服从正态分布，计算中假定随机参数变异系数为 0.2。

冻土的基本力学性质随着土温的不同而发生变化，冻土的黏聚力、内摩擦角以及泊松比与土温的关系可用式(5-29)~式(5-31)表示，计算域中各土层的基本力学参数取值见表 6-22。

表 6-22　输电线塔基周围冻土的基本力学参数

计算参数	γ (kN·m⁻³)	a_1 (MPa)	b_1	a_2	b_2	a_3	b_3
砂砾土	19.4	0.16	0.088	21	8	0.40	−0.008
粉质黏土	18.3	0.03	0.092	23	9.5	0.35	−0.007
风化泥岩	20.7	0.10	0.240	28	11	0.25	−0.004

等向固结曲线 $\varepsilon_v=\varphi(\ln p)$ 和临界状态曲线 $\varepsilon_v=\psi(\ln\overline{p})$ 的拟合曲线形式分别为 $\varepsilon_v=ae^{b\ln p}$ 和 $\varepsilon_v=me^{n\ln\overline{p}}$，计算域中各土层的试验参数取值见表 6-23。

表 6-23　输电线塔基周围冻土各介质的试验参数

计算参数	κ	M_h	a	b	m	n
砂砾土	5.18×10^{-7}	1.07	2.14×10^{-5}	0.71	1.76×10^{-4}	0.66
粉质黏土	5.12×10^{-7}	1.24	2.28×10^{-5}	0.72	1.88×10^{-4}	0.69
风化泥岩	5.28×10^{-7}	1.38	2.49×10^{-5}	0.77	1.91×10^{-4}	0.82

对于力学边界条件，上表面 CD 的 x 方向及 y 方向均自由；计算区域两侧铅垂面边界 AD、BC 限制 x 方向移动，y 方向自由；计算区域底边界 AB 限制 y 方向移动，x 方向自由，荷载与边界条件如图 6-39 所示。

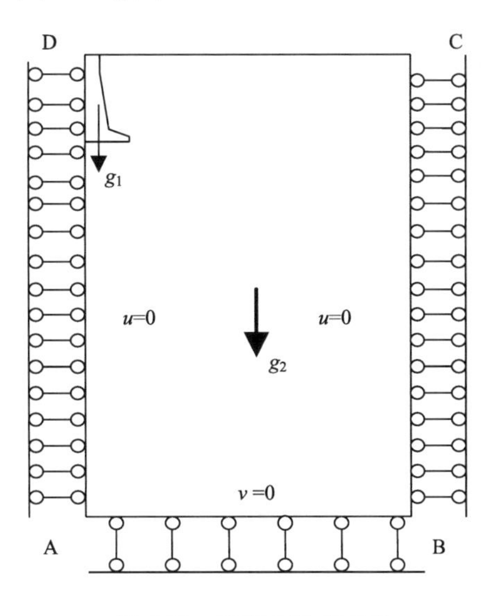

图 6-39　荷载与边界条件

计算结构采用与温度场分析相同的三角形网格进行有限元离散，同时，力学参数随机场亦采用三角形网格进行离散，有限元网格与随机场网格使用同一套网格。本书将粉质黏土和砂砾土区域的黏聚力、内摩擦角、泊松比、回弹线斜率、伏斯列夫面斜率考虑为五个独立式随机场，假定相关距离为 5 m，标准相关系数的形式取为式(2-66)，等向固结曲线及临界状态曲线的拟合参考为服从正态分布的随机变量，计算中考虑随机参数的变异系数为 0.2。以计算区域土体自重荷载作用下形成的应力场为初始应力条件，规定初始位移场为零，计算中考虑最不利的情况，假设输电线塔基在夏季 7 月 15 日完成施工。根据本书编制的 MATLAB 随机有限元程序便可进行多年冻土地区输电线塔基随机温度场及变形场的计算。

6.4.2　计算结果与分析

1. 温度均值

图 6-40 (a)为输电线塔基修筑完成后第 15 年 7 月 15 日的温度均值分布图，从该图可

以看到，天然地表下多年冻土上限(均值为 0 ℃等温线)在地表下 1.8 m 处，而在输电线塔基周围，多年冻土上限明显下降。图 6-40 (b)为输油管道修筑完成后第 15 年 10 月 15 日的温度均值分布图，从该图可以看到，输电线塔基周围最大融深已达到地表下 3.4 m 处。

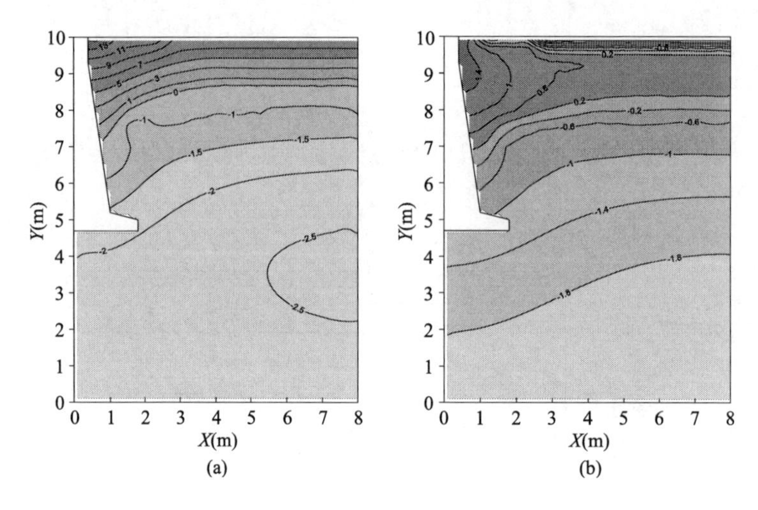

图 6-40　输电线塔基修筑完成后第 15 年温度均值分布（单位：℃）

图 6-41 (a)为输电线塔基修筑完成后第 30 年 7 月 15 日的温度均值分布图，从该图可以看到，天然地表下多年冻土上限(均值为 0 ℃等温线)在地表下 1.9 m 处，而在输电线塔基周围，多年冻土上限明显下降。图 6-41(b)为输油管道修筑完成后第 30 年 10 月 15 日的温度均值分布图，从该图可以看到，输电线塔基周围最大融深已达到地表下 3.8 m 处。

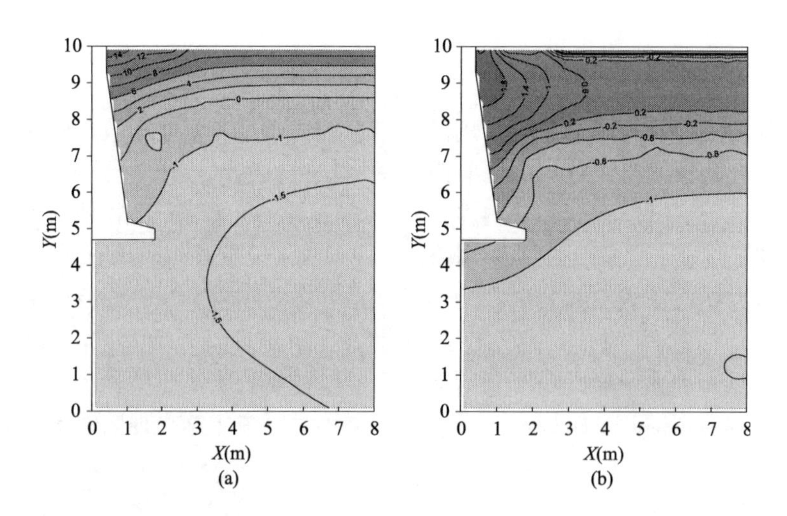

图 6-41　输电线塔基修筑完成后第 30 年温度均值分布（单位：℃）

比较图 6-40(a)与图 6-41(a)可以发现，气候变暖使冻土天然上限下移，且由于输电线塔基的修筑，其周围冻土上限下移得更为严重；比较图 6-40(b)与图 6-41(b)可以得到相似的结论。因此，在考虑土性参数及上边界条件随机性时，气候变暖及输电线塔基的修筑加速了冻土的退化。依据多年冻土输电线塔基土层区确定性分析方法[18]，本书得到了输电线塔基修筑完成后第 15 年 7 月 15 日和 10 月 15 日的确定性温度分布，如图 6-42 所示，可以发现多年冻土输电线塔基均值温度场分布与确定性温度场分布基本相同，依据伯努利大数定理便可印证文中随机模型的合理性和计算方法的正确性。

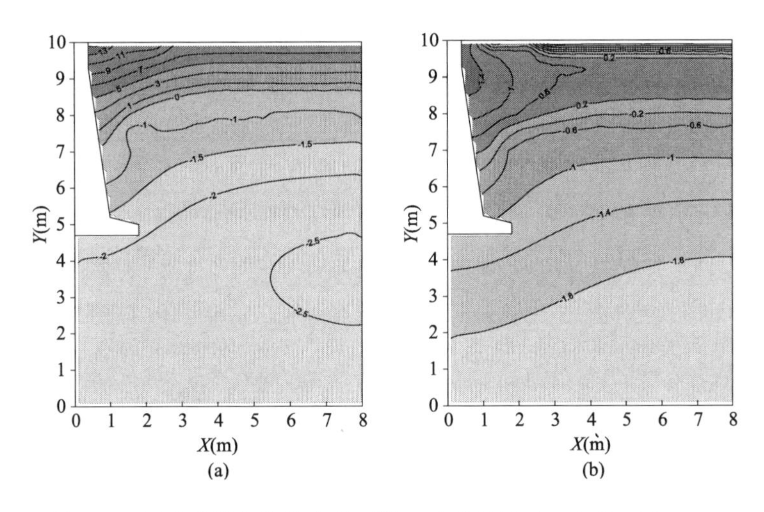

图 6-42 输电线塔基修筑完成后第 15 年温度分布（单位：℃）

2. 温度标准差

图 6-43 (a)为输电线塔基修筑完成后第 15 年 7 月 15 日的温度标准差分布图，从该图可以看到，地表的温度标准差较大，且随着深度的增加，温度标准差逐渐减小，到达一定深度后，略有增加，最大的温度标准差值约为 1.7 ℃。图 6-43 (b)为输电线塔基修筑完成后第 15 年 10 月 15 日的温度标准差分布图，从该图可以看到，温度标准差离散性明显，最大的温度标准差值约为 0.8 ℃。

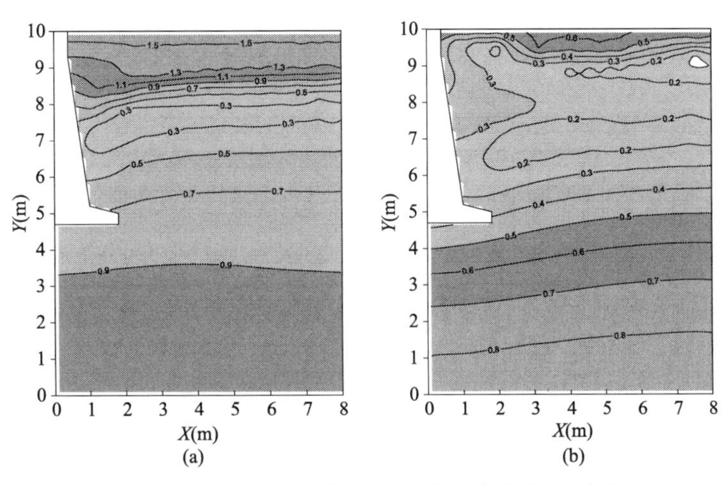

图 6-43 输电线塔基修筑完成后第 15 年温度标准差分布（单位：℃）

图 6-44 (a)为输电线塔基修筑完成后第 30 年 7 月 15 日的温度标准差分布图，从该图可以看到，地表的温度标准差较大，且随着深度的增加，温度标准差逐渐减小，到达一定深度后，略有增加，最大的温度标准差值约为 2.2 ℃。图 6-44 (b)为输电线塔基修筑完成后第 30 年 10 月 15 日的温度标准差分布图，从该图可以看到，温度标准差离散性明显，最大的温度标准差值约为 0.9℃。

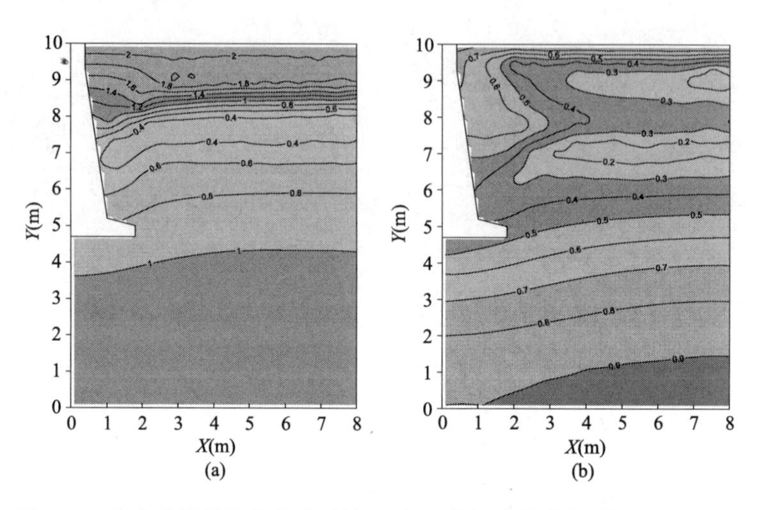

图 6-44　输电线塔基修筑完成后第 30 年温度标准差分布(单位：℃)

为了进一步分析断面整体温度标准差变化情况，根据获得的温度场标准差结果，以年份为间隔单位，计算断面标准差的均值及最大值，得到计算断面标准差平均值及最大值随时间的变化曲线，如图 6-45 所示。从图中可以看出，若不考虑全球气温升高效应，温度场稳定后，计算断面标准差平均值及最大值应该为某一恒定值；课题研究中考虑了 50 年平均升温 2.6 ℃，温度标准差平均值及最大值均不稳定，总体随时间在增加，说明如果仅采用传统确定性分析方法，随时间演化，气温升高，对温度场分析可能造成的误差越来越大。

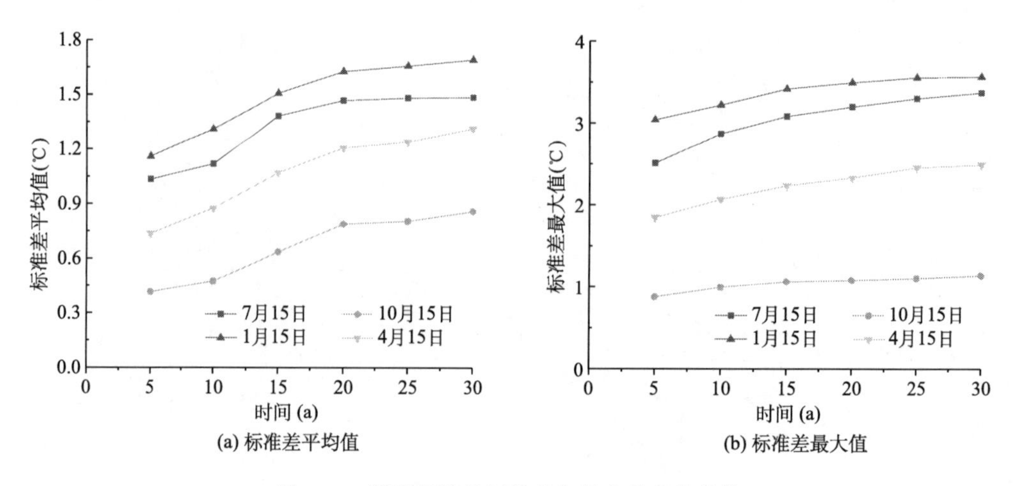

图 6-45　温度标准差平均值与最大值变化曲线

3. 变形均值

图 6-46 (a)为输电线塔基修筑完成后第 15 年 7 月 15 日的水平位移均值分布图，图 6-46 (b)为输电线塔基修筑完成后第 15 年 10 月 15 日的水平位移均值分布图，从该图可以看到，输油管道周边土体水平位移均值较小，最大值约为 0.46 cm。图 6-46 (c)为输电线塔基修筑完成后第 15 年 7 月 15 日的竖向位移均值分布图，图 6-46 (d)为输电线塔基修筑完成后第 15 年 10 月 15 日的竖向位移均值分布图，从该图可以看到，输电线塔基周边土体竖向位移均值较大，最大值约为 12.3 cm。同时可以发现，7 月 15 日的水平位移均值分布图与 10 月 15 日的水平位移均值分布图相似；7 月 15 日的竖向位移均值分布图与 10 月 15 日的竖向位移均值分布图亦相似，说明相同年份中，温度变化对水平位移均值分布影响较小，对竖向位移均值分布有一定影响。

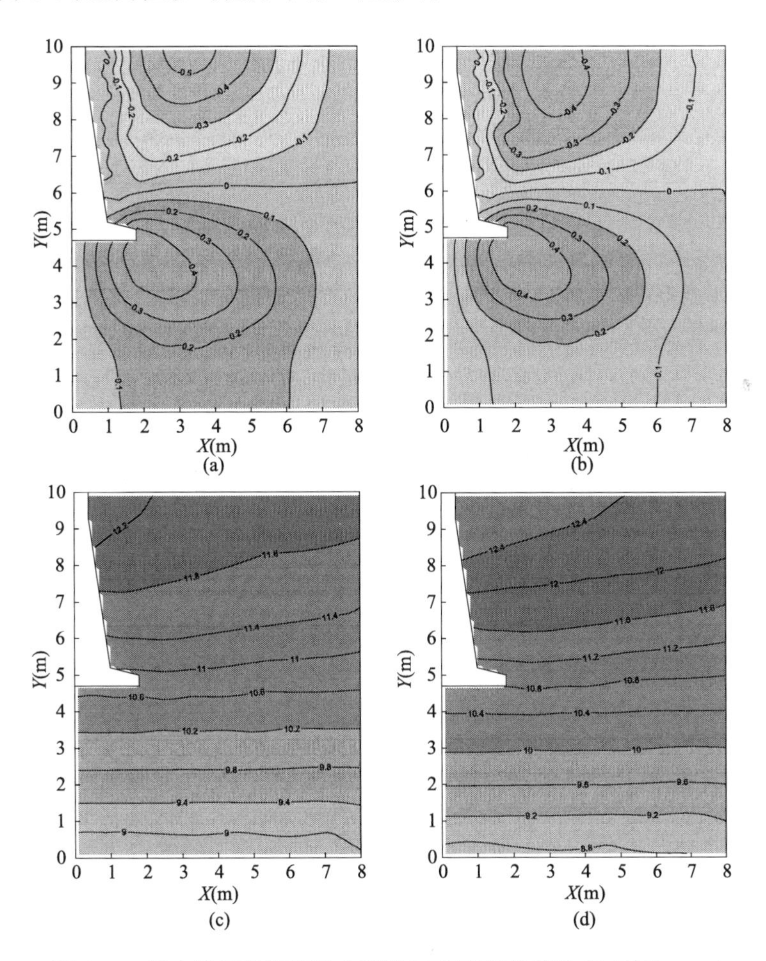

图 6-46　输电线塔基修筑完成后第 15 年位移均值分布（单位：cm）

图 6-47 (a)为输电线塔基修筑完成后第 30 年 7 月 15 日的水平位移均值分布图，图 6-47 (b)为输电线塔基修筑完成后第 30 年 10 月 15 日的水平位移均值分布图，从该图可

以看到，输电线塔基周边土体水平位移均值仍然较小，最大值约为 0.55 cm。图 6-47 (c)为输电线塔基修筑完成后第 15 年 7 月 15 日的竖向位移均值分布图，图 6-47 (d)为输电线塔基修筑完成后第 15 年 10 月 15 日的竖向位移均值分布图，从该图可以看到，输电线塔基周边土体竖向位移均值增加较大，最大值约为 15.5 cm。同时可以发现，7 月 15 日的水平位移均值分布图与 10 月 15 日的水平位移均值分布图相似；7 月 15 日的竖向位移均值分布图与 10 月 15 日的竖向位移均值分布图亦相似，再次说明相同年份中，温度变化对水平位移均值分布影响较小，对竖向位移均值分布有一定影响。比较图 6-46 与图 6-47 可知，随着时间的推移，水平位移均值变化不大，竖向位移均值在增加。因此，可以得出气温变暖对水平位移均值影响较小，对竖向位移均值影响较大。

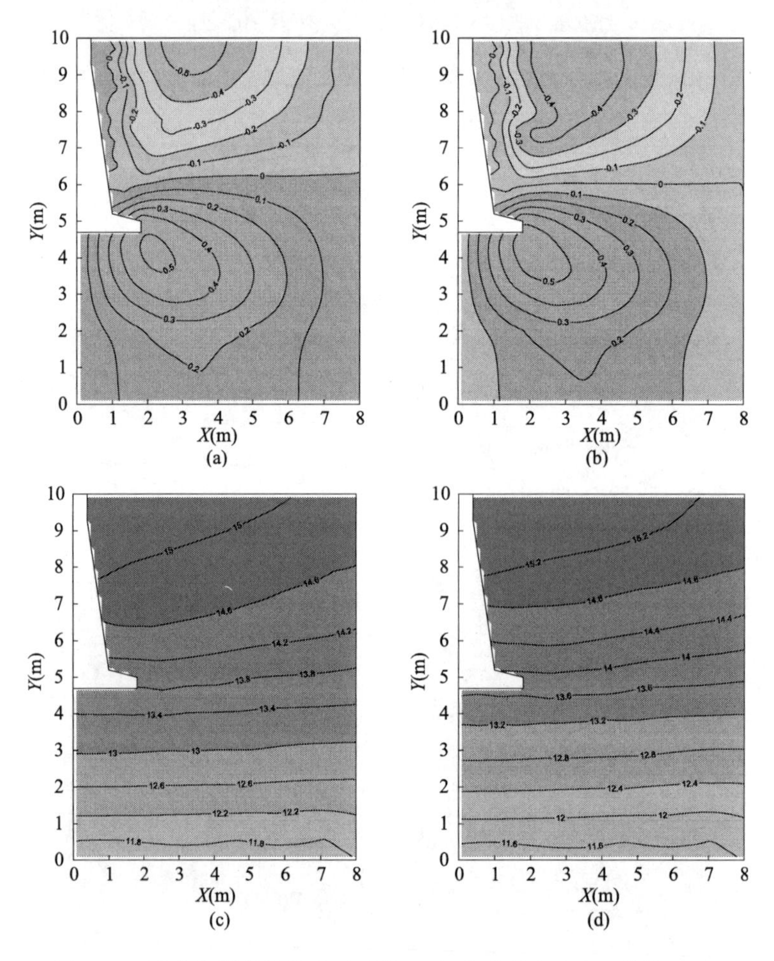

图 6-47　输电线塔基修筑完成后第 30 年位移均值分布 (单位：cm)

4. 变形标准差

图 6-48 (a)为输电线塔基修筑完成后第 15 年 7 月 15 日的水平位移标准差分布图，图 6-48 (b)为输电线塔基修筑完成后第 15 年 10 月 15 日的水平位移标准差分布图，从

该图可以看到，输电线塔基周边土体水平位移标准差较小，最大值约为 0.07 cm。图 6-48 (c)为输电线塔基修筑完成后第 15 年 7 月 15 日的竖向位移标准差分布图，图 6-48 (d)为输电线塔基修筑完成后第 15 年 10 月 15 日的竖向位移标准差分布图，从该图可以看到，输电线塔基周边土体竖向位移标准差较大，最大值约为 1.38 cm。同时可以发现，7 月 15 日的水平位移标准差分布图与 10 月 15 日的水平位移标准差分布图相似；7 月 15 日的竖向位移标准差分布图与 10 月 15 日的竖向位移标准差分布图亦相似，说明相同年份中，温度变化对水平位移标准差分布影响较小，对竖向位移标准差分布有一定影响。

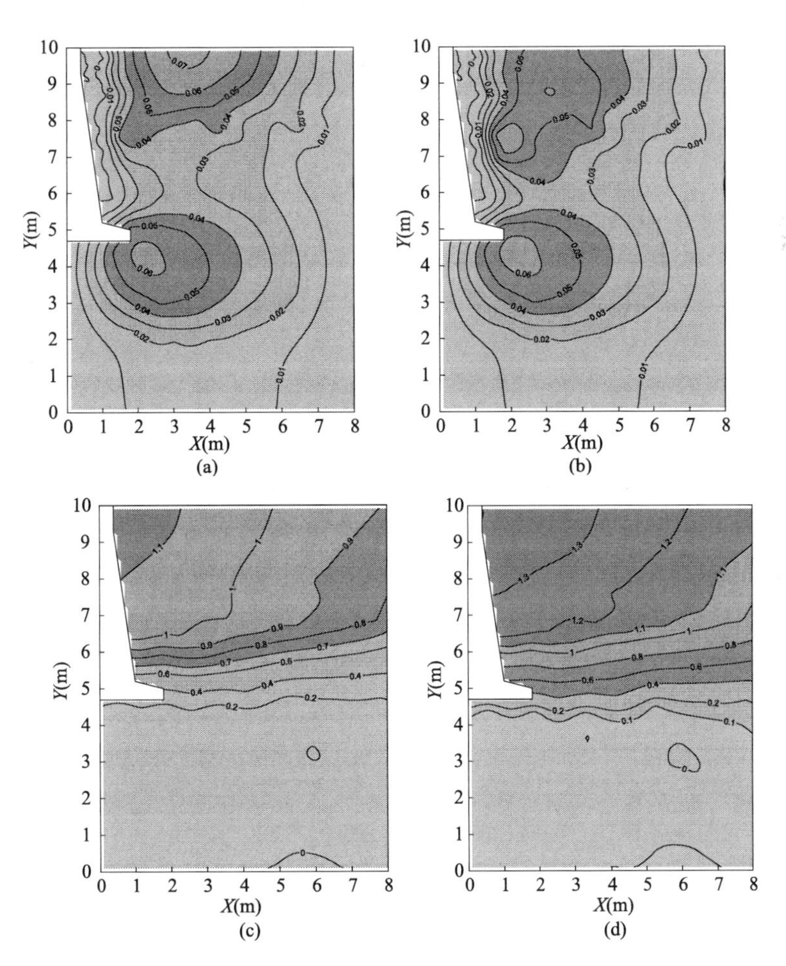

图 6-48　输电线塔基修筑完成后第 15 年位移标准差分布 (单位：cm)

图 6-49 (a)为输电线塔基修筑完成后第 30 年 7 月 15 日的水平位移标准差分布图，图 6-49 (b)为输电线塔基修筑完成后第 30 年 10 月 15 日的水平位移标准差分布图，从该图可以看到，输电线塔基周边土体水平位移均值仍然较小，最大值约为 0.08 cm。图 6-49 (c)为输电线塔基修筑完成后第 15 年 7 月 15 日的竖向位移标准差分布图，图 6-49 (d)为输电线塔基修筑完成后第 15 年 10 月 15 日的竖向位移标准差分布图，从该图可以看到，输电

线塔基周边土体竖向位移标准差增加较大，最大值约为 2.13 cm。同时可以发现，7 月 15 日的水平位移标准差分布图与 10 月 15 日的水平位移标准差分布图相似；7 月 15 日的竖向位移标准差分布图与 10 月 15 日的竖向位移标准差分布图亦相似，再次说明相同年份中，温度变化对水平位移标准差分布影响较小，对竖向位移标准差分布有一定影响。比较图 6-48 与图 6-49 可知，随着时间的推移，水平位移标准差变化不大，竖向位移标准差在增加。因此，可以得出气温变暖对水平位移标准差影响较小，对竖向位移标准差影响较大。

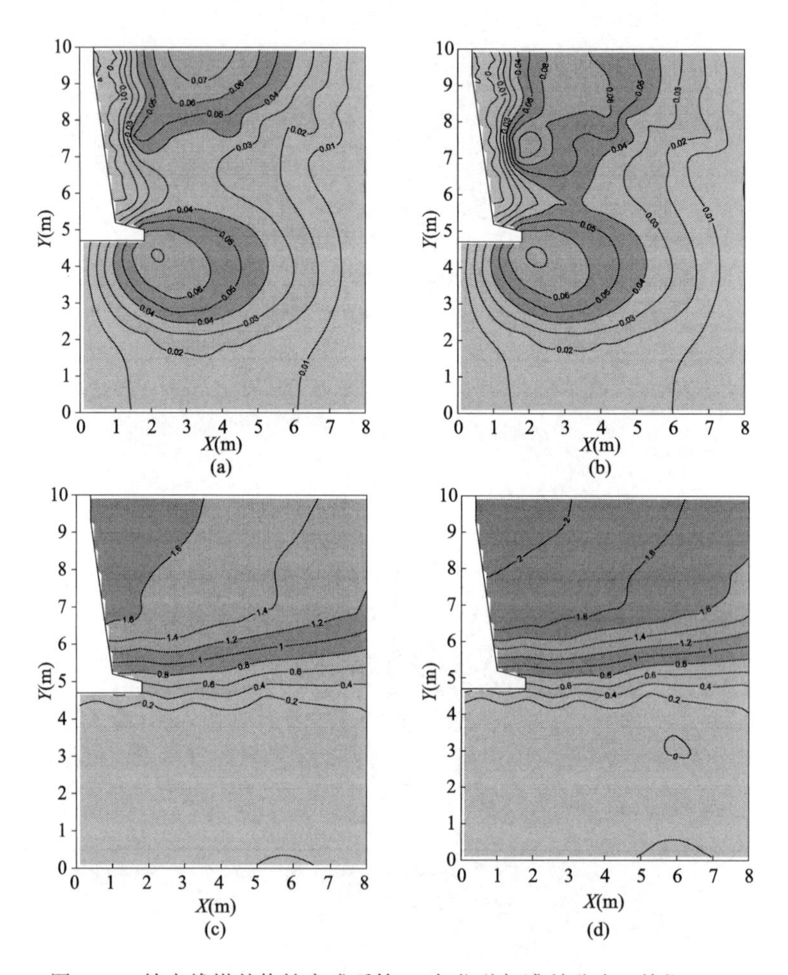

图 6-49　输电线塔基修筑完成后第 30 年位移标准差分布（单位：cm）

为了进一步分析断面整体温度标准差变化情况，根据获得的位移场标准差结果，以年份为间隔单位，计算断面位移标准差的平均值及最大值，得到计算断面标准差平均值及最大值随时间的变化曲线，如图 6-50 与图 6-51 所示。从图中可以看出，若不考虑全球气温升高效应，位移场稳定后，计算断面标准差平均值及最大值应该为某一恒定值；课题研究中考虑了 50 年平均升温 2.6 ℃，位移标准差平均值及最大值均不稳定，总体随时间在增加，说明如果仅采用传统确定性分析方法，随时间演化，气温升高，对位移场

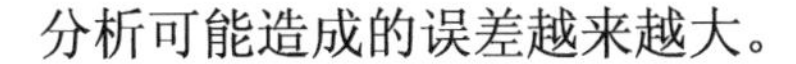
分析可能造成的误差越来越大。

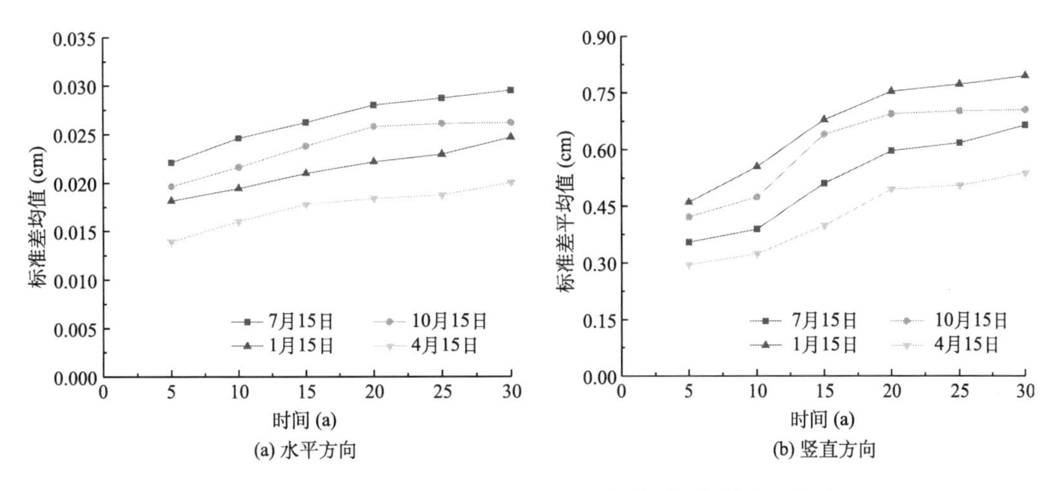

(a) 水平方向　　(b) 竖直方向

图 6-50　水平位移标准差与竖向位移标准差平均值变化曲线

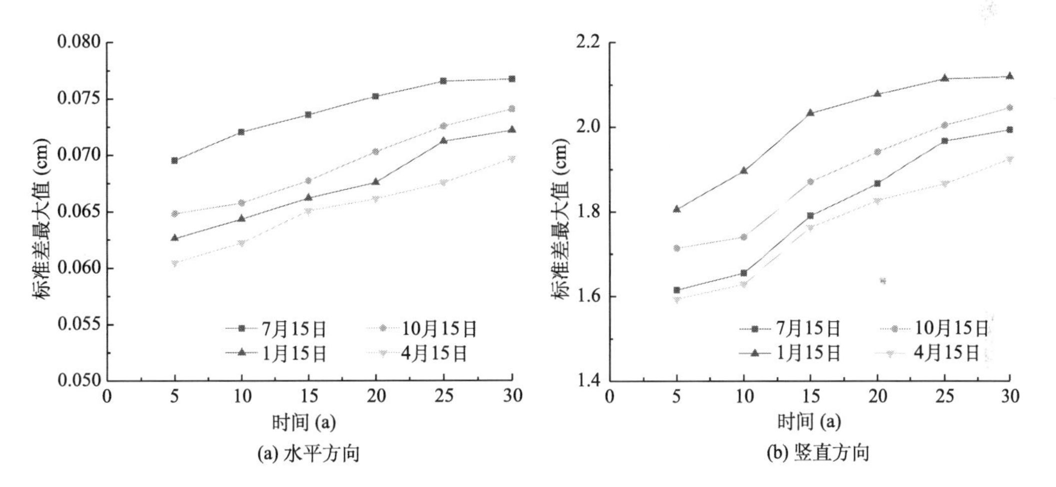

(a) 水平方向　　(b) 竖直方向

图 6-51　水平位移标准差与竖向位移标准差最大值变化曲线

6.4.3　变形可靠性评价

1. 分布拟合检验

由 NSFEM 分析可得输电线塔基工程沉降变形的样本，然而并不能确切预知总体服从何种分布，因此需要根据来自总体的样本对总体的分布进行推断，以判断总体服从何种分布。依据 NSFEM 分析过程可知，每次随机模拟均能得到某一时刻输电线塔基沉降变形的样本，在进行可靠性评价之前，对样本值进行分布拟合检验。因数据较多且篇幅有限，选择以输电线塔基周边土体 E 点第 15 年 7 月 15 日和第 15 年 10 月 15 日的沉降变形为例，进行分布拟合检验。

根据最大似然估计法及前文随机变形场的结果可知，输电线塔基周边土体 E 点第 15

年 7 月 15 日的沉降变形均值为 12.3 cm，标准差为 1.15 cm，随机模拟 10 000 次获得的样本中，最大值为 16.611 cm，最小值为 7.931 cm。将 10 000 个数据的区间[7.931, 16.611]等分成 10 个互不重叠的小区间，分别计算频数、频率及累计频率，如表 6-24 所示。

表 6-24　输电线塔基周边土体 E 点第 15 年 7 月 15 日沉降变形的频数、频率分布表

编号	分组$(t_{i-1}, t_i]$	频数 f_i	频率 f_i/n	累计频率
1	[7.9313,8.7992]	13	0.0013	
2	(8.7992,9.667]	103	0.0103	0.0650
3	(9.667,10.535]	534	0.0534	
4	(10.535,11.403]	1491	0.1491	0.2141
5	(11.403,12.271]	2749	0.2749	0.489
6	(12.271,13.138]	2803	0.2803	0.7693
7	(13.138,14.006]	1620	0.162	0.9313
8	(14.006,14.874]	553	0.0553	
9	(14.874,15.742]	116	0.0116	0.9313+0.0687=1
10	(15.742,16.61]	18	0.0018	

进一步将频率 $f_i/n<0.05$ 的合并，最后分为 6 组，结合统计样本的范围，6 组数据依次为$(-\infty, 10.535]$，(10.535,11.403]，(11.403,12.271]，(12.271,13.138]，(13.138,14.006]，$(14.006,+\infty)$。依据公式(6.1)，可获得卡方(X^2)分布的相关计算参数值，如表 6-25 所示，由于 k=6，r=2，自由度 $k-r-1=3$，$X^2_{0.10}(3)=6.251$。

表 6-25　输电线塔基周边土体 E 点第 15 年 7 月 15 日沉降变形的 X^2 分布表

编号	分组$(t_{i-1}, t_i]$	频数 f_i	p_i	np_i	$(f_i-np_i)^2/np_i$
1	$(-\infty, 10.535]$	650	0.0624	624.19	1.0672
2	(10.535,11.403]	1491	0.1553	1552.80	2.4596
3	(11.403,12.271]	2749	0.2723	2722.50	0.2579
4	(12.271,13.138]	2803	0.2770	2769.70	0.4004
5	(13.138,14.006]	1620	0.1641	1641.20	0.2738
6	$(14.006,+\infty)$	687	0.0690	689.74	0.0109
合计		10000	1.0000	10000	4.4699

由上表可知，X^2=4.469 9，由于 $X^2<X^2_{0.10}(3)$，因此，在显著水平 α=0.1 条件下输电线塔基周边土体 E 点第 15 年 7 月 15 日的沉降变形服从均值为 12.3 cm、标准差为 1.15 cm 的正态分布。

根据最大似然估计法及前文随机变形场的结果可知，输电线塔基周边土体 E 点第 15

年 10 月 15 日的沉降变形均值为 12.8 cm，标准差为 1.36 cm，随机模拟 10 000 次获得的样本中，最大值为 17.818 cm，最小值为 7.067 5 cm。将 10 000 个数据的区间[7.067 5, 17.818]等分成 10 个互不重叠的小区间，分别计算频数、频率及累计频率，如表 6-26 所示。

表 6-26　输电线塔基周边土体 E 点第 15 年 10 月 15 日沉降变形的频数、频率分布表

编号	分组$(t_{i-1}, t_i]$	频数 f_i	频率 f_i/n	累计频率
1	[7.908 4,8.8876]	26	0.0026	
2	(8.8876,9.8669]	145	0.0145	0.0761
3	(9.8669,10.846]	590	0.059	
4	(10.846,11.825]	1606	0.1606	0.2367
5	(11.825,12.805]	2627	0.2627	0.4994
6	(12.805,13.784]	2615	0.2615	0.7609
7	(13.784,14.763]	1653	0.1653	0.9262
8	(14.763,15.742]	581	0.0581	
9	(15.742,16.722]	137	0.0137	0.9262+0.0738=1
10	(16.722,17.701]	20	0.002	

进一步将频率 $f_i/n<0.05$ 的合并，最后分为 6 组，结合统计样本的范围，6 组数据依次为$(-\infty,10.846]$，(10.846,11.825]，(11.825,12.805]，(12.805,13.784]，(13.784,14.763]，$(14.763,+\infty)$。依据公式(6.1)，可获得卡方(X^2)分布的相关计算参数值，如表 6-27 所示，由于 k=6，r=2，自由度 $k-r-1=3$，$X^2_{0.10}(3)=6.251$。

表 6-27　输电线塔基周边土体 E 点第 15 年 10 月 15 日沉降变形的 X^2 分布表

编号	分组$(t_{i-1}, t_i]$	频数 f_i	p_i	np_i	$(f_i-np_i)^2/np_i$
1	$(-\infty,10.846]$	761	0.0754	753.90	0.0669
2	(10.846,11.825]	1606	0.1613	1613.20	0.0321
3	(11.825,12.805]	2627	0.2648	2647.50	0.1587
4	(12.805,13.784]	2615	0.2639	2638.60	0.2111
5	(13.784,14.763]	1653	0.1602	1602.20	1.6107
6	$(14.763,+\infty)$	738	0.0745	744.60	0.0585
合计		10000	1.0000	10000	2.1380

由上表可知，$X^2=2.138\,0$，由于 $X^2<X^2_{0.10}(3)$，因此，在显著水平 $\alpha=0.1$ 条件下输电线塔基周边土体 E 点第 15 年 10 月 15 日的沉降变形服从均值为 12.8 cm、标准差为 1.36 cm 的正态分布。

2. 变形可靠性分析

针对输电线塔基周边土体不同时刻沉降变形超过 14 cm、16 cm、18 cm 及 20 cm 的可靠性评估问题，依据 Monte-Carlo 计算方法的基本思想，在已知沉降变形状态变量概率分布情况下，根据结构极限状态方程 $g_X\left(X_1,X_2,\cdots,X_n\right)-S=0$，利用 Monte-Carlo 模拟方法产生符合状态变量概率分布的一组随机数 X_1, X_2, …, X_n, 将随机数代入状态函数 $Z=g_X\left(X_1,X_2,\cdots,X_n\right)-S$ 计算得到状态函数的一个随机数，如此用同样的方法产生 N 个状态函数的随机数。如果 N 个状态函数的随机数中有 M 个小于或等于零，当 N 足够大时，根据大数定律，此时的频率已近似于概率，因而可定义可靠性功能函数为式(6-2)，失效概率为式(6-3)。

为了进一步讨论输电线塔基周边土体不同时刻沉降变形的可靠度，根据获得的竖向位移均值及标准差结果，以不同时刻允许沉降变形量为 14 cm、16 cm、18 cm 及 20 cm，并结合进行上述可靠性分析过程，提取并计算输电线塔基周边土体 E 点处的可靠度，得到沉降可靠度随时间的变化曲线，如图 6-52 所示。从图中可以看出，输电线塔基周边土体 E 点允许沉降变形量为 14 cm 时，输电线塔基施工完成后 7 年内，可靠度基本稳定在

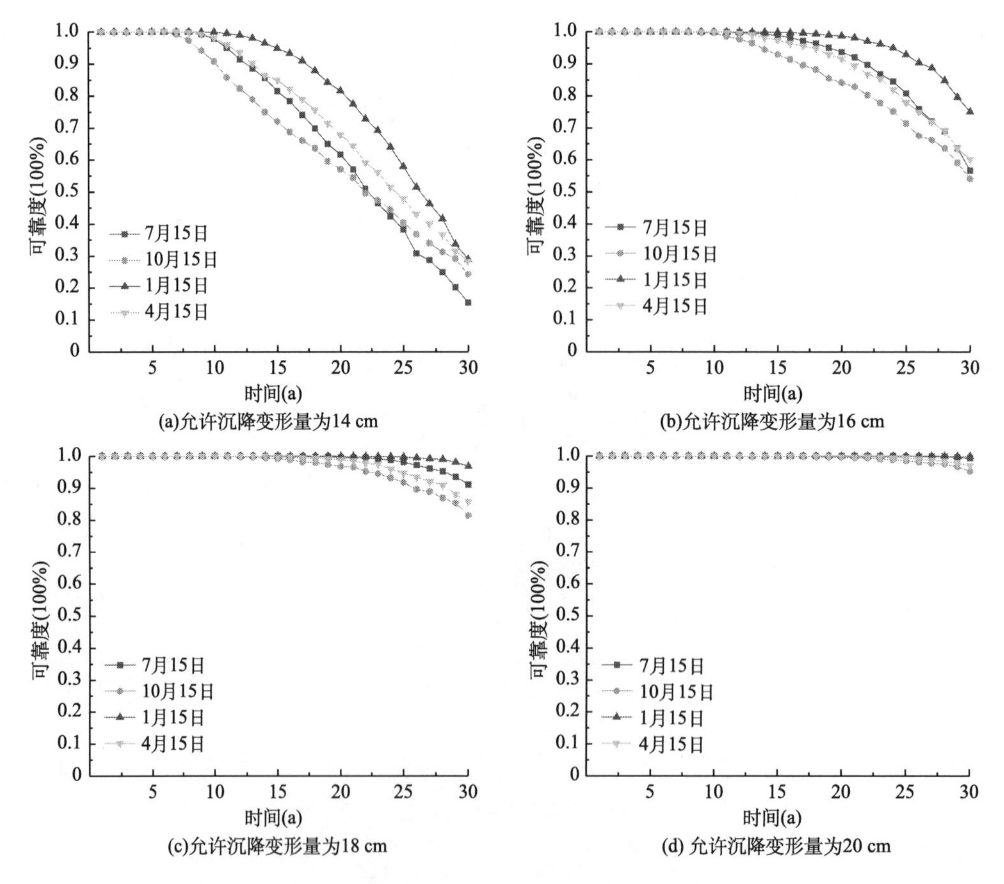

(a)允许沉降变形量为14 cm

(b)允许沉降变形量为16 cm

(c)允许沉降变形量为18 cm

(d) 允许沉降变形量为20 cm

图 6-52　输电线塔基周边土体 E 点处沉降变形可靠度随时间的变化曲线

100%，第 7 年后，可靠度开始降低，说明已有沉降变形样本值超过 14 cm，至第 30 年 7 月 15 日，可靠度仅为 17%，说明该沉降标准条件下路基约有 83%的沉降变形样本值超过 14 cm。输电线塔基周边土体 E 点允许沉降变形量为 16 cm 时，输电线塔基施工完成后 10 年内，可靠度基本稳定在 100%，第 10 年后，可靠度开始降低，至第 30 年 10 月 15 日，可靠度约为 54%。输电线塔基周边土体 E 点允许沉降变形量为 18 cm 时，输电线塔基施工完成后 15 年内，可靠度基本稳定在 100%，第 15 年后，可靠度稍有降低，至第 30 年 10 月 15 日，可靠度约为 80%。输电线塔基周边土体 E 点允许沉降变形量为 20 cm 时，输电线塔基施工完成后 30 年内，可靠度基本稳定在 95%，说明沉降变形样本值基本不超过 20 cm。

主要参考文献

[1] Lai Y M, Zhang L X, Zhang S J, et al. Cooling effect of ripped-stone embankments on Qing-Tibet railway under climatic warming [J]. Chinese Science Bulletin, 2003, 48 (6): 598-604.

[2] Lai Y M, Wang Q S, Niu F J, et al. Three-dimensional nonlinear analysis for temperature characteristic of ventilated embankment in permafrost region [J]. Cold Regions Science and Technology, 2004, 38 (1): 165-184.

[3] Zhang M Y, Lai Y M, Liu Z Q, et al. Nonlinear analysis for the cooling effect of Qinghai-Tibetan railway embankment with different structures in permafrost regions [J]. Cold Regions Science and Technology, 2005, 42(3): 237-249.

[4] Liu Z Q, Yang W H, Wei J. Analysis of random temperature field for freeway with wide subgrade in cold regions [J]. Cold Regions Science and Technology, 2014, 106~107: 22-27.

[5] 朱林楠. 高原冻土区不同下垫面的附面层研究[J]. 冰川冻土, 1988, 10(1): 8-14.

[6] Liu Z Q, Lai Y M, Zhang X F, et al. Random temperature fields of embankment in cold regions [J]. Cold Regions Science and Technology, 2006, 45(2): 76-82.

[7] 穆彦虎. 青藏铁路冻土区路基温度和变形动态变化分析研究[D]. 兰州: 中国科学院研究生院博士学位论文, 2012.

[8] Sheppard M T, Kay B D, Loch J P G. Development and testing of a computer model for heat and mass flow in freezing soils [J]. Proceedings of the 3rd international conference on permafrost, 1978, 76-81.

[9] Li S Y, Lai Y M, Zhang M Y, et al. Study on long-term stability of Qinghai-Tibet Railway embankment [J]. Cold Regions Science and Technology, 2009, 57(2~3): 139-147.

[10] Lai Y M, Li J B, Li Q Z. Study on damage statistical constitutive model and stochastic simulation for warm ice-rich frozen silt [J]. Cold Regions Science and Technology, 2012, 71: 102-110.

[11] 金龙. 冻结砂土的屈服准则及弹塑性损伤本构模型试验研究[D]. 兰州: 中国科学院寒区旱区环境与工程研究所, 2008.

[12] Lai Y M, Jin L, Chang X X. Yield criterion and elasto-plastic damage constitutive model for frozen sandy soil [J]. International Journal of Plasticity, 2009, 25(6): 1177-1205.

[13] Lai Y M, Yang Y G, Chang X X, et al. Strength criterion and elastoplastic constitutive model of frozen silt in generalized plastic mechanics [J]. International Journal of Plasticity, 2010, 26(10): 1461-1484.

[14] 中华人民共和国行业标准编写组. TB10001-2005 J447-2005 铁路路基设计规范[S]. 北京: 中国铁道出版社, 2006.

[15] Zhang J M, Qu G Z, Jin H J, Estimates on thermal effects of the China–Russia crude oil pipeline in

permafrost regions [J]. Cold Regions Science and Technology. 2010, 64: 243-247.

[16] Yu W B, Liu W B, Lai Y M, et al, Nonlinear analysis of coupled temperature-seepage problem of warm oil pipe in permafrost regions of Northeast China [J]. Applied Thermal Engineering. 2014, 70: 988-995.

[17] Mu Y, Li G, Yu Q, et al. Numerical study of long-term cooling effects of thermosyphons around tower footings in permafrost regions along the Qinghai-Tibet Power Transmission Line [J]. Cold Regions Science and Technology, 2015, 121: 237-249.

[18] Guo L, Yu Q, You Y, et al. Evaluation on the influences of lakes on the thermal regimes of nearby tower foundations along the Qinghai-Tibet Power Transmission Line[J]. Applied Thermal Engineering, 2016, 102: 829-840.

附录：典型冻土工程基础变形可靠性分析代码

以路基工程为例，本书给出详细的MATLAB程序分析代码。

随机温度场计算主程序

```
% 指定相应的工作目录，读入信息文件
load D:\matlab\anzhuangwenjian\work\node.txt
load D:\matlab\anzhuangwenjian\work\element.txt
[nnode,ntmp]=size(node);[nelem,etmp]=size(element);
% 输入基本土性参数
k11=1.919;k12=1.980;k21=1.125;k22=1.351;k31=1.474;k32=1.842;p11=1913*1000;
p12=2227*1000;p21=1879*1000;p22=2357*1000;p31=1846*1000;p32=2099*1000;pt1=
2.04*10^7;pt2=6.03*10^7;pt3=3.77*10^7;
% 输入时间与过程控制参数
y=50;NT=y*365;DT=3600*24;h1=10^8;h2=0;qv=0;qf=-0.03*2;Tm=-0.1;dT=0.5;Ts=Tm
-dT;Tl=Tm+dT;
% 赋初值
T0=zeros(nnode,1); TT=zeros(nnode,NT);
for i=1:nnode
   T0(i)=-0.5;
end
% 计算初始温度场
for d=1:NT
   d

tf1=-1.5+12*sin(2*pi/365*d+pi/2);tf2=0.7+13*sin(2*pi/365*d+pi/2);tf3=1.5+1
4*sin(2*pi/365*d+pi/2);

KK=zeros(nnode);NN=zeros(nnode);PP=zeros(nnode,1);kk=zeros(3,3);nn=zeros(3
,3);pp=zeros(3,1);
   for i=1:nelem

xi=node(element(i,1),2);yi=node(element(i,1),3);xj=node(element(i,2),2);yj
=node(element(i,2),3);
       xm=node(element(i,3),2);ym=node(element(i,3),3);Ty=(yi+yj+ym)/3;
       TE=(T0(element(i,1))+T0(element(i,2))+T0(element(i,3)))/3;
          if Ty>=30
             if TE<=Ts
               k=k11;p=p11;
             elseif TE>=Tl
```

```
                k=k12;p=p12;
            else
                k=k12+(k11-k12)*(TE-Ts)/(2*dT);p=(p11+p12)/2+pt1/(2*dT);
            end
        elseif Ty>=27 & Ty<30
            if TE<=Ts
                k=k21;p=p21;
            elseif TE>=Tl
                k=k22;p=p22;
            else
                k=k22+(k21-k22)*(TE-Ts)/(2*dT);p=(p21+p22)/2+pt2/(2*dT);
            end
        else
            if TE<=Ts
                k=k31;p=p31;
            elseif TE>=Tl
                k=k32;p=p32;
            else
                k=k32+(k31-k32)*(TE-Ts)/(2*dT);p=(p31+p32)/2+pt3/(2*dT);
            end
        end
    if xj==0 & xm==0
        l=abs(yj-ym);kk=Triangle2D3Node_k3(k,h2,l,xi,yi,xj,yj,xm,ym);

nn=Triangle2D3Node_n3(p,xi,yi,xj,yj,xm,ym);pp=Triangle2D3Node_p3(qv,h2,0,l
,xi,yi,xj,yj,xm,ym);
    elseif  xj==-41.1 & xm==-41.1
        l=abs(yj-ym);kk=Triangle2D3Node_k3(k,h2,l,xi,yi,xj,yj,xm,ym);

nn=Triangle2D3Node_n3(p,xi,yi,xj,yj,xm,ym);pp=Triangle2D3Node_p3(qv,h2,0,l
,xi,yi,xj,yj,xm,ym);
    elseif yj==0 & ym==0
        l=abs(xj-xm);kk=Triangle2D3Node_k2(k,xi,yi,xj,yj,xm,ym);

nn=Triangle2D3Node_n2(p,xi,yi,xj,yj,xm,ym);pp=Triangle2D3Node_p2(qv,qf,l,x
i,yi,xj,yj,xm,ym);
    elseif yj==35 & ym==35
        l=abs(xj-xm);kk=Triangle2D3Node_k3(k,h1,l,xi,yi,xj,yj,xm,ym);

nn=Triangle2D3Node_n3(p,xi,yi,xj,yj,xm,ym);pp=Triangle2D3Node_p3(qv,h1,tf3
,l,xi,yi,xj,yj,xm,ym);
```

```
      elseif  yj>=30  &  ym>=30  &  abs((yj-30)-(1/1.5*(xj+11.1)))<1e-5  &
abs((ym-30)-(1/1.5*(xm+11.1)))<1e-5

l=((xj-xm)^2+(yj-ym)^2)^0.5;kk=Triangle2D3Node_k3(k,h1,l,xi,yi,xj,yj,xm,ym
);

nn=Triangle2D3Node_n3(p,xi,yi,xj,yj,xm,ym);pp=Triangle2D3Node_p3(qv,h1,tf2
,l,xi,yi,xj,yj,xm,ym);
      elseif yj==30 & ym==30 & abs(xj)>=11.1 & abs(xm)>=11.1
         l=abs(xj-xm);kk=Triangle2D3Node_k3(k,h1,l,xi,yi,xj,yj,xm,ym);

nn=Triangle2D3Node_n3(p,xi,yi,xj,yj,xm,ym);pp=Triangle2D3Node_p3(qv,h1,tf1
,l,xi,yi,xj,yj,xm,ym);
      else

kk=Triangle2D3Node_k1(k,xi,yi,xj,yj,xm,ym);nn=Triangle2D3Node_n1(p,xi,yi,x
j,yj,xm,ym);
         pp=Triangle2D3Node_p1(qv,xi,yi,xj,yj,xm,ym);
      end
    KK
=Triangle2D3Node_Assembly(KK,kk,element(i,1),element(i,2),element(i,3));
    NN
=Triangle2D3Node_Assemblynn(NN,nn,element(i,1),element(i,2),element(i,3));
    PP
=Triangle2D3Node_Assemblypp(PP,pp,element(i,1),element(i,2),element(i,3));
  end
   Ti=(KK+NN/DT)\(PP+NN/DT*T0);T0=Ti;
end
for j=1:nnode
  if abs(node(j,3))>=30
    T0(j)=10.5;
  end
end
% 自动生成nodeTT.txt文档存于工作目录下
fid=fopen('D:\matlab\anzhuangwenjian\work\nodeTT.txt','w');
for i=1:nnode
fprintf(fid,'%10d%18f\r\n',i,T0(i));
end
% 关闭文件
fclose(fid);
% 读入nodeTT文档，计算初始温度场
load D:\matlab\anzhuangwenjian\work\nodeTT.txt
```

```
% 输入模型参数
LCD=7.2;LBE=22.2;LAB=30;LEF=30;HH1=5;HH2=3;HH3=27;
CA=[-(LAB+LBE/2),HH3+HH2];CB=[-LBE/2,HH3+HH2];CC=[-LCD/2,HH3+HH2+HH1];
CD=[LCD/2,HH3+HH2+HH1];CE=[LBE/2,HH3+HH2];CF=[LAB+LBE/2,HH3+HH2];
CL=[LAB+LBE/2,0];CM=[-(LAB+LBE/2),0];H1=HH3;H2=HH3+HH2;H3=HH3+HH2+HH1;
IL=abs((CC(2)-CB(2)))/abs((CC(1)-CB(1)));IR=-abs((CD(2)-CE(2)))/abs((CD(1)
-CE(1)));
% 输入计算基本参数
h1=10^8;h2=0;qv=0;qf=-0.03*2; Tm=0.1;dT=0.5;Ts=Tm-dT;Tl=Tm+dT;
% 输入各土层土体相变潜热
pt1=2.04*10^7;pt2=6.03*10^7;pt3=3.77*10^7;
% 输入各土层随机场的均值、变异系数
k11u=1.919;k12u=1.980;k21u=1.125;k22u=1.351;k31=1.474;k32=1.842;k11f=0.1;k
12f=0.1;k21f=0.1;k22f=0.1;
D11k=(k11u*k11f)^2;D12k=(k12u*k12f)^2;D21k=(k21u*k21f)^2;D22k=(k22u*k22f)^
2;
p11u=1913*1000;p12u=2227*1000;p21u=1879*1000;p22u=2357*1000;p31=1846*1000;
p32=2099*1000;
p11f=0.1;p12f=0.1;p21f=0.1;p22f=0.1;RR=5;
D11p=(p11u*p11f)^2;D12p=(p12u*p12f)^2;D21p=(p21u*p21f)^2;D22p=(p22u*p22f)^
2;
cov11k=zeros(nelem);cov12k=zeros(nelem);cov21k=zeros(nelem);cov22k=zeros(n
elem);
cov11p=zeros(nelem);cov12p=zeros(nelem);cov21p=zeros(nelem);cov22p=zeros(n
elem);
for ii=1:nelem
  for jj=1:nelem

x1=node(element(ii,1),2);y1=node(element(ii,1),3);x2=node(element(ii,2),2)
;y2=node(element(ii,2),3);

x3=node(element(ii,3),2);y3=node(element(ii,3),3);xp1=node(element(jj,1),2
);yp1=node(element(jj,1),3);

xp2=node(element(jj,2),2);yp2=node(element(jj,2),3);xp3=node(element(jj,3)
,2);yp3=node(element(jj,3),3);
      % Triangle2D3Node_c函数调用计算

c11k=Triangle2D3Node_c(D11k,RR,x1,y1,x2,y2,x3,y3,xp1,yp1,xp2,yp2,xp3,yp3);

c12k=Triangle2D3Node_c(D12k,RR,x1,y1,x2,y2,x3,y3,xp1,yp1,xp2,yp2,xp3,yp3);
```

```
c21k=Triangle2D3Node_c(D21k,RR,x1,y1,x2,y2,x3,y3,xp1,yp1,xp2,yp2,xp3,yp3);

c22k=Triangle2D3Node_c(D22k,RR,x1,y1,x2,y2,x3,y3,xp1,yp1,xp2,yp2,xp3,yp3);

c11p=Triangle2D3Node_c(D11p,RR,x1,y1,x2,y2,x3,y3,xp1,yp1,xp2,yp2,xp3,yp3);

c12p=Triangle2D3Node_c(D12p,RR,x1,y1,x2,y2,x3,y3,xp1,yp1,xp2,yp2,xp3,yp3);

c21p=Triangle2D3Node_c(D21p,RR,x1,y1,x2,y2,x3,y3,xp1,yp1,xp2,yp2,xp3,yp3);

c22p=Triangle2D3Node_c(D22p,RR,x1,y1,x2,y2,x3,y3,xp1,yp1,xp2,yp2,xp3,yp3);
      % 后台计算

cov11k(ii,jj)=c11k;cov12k(ii,jj)=c12k;cov21k(ii,jj)=c21k;cov22k(ii,jj)=c22
k;

cov11p(ii,jj)=c11p;cov12p(ii,jj)=c12p;cov21p(ii,jj)=c21p;cov22p(ii,jj)=c22
p;
   end
end
% 输入随机计算次数
M=8000;
% Cholesky函数调用计算
k11r=k11u+Cholesky(cov11k,M,nelem);k12r=k12u+Cholesky(cov12k,M,nelem);
k21r=k21u+Cholesky(cov21k,M,nelem);k22r=k22u+Cholesky(cov22k,M,nelem);
p11r=p11u+Cholesky(cov11p,M,nelem);p12r=p12u+Cholesky(cov12p,M,nelem);
p21r=p21u+Cholesky(cov21p,M,nelem);p22r=p22u+Cholesky(cov22p,M,nelem);
% 输入时间与过程控制参数
y=30;  NT=y*365;  DT=3600*24;
% 输入年平均温度、变异系数
AA=-4;AAf=0.1;
% 输入年最大温差、变异系数
BB=23;BBf=0.1;
% 中间变量定义
sum1=zeros(nnode,NT);sum2=zeros(nnode,NT);
Ar=-random('Normal',-AA,-AA*AAf,M,1);Br=random('Normal',BB/2,BB/2*BBf,M,1)
;
for ii=1:M
  T0=zeros(nnode,1);
  for i=1:nnode
    % 调用存储于matlab的work文件夹中的nodeTT.txt文档
```

```
  T0(i)=nodeTT(i,2);
 end
 A=Ar(ii,1);B=Br(ii,1);
 for d=1:NT
  tf1=(A+2.5)+(B+0.5)*sin(2*pi/365*d+pi/2)+2.6*d/(365*50);
  tf2=(A+4.7)+(B+1.5)*sin(2*pi/365*d+pi/2)+2.6*d/(365*50);
  tf3=(A+5.5)+(B+2.5)*sin(2*pi/365*d+pi/2)+2.6*d/(365*50);

KK=zeros(nnode);NN=zeros(nnode);PP=zeros(nnode,1);kk=zeros(3,3);nn=zeros(3
,3);pp=zeros(3,1);
  for i=1:nelem

xi=node(element(i,1),2);yi=node(element(i,1),3);xj=node(element(i,2),2);yj
=node(element(i,2),3);
     xm=node(element(i,3),2);ym=node(element(i,3),3);Ty=(yi+yj+ym)/3;
     TE=(T0(element(i,1))+T0(element(i,2))+T0(element(i,3)))/3;
       if Ty>=H2
         if TE<=Ts
          k=k11r(i,ii);p=p11r(i,ii);
         elseif TE>=Tl
          k=k12r(i,ii);p=p12r(i,ii);
         else

k=k12r(i,ii)+(k11r(i,ii)-k12r(i,ii))*(TE-Ts)/(2*dT);p=(p11r(i,ii)+p12r(i,i
i))/2+pt1/(2*dT);
         end
       elseif Ty>=H1 & Ty<H2
         if TE<=Ts
          k=k21r(i,ii);p=p21r(i,ii);
         elseif TE>=Tl
          k=k22r(i,ii);p=p22r(i,ii);
         else

k=k22r(i,ii)+(k21r(i,ii)-k22r(i,ii))*(TE-Ts)/(2*dT);p=(p21r(i,ii)+p22r(i,i
i))/2+pt2/(2*dT);
         end
       else
         if TE<=Ts
          k=k31;p=p31;
         elseif TE>=Tl
          k=k32;p=p32;
         else
```

```
            k=k32+(k31-k32)*(TE-Ts)/(2*dT);p=(p31+p32)/2+pt3/(2*dT);
          end
        end
      if xj==CF(1) & xm==CF(1)
        l=abs(yj-ym);kk=Triangle2D3Node_k3(k,h2,l,xi,yi,xj,yj,xm,ym);

nn=Triangle2D3Node_n3(p,xi,yi,xj,yj,xm,ym);pp=Triangle2D3Node_p3(qv,h2,0,l
,xi,yi,xj,yj,xm,ym);
      elseif  xj==CA(1) & xm==CA(1)
        l=abs(yj-ym);kk=Triangle2D3Node_k3(k,h2,l,xi,yi,xj,yj,xm,ym);

nn=Triangle2D3Node_n3(p,xi,yi,xj,yj,xm,ym);pp=Triangle2D3Node_p3(qv,h2,0,l
,xi,yi,xj,yj,xm,ym);
      elseif yj==CM(2) & ym==CM(2)
        l=abs(xj-xm);kk=Triangle2D3Node_k2(k,xi,yi,xj,yj,xm,ym);

nn=Triangle2D3Node_n2(p,xi,yi,xj,yj,xm,ym);pp=Triangle2D3Node_p2(qv,qf,l,x
i,yi,xj,yj,xm,ym);
      elseif yj==CC(2) & ym==CC(2)
        l=abs(xj-xm);kk=Triangle2D3Node_k3(k,h1,l,xi,yi,xj,yj,xm,ym);

nn=Triangle2D3Node_n3(p,xi,yi,xj,yj,xm,ym);pp=Triangle2D3Node_p3(qv,h1,tf3
,l,xi,yi,xj,yj,xm,ym);
      elseif yj>=CA(2) & ym>=CA(2) & abs((yj-CA(2))-(IL*(xj-CB(1))))<1e-5 &
abs((ym-CA(2))- (IL*(xm-CB(1))))<1e-5

l=((xj-xm)^2+(yj-ym)^2)^0.5;kk=Triangle2D3Node_k3(k,h1,l,xi,yi,xj,yj,xm,ym
);

nn=Triangle2D3Node_n3(p,xi,yi,xj,yj,xm,ym);pp=Triangle2D3Node_p3(qv,h1,tf2
,l,xi,yi,xj,yj,xm,ym);
      elseif yj>=CA(2) & ym>=CA(2) & abs((yj-CA(2))-(IR*(xj-CE(1))))<1e-5 &
abs((ym-CA(2))- (IR*(xm-CE(1))))<1e-5

l=((xj-xm)^2+(yj-ym)^2)^0.5;kk=Triangle2D3Node_k3(k,h1,l,xi,yi,xj,yj,xm,ym
);

nn=Triangle2D3Node_n3(p,xi,yi,xj,yj,xm,ym);pp=Triangle2D3Node_p3(qv,h1,tf2
,l,xi,yi,xj,yj,xm,ym);
      elseif yj==CA(2) & ym==CA(2) & abs(xj)>=CE(1) & abs(xm)>=CE(1)
        l=abs(xj-xm);kk=Triangle2D3Node_k3(k,h1,l,xi,yi,xj,yj,xm,ym);
```

```
nn=Triangle2D3Node_n3(p,xi,yi,xj,yj,xm,ym);pp=Triangle2D3Node_p3(qv,h1,tf1
,l,xi,yi,xj,yj,xm,ym);
       else

kk=Triangle2D3Node_k1(k,xi,yi,xj,yj,xm,ym);nn=Triangle2D3Node_n1(p,xi,yi,x
j,yj,xm,ym);
          pp=Triangle2D3Node_p1(qv,xi,yi,xj,yj,xm,ym);
       end
     KK
=Triangle2D3Node_Assembly(KK,kk,element(i,1),element(i,2),element(i,3));
     NN
=Triangle2D3Node_Assemblynn(NN,nn,element(i,1),element(i,2),element(i,3));
     PP
=Triangle2D3Node_Assemblypp(PP,pp,element(i,1),element(i,2),element(i,3));
  end
   Ti=(KK+NN/DT)\(PP+NN/DT*T0);T0=Ti;
    for j=1:nnode
      sum1(j,d)=sum1(j,d)+Ti(j);Ti(j)=Ti(j)^2;sum2(j,d)=sum2(j,d)+Ti(j);
    end
 end
end
% 计算随机有限元节点温度均值
ET=sum1/M;
% 计算随机有限元节点温度方差
EI=zeros(nnode,NT);VT=zeros(nnode,NT);
for j=1:NT
   for i=1:nnode
     EI(i,j)=ET(i,j)^2;VT(i,j)=abs(M/(M-1)*(sum2(i,j)/M-EI(i,j)));
   end
end
% 提取第N年、M月的结果(N的值必须小于计算年份y，M值为1到12的整数,)。
N=2;M=7;
ss=zeros(nnode,12);NET=zeros(nnode,3);NST=zeros(nnode,3);
j=1;
for ii=365*(N-1)+1:30:365*N
      for i=1:nnode
        ss(i,j)=ET(i,ii);sv(i,j)=VT(i,ii);
      end
      j=j+1;
end
for i=1:nnode
```

```
   NET(i,1)=node(i,2);NST(i,1)=node(i,2);NET(i,2)=node(i,3);
   NST(i,2)=node(i,3);NET(i,3)=ss(i,M);NST(i,3)=sv(i,M);
end
```

随机温度场子程序(work目录下被调用函数)

```
function
c=Triangle2D3Node_c(D,R,x1,y1,x2,y2,x3,y3,xp1,yp1,xp2,yp2,xp3,yp3)
%该函数计算两个随机场单元的协方差c
%输入随机场方差D,相关距离R
%输入两个随机场单元的坐标x1,y1,x2,y2,x3,y3,xp1,yp1,xp2,yp2,xp3,yp3
%输出两个随机场单元的协方差c
sum=0;
NI=[1 0 0 0 1/2 1/2 1/3];NJ=[0 1 0 1/2 0 1/2 1/3];NK=[0 0 1 1/2 1/2 0 1/3];
w=[1/20 1/20 1/20 2/15 2/15 2/15 9/20];
      for i=1:7
          for j=1:7

R=abs(NI(i)*x1+NJ(i)*x2+NK(i)*x3-NI(j)*xp1-NJ(j)*xp2-NK(j)*xp3);

S=abs(NI(i)*y1+NJ(i)*y2+NK(i)*y3-NI(j)*yp1-NJ(j)*yp2-NK(j)*yp3);
               F=exp(-2*(R^2+S^2)^0.5/R);sum=sum+w(i)*w(j)*F;
          end
      end
c=D*sum;
function Chol=Cholesky(cov,M,nelem)
%该函数计算协方差矩阵的Cholesky分解变换
%输入随机场单元数目nelem,下三角矩阵L
%输出离散化局部平均随机场的样本Chol
bb=zeros(nelem,M);L=chol(cov);L=L';
for i=1:M
   aa=random('Normal',0,1,nelem,1);cc=L*aa;
    for j=1:nelem
       bb(j,i)=cc(j);
    end
end
Chol=bb;
```

子函数Triangle2D3Node_k1、Triangle2D3Node_k2、Triangle2D3Node_k3；子函数Triangle2D3Node_n1、Triangle2D3Node_n2、Triangle2D3Node_n3；子函数Triangle2D3Node_p1、Triangle2D3Node_p2 Triangle2D3 Node_p3分别具有相似性，限于篇幅，本书选择给出Triangle2D3Node_k1、Triangle2D3Node_n1及Triangle2D3Node_p1的具体程序。

```
function k1=Triangle2D3Node_k1(k,xi,yi,xj,yj,xm,ym)
%该函数计算内部单元的温度刚度矩阵k1
```

```
%输入导热系数k
%输入三个节点i、j、m的坐标xi,yi,xj,yj,xm,ym
%输出单元刚度矩阵k1(3X3)
A = (xi*(yj-ym) + xj*(ym-yi) + xm*(yi-yj))/2;
bi = yj-ym; bj = ym-yi; bm = yi-yj; ci = xm-xj; cj = xi-xm; cm = xj-xi;
B = [bi*bi  bi*bj  bi*bm  ;
     bj*bi  bj*bj  bj*bm ;
     bm*bi  bm*bj  bm*bm]*k/(4*A);
C = [ci*ci  ci*cj  ci*cm  ;
     cj*ci  cj*cj  cj*cm ;
     cm*ci  cm*cj  cm*cm]*k/(4*A);
k1= B+C;
function n1=Triangle2D3Node_n1(p,xi,yi,xj,yj,xm,ym)
%该函数计算内部单元的非稳态变温矩阵n1
%输入容积定压比热p
%输入三个节点i、j、m的坐标xi,yi,xj,yj,xm,ym
%输出单元非稳态变温矩阵n1(3X3)
A = (xi*(yj-ym) + xj*(ym-yi) + xm*(yi-yj))/2;
B = [p*A/6  p*A/12  p*A/12  ;
     p*A/12  p*A/6  p*A/12 ;
     p*A/12  p*A/12  p*A/6];
n1=B;
function p1=Triangle2D3Node_p1(qv,xi,yi,xj,yj,xm,ym)
%该函数计算内部单元的右端项p1 (边界条件与时间无关)
%输入体积热源强度qv,三个节点i、j、m的坐标xi,yi,xj,yj,xm,ym
%输出右端项p1(1X3)
A = (xi*(yj-ym) + xj*(ym-yi) + xm*(yi-yj))/2;
p1=[qv*A/3;qv*A/3;qv*A/3];
```

子函数Triangle2D3Node_Assembly(KK,k,i,j,m)、Triangle2D3Node_Assemblynn(NN,nn,i,j,m)、Triangle2D3Node_Assemblypp(PP,p,i,j,m)具有相似性，限于篇幅，论文选择给出Triangle2D3Node_Assembly(KK,k,i,j,m)的具体程序。

```
function z = Triangle2D3Node_Assembly(KK,k,i,j,m)
%该函数进行单元温度刚度矩阵的组装
%输入单元刚度矩阵k
%输入单元的节点编号i、j、m
%输出整体刚度矩阵KK
DOF(1)=i; DOF(2)=j; DOF(3)=m;
for n1=1:3
   for n2=1:3
      KK(DOF(n1),DOF(n2))= KK(DOF(n1),DOF(n2))+k(n1,n2);
   end
```

```
end
z=KK;
```

随机变形场计算主程序

```
% 指定相应的工作目录，读入信息文件
load D:\matlab\anzhuangwenjian\work\node.txt
load D:\matlab\anzhuangwenjian\work\element.txt
load D:\matlab\anzhuangwenjian\work\constrain.txt
load D:\matlab\anzhuangwenjian\work\force.txt
load D:\matlab\anzhuangwenjian\work\etforce.txt
load D:\matlab\anzhuangwenjian\work\stforce.txt
%确定节点、单元个数
[nnode,ntmp]=size(node); [nelem,etmp]=size(element);
[nconstrain,ctmp]=size(constrain); [nforce,ftmp]=size(force);
[netforce,ttmp]=size(etforce); [nstforce,ttmp]=size(stforce);
%预先设定总体刚度矩阵、节点力向量、节点约束向量
KKG=zeros(2*nnode); FFG=zeros(2*nnode,1); UUG=zeros(2*nnode,1);
%预先设定单元应变增量矩阵、单元应力增量矩阵、单元刚度矩阵
StrainElem=zeros(nelem,3); StressElem=zeros(nelem,3); k=zeros(6,6);
%预先设定节点位移矩阵、节点应力矩阵
DisplaceNode=zeros(2*nnode,1);StressNode=zeros(nnode,3);
%预先设定单元应力矩阵、等效应力向量、硬化参数矩阵
FFR=zeros(nelem,6);                    SEQ=zeros(nelem,1);HH1=zeros(nelem,1);
HH2=zeros(nelem,1);
%预先设定单元类型矩阵(1,2,3分别表示弹性,塑性,过渡单元)
NNR=zeros(nelem,1);
%预先设定过渡单元加权系数矩阵
MMR=zeros(nelem,1);
%预先设定输出位移、应力矩阵
UUX=zeros(nnode,ttmp);UUY=zeros(nnode,ttmp);StressNodeXX=zeros(nnode,ttmp)
;
StressNodeYY=zeros(nnode,ttmp);StressNodeXY=zeros(nnode,ttmp);
%预先设定参数初值
NC=zeros(nelem,1);NF=zeros(nelem,1);NU=zeros(nelem,1);
NK=zeros(nelem,1);NM=zeros(nelem,1);RR=zeros(nelem,1);
aa=zeros(nelem,1);bb=zeros(nelem,1);mm=zeros(nelem,1);nn=zeros(nelem,1);
%给出材料力学参数均值及变异系数
NK1U=5.07*10^-7;NK2U=5.12*10^-7;NK3=5.23*10^-7;NM1U=1.06;NM2U=1.24;NM3=1.3
5;
NK1F=0.1;NK2F=0.1;NM1F=0.1;NM2F=0.1;RR=5;D1NK=(NK1U*NK1F)^2;D2NK=(NK2U*NK2
F)^2;
D1NM=(NM1U*NM1F)^2;D2NM=(NM2U*NM2F)^2;cov1NK=zeros(nelem);cov2NK=zeros(nel
em);
```

```
cov1NM=zeros(nelem);cov2NM=zeros(nelem);
for ii=1:nelem
  for jj=1:nelem

x1=node(element(ii,1),2);y1=node(element(ii,1),3);x2=node(element(ii,2),2)
;y2=node(element(ii,2),3);

x3=node(element(ii,3),2);y3=node(element(ii,3),3);xp1=node(element(jj,1),2
);yp1=node(element(jj,1),3);

xp2=node(element(jj,2),2);yp2=node(element(jj,2),3);xp3=node(element(jj,3)
,2);yp3=node(element(jj,3),3);
      % Triangle2D3Node_c函数调用计算

c1NK=Triangle2D3Node_c(D1NK,RR,x1,y1,x2,y2,x3,y3,xp1,yp1,xp2,yp2,xp3,yp3);

c2NK=Triangle2D3Node_c(D2NK,RR,x1,y1,x2,y2,x3,y3,xp1,yp1,xp2,yp2,xp3,yp3);

c1NM=Triangle2D3Node_c(D1NM,RR,x1,y1,x2,y2,x3,y3,xp1,yp1,xp2,yp2,xp3,yp3);

c2NM=Triangle2D3Node_c(D2NM,RR,x1,y1,x2,y2,x3,y3,xp1,yp1,xp2,yp2,xp3,yp3);

cov1NK(ii,jj)=c1NK;cov2NK(ii,jj)=c2NK;cov1NM(ii,jj)=c1NM;cov2NM(ii,jj)=c2N
M;
   end
end
% 输入随机计算次数
M=8000;
% Cholesky函数调用计算
NK1R=NK1U+Cholesky(cov1NK,M,nelem);NK2R=NK2U+Cholesky(cov2NK,M,nelem);
NM1R=NM1U+Cholesky(cov1NM,M,nelem);NM2R=NM2U+Cholesky(cov2NM,M,nelem);
sumUUX1=zeros(nnode,ttmp);sumUUX2=zeros(nnode,ttmp);
sumUUY1=zeros(nnode,ttmp);sumUUY2=zeros(nnode,ttmp);
sumSXX1=zeros(nnode,ttmp);sumSXX2=zeros(nnode,ttmp);
sumSYY1=zeros(nnode,ttmp);sumSYY2=zeros(nnode,ttmp);
sumSXY1=zeros(nnode,ttmp);sumSXY2=zeros(nnode,ttmp);
sumS111=zeros(nnode,ttmp);sumS112=zeros(nnode,ttmp);
sumS331=zeros(nnode,ttmp);sumS332=zeros(nnode,ttmp);
%给出试验曲线相关参数
aa1=2.12*10^-5;bb1=0.70;mm1=1.79*10^-4;nn1=0.64;aa2=2.28*10^-5;bb2=0.72;mm
2=1.88*10^-4;nn2=0.69;
```

```
aa3=2.42*10^-5;bb3=0.74;mm3=1.96*10^-4;nn3=0.73;K0=0.43;P1=5.68;P2=2.87;NE
=1.36*10^-3;RR1=2*10;RR2=19.6;RR3=20.7;
for ii=1:M

NCa1=random('Normal',0.03,0.03*0.1);NCb1=random('Normal',0.094,0.094*0.1);

NCa2=random('Normal',0.15,0.15*0.1);NCb2=random('Normal',0.090,0.090*0.1);

NCa3=random('Normal',0.10,0.10*0.1);NCb3=random('Normal',0.240,0.240*0.1);
  NFa1=random('Normal',23,23*0.1);NFb1=random('Normal',9.5,9.5*0.1);
  NFa2=random('Normal',22,22*0.1);NFb2=random('Normal',8,8*0.1);
  NFa3=random('Normal',28,28*0.1);NFb3=random('Normal',11,11*0.1);

NUa1=random('Normal',0.35,0.35*0.1);NUb1=-random('Normal',0.007,0.007*0.1)
;

NUa2=random('Normal',0.40,0.40*0.1);NUb2=-random('Normal',0.008,0.008*0.1)
;

NUa3=random('Normal',0.25,0.25*0.1);NUb3=-random('Normal',0.004,0.004*0.1)
;
  for y=1:ttmp
  %单元循环计算各随机参数
    for i=1:nelem

xi=node(element(i,1),2);yi=node(element(i,1),3);xj=node(element(i,2),2);yj
=node(element(i,2),3);
      xm=node(element(i,3),2);ym=node(element(i,3),3);Ty=(yi+yj+ym)/3;
      TE=etforce(i,y);
         if Ty>=30

NK(i)=NK1R(i);NM(i)=NM1R(i);RR(i)=RR1;aa(i)=aa1;bb(i)=bb1;mm(i)=mm1;nn(i)=
nn1;
            if TE>=0
               NC(i)=NCa1;NF(i)=NFa1;NU(i)=NUa1;
            else

NC(i)=NCa1+NCb1*(abs(TE));NF(i)=NFa1+NFb1*(abs(TE));NU(i)=NUa1+NUb1*(abs(T
E));
            end
         elseif Ty>=27 & Ty<30
```

```
NK(i)=NK2R(i);NM(i)=NM2R(i);RR(i)=RR2;aa(i)=aa2;bb(i)=bb2;mm(i)=mm2;nn(i)=
nn2;
            if TE>=0
               NC(i)=NCa2;NF(i)=NFa2;NU(i)=NUa2;
            else

NC(i)=NCa2+NCb2*(abs(TE));NF(i)=NFa2+NFb2*(abs(TE));NU(i)=NUa2+NUb2*(abs(T
E));
            end
         else

NK(i)=NK3;NM(i)=NM3;RR(i)=RR3;aa(i)=aa3;bb(i)=bb3;mm(i)=mm3;nn(i)=nn3;
            if TE>=0
               NC(i)=NCa3;NF(i)=NFa3;NU(i)=NUa3;
            else

NC(i)=NCa3+NCb3*(abs(TE));NF(i)=NFa3+NFb3*(abs(TE));NU(i)=NUa3+NUb3*(abs(T
E));
            end
         end
    end
 %载荷的处理
  DD=2;
  for i=1:nforce
      s=force(i,1); t=force(i,2); FFG(2*(s-1)+t)= force(i,3);
  end
  FFG=FFG/DD;
  %初始状态
  for i=1:nelem

xi=node(element(i,1),2);yi=node(element(i,1),3);xj=node(element(i,2),2);yj
=node(element(i,2),3);
     xm=node(element(i,3),2);ym=node(element(i,3),3);
     if (yi+yj+ym)/3<30
        F22=20*(30-(yi+yj+ym)/3);
     else
        F22=20*(35-(yi+yj+ym)/3);
     end
     F11=K0*F22;F33=NU(i)*(F11+F22);F12=0;F13=0;F23=0;F0=[F11  F12  F13;F12
F22 F23;F13 F23 F33];
     if (F0(1,1)+F0(2,2)+F0(3,3))/3>0
```

```
      SEQ(i)=Triangle2D3Node_StressE(NC(i),NF(i),P1,F0);
      if SEQ(i)>0
         HH1(i)=HH1(i)+SEQ(i);HH2(i)=HH2(i)+SEQ(i);
      end
    end

FFR(i,1)=F0(1,1);FFR(i,2)=F0(2,2);FFR(i,3)=F0(3,3);FFR(i,4)=F0(1,2);FFR(i,
5)=F0(2,3);FFR(i,6)=F0(1,3);
  end
  %分步施加荷载
  for j=1:DD
    %当前状态分析
    KKG=zeros(2*nnode);
    for i=1:nelem

xi=node(element(i,1),2);yi=node(element(i,1),3);xj=node(element(i,2),2);yj
=node(element(i,2),3);
      xm=node(element(i,3),2);ym=node(element(i,3),3);
      F1=[FFR(i,1)  FFR(i,4)  FFR(i,6);FFR(i,4)  FFR(i,2)  FFR(i,5);FFR(i,6)
FFR(i,5)  FFR(i,3)];
      if (F1(1,1)+F1(2,2)+F1(3,3))/3>0
         SE=Triangle2D3Node_StressE(NC(i),NF(i),P1,F1);
         if SE<HH1(i)
            ME=Triangle2D3Node_MatrixE(NU(i),NK(i),F1);
            k=Triangle2D3Node_StiffnessE(xi,yi,xj,yj,xm,ym,ME);NNR(i)=1;
         else

MP=Triangle2D3Node_MatrixP(NC(i),NF(i),NU(i),NK(i),NM(i),aa(i),bb(i),HH2(i
),P2,F1);
            k=Triangle2D3Node_StiffnessP(xi,yi,xj,yj,xm,ym,MP);
NNR(i)=2;
         end
      else
         ME=Triangle2D3Node_MatrixE(NU(i),NK(i),F1);
         k=Triangle2D3Node_StiffnessE(xi,yi,xj,yj,xm,ym,ME);NNR(i)=1;
      end
      KKG
=Triangle2D3Node_Assembly(KKG,k,element(i,1),element(i,2),element(i,3));
    end
    %置"1"法处理边界条件
    for i=1:nconstrain
```

```
     m=constrain(i,1);  n=constrain(i,2);  UUG(2*(m-1)+n)=constrain(i,3);
KKG(2*(m-1)+n,:)=0;
     KKG(:,2*(m-1)+n)=0; KKG(2*(m-1)+n,2*(m-1)+n)=1; FFG(2*(m-1)+n)=0;
  end
  %求解节点位移增量
  UUG=KKG\FFG;
  %求解单元应变增量
  for i=1:nelem
     l=element(i,1);m=element(i,2);n=element(i,3);
     u=[UUG(2*l-1),UUG(2*l),UUG(2*m-1),UUG(2*m),UUG(2*n-1),UUG(2*n)]';

xi=node(element(i,1),2);yi=node(element(i,1),3);xj=node(element(i,2),2);yj
=node(element(i,2),3);
     xm=node(element(i,3),2);ym=node(element(i,3),3);
     Straintemp=Triangle2D3Node_Strain(xi,yi,xj,yj,xm,ym,u);
     StrainElem(i,1)=Straintemp(1,1);    StrainElem(i,2)=Straintemp(2,1);
StrainElem(i,3)=Straintemp(3,1);
  end
  %求解单元应力增量
  for i=1:nelem

xi=node(element(i,1),2);yi=node(element(i,1),3);xj=node(element(i,2),2);yj
=node(element(i,2),3);
    xm=node(element(i,3),2);ym=node(element(i,3),3);
    F1=[FFR(i,1)  FFR(i,4)  FFR(i,6);FFR(i,4)  FFR(i,2)  FFR(i,5);FFR(i,6)
FFR(i,5) FFR(i,3)];
    if (F1(1,1)+F1(2,2)+F1(3,3))/3>0
       if NNR(i)==1
          ME=Triangle2D3Node_MatrixE(NU(i),NK(i),F1);

Stresstemp=ME*[StrainElem(i,1);StrainElem(i,2);StrainElem(i,3)];
       else

MP=Triangle2D3Node_MatrixP(NC(i),NF(i),NU(i),NK(i),NM(i),aa(i),bb(i),HH2(i
),P2,F1);

Stresstemp=MP*[StrainElem(i,1);StrainElem(i,2);StrainElem(i,3)];
       end
    else
       ME=Triangle2D3Node_MatrixE(NU(i),NK(i),F1);
       Stresstemp=ME*[StrainElem(i,1);StrainElem(i,2);StrainElem(i,3)];
    end
```

```
      StressElem(i,1)=Stresstemp(1,1);     StressElem(i,2)=Stresstemp(2,1);
StressElem(i,3)=Stresstemp(3,1);
   end
   %更新单元应力
   for i=1:nelem

FF0(i,1)=FFR(i,1)+StressElem(i,1);FF0(i,2)=FFR(i,2)+StressElem(i,2);

FF0(i,4)=FFR(i,4)+StressElem(i,3);FF0(i,5)=FFR(i,5);FF0(i,6)=FFR(i,6);
   end
   %加-卸载过程分析
   KKG=zeros(2*nnode);
   for i=1:nelem

xi=node(element(i,1),2);yi=node(element(i,1),3);xj=node(element(i,2),2);yj
=node(element(i,2),3);
      xm=node(element(i,3),2);ym=node(element(i,3),3);
      F1=[FFR(i,1)  FFR(i,4)  FFR(i,6);FFR(i,4)  FFR(i,2)  FFR(i,5);FFR(i,6)
FFR(i,5)  FFR(i,3)];
      F2=[FF0(i,1)  FF0(i,4)  FF0(i,6);FF0(i,4)  FF0(i,2)  FF0(i,5);FF0(i,6)
FF0(i,5)  FF0(i,3)];
      DE=[StrainElem(i,1);StrainElem(i,2);StrainElem(i,3)];

LL=Triangle2D3Node_Loading(NC(i),NF(i),NU(i),NK(i),xi,yi,xj,yj,xm,ym,F1,DE
);
      if  (F1(1,1)+F1(2,2)+F1(3,3))/3<0  |  (F2(1,1)+F2(2,2)+F2(3,3))/3<0
        ME=Triangle2D3Node_MatrixE(NU(i),NK(i),F1);
        k=Triangle2D3Node_StiffnessE(xi,yi,xj,yj,xm,ym,ME);NNR(i)=1;
      else
        SE=Triangle2D3Node_StressE(NC(i),NF(i),P1,F2);
        if  LL==0
          ME=Triangle2D3Node_MatrixE(NU(i),NK(i),F1);
          k=Triangle2D3Node_StiffnessE(xi,yi,xj,yj,xm,ym,ME);NNR(i)=1;
        elseif  LL==1
          if  SE<HH1(i)
            ME=Triangle2D3Node_MatrixE(NU(i),NK(i),F1);
            k=Triangle2D3Node_StiffnessE(xi,yi,xj,yj,xm,ym,ME);NNR(i)=1;
          else

MP=Triangle2D3Node_MatrixP(NC(i),NF(i),NU(i),NK(i),NM(i),aa(i),bb(i),HH2(i
),P2,F1);
```

```
            k=Triangle2D3Node_StiffnessP(xi,yi,xj,yj,xm,ym,MP);
NNR(i)=2;
          end
        else

MP=Triangle2D3Node_MatrixP(NC(i),NF(i),NU(i),NK(i),NM(i),aa(i),bb(i),HH2(i
),P2,F1);
          k=Triangle2D3Node_StiffnessP(xi,yi,xj,yj,xm,ym,MP); NNR(i)=2;
        end
      end
      KKG
=Triangle2D3Node_Assembly(KKG,k,element(i,1),element(i,2),element(i,3));
   end
   %置"1"法处理边界条件
   for i=1:nconstrain
      m=constrain(i,1); n=constrain(i,2); UUG(2*(m-1)+n)=constrain(i,3);
      KKG(2*(m-1)+n,:)=0; KKG(:,2*(m-1)+n)=0; KKG(2*(m-1)+n,2*(m-1)+n)=1;
FFG(2*(m-1)+n)=0;
   end
   %求解节点位移增量
   UUG=KKG\FFG;
   %求解单元应变增量
   for i=1:nelem
      l=element(i,1);m=element(i,2);n=element(i,3);
      u=[UUG(2*l-1),UUG(2*l),UUG(2*m-1),UUG(2*m),UUG(2*n-1),UUG(2*n)]';

xi=node(element(i,1),2);yi=node(element(i,1),3);xj=node(element(i,2),2);yj
=node(element(i,2),3);
      xm=node(element(i,3),2);ym=node(element(i,3),3);
      Straintemp=Triangle2D3Node_Strain(xi,yi,xj,yj,xm,ym,u);
      StrainElem(i,1)=Straintemp(1,1);    StrainElem(i,2)=Straintemp(2,1);
StrainElem(i,3)=Straintemp(3,1);
   end
   %求解单元应力增量
   for i=1:nelem

xi=node(element(i,1),2);yi=node(element(i,1),3);xj=node(element(i,2),2);yj
=node(element(i,2),3);
      xm=node(element(i,3),2);ym=node(element(i,3),3);
      F1=[FFR(i,1)  FFR(i,4)  FFR(i,6);FFR(i,4)  FFR(i,2)  FFR(i,5);FFR(i,6)
FFR(i,5)  FFR(i,3)];
      if  (F1(1,1)+F1(2,2)+F1(3,3))/3>0
```

```
            if NNR(i)==1
               ME=Triangle2D3Node_MatrixE(NU(i),NK(i),F1);

Stresstemp=ME*[StrainElem(i,1);StrainElem(i,2);StrainElem(i,3)];
            else

MP=Triangle2D3Node_MatrixP(NC(i),NF(i),NU(i),NK(i),NM(i),aa(i),bb(i),HH2(i
),P2,F1);

Stresstemp=MP*[StrainElem(i,1);StrainElem(i,2);StrainElem(i,3)];
            end
        else
            ME=Triangle2D3Node_MatrixE(NU(i),NK(i),F1);
            Stresstemp=ME*[StrainElem(i,1);StrainElem(i,2);StrainElem(i,3)];
        end
        StressElem(i,1)=Stresstemp(1,1);     StressElem(i,2)=Stresstemp(2,1);
StressElem(i,3)=Stresstemp(3,1);
    end
    %更新单元应力
    for i=1:nelem

FF0(i,1)=FFR(i,1)+StressElem(i,1);FF0(i,2)=FFR(i,2)+StressElem(i,2);

FF0(i,4)=FFR(i,4)+StressElem(i,3);FF0(i,5)=FFR(i,5);FF0(i,6)=FFR(i,6);
    end
    %过渡单元分析(循环算法计算加权系数m)
    for ii=1:3
        KKG=zeros(2*nnode);
        for i=1:nelem
            F2=[FF0(i,1) FF0(i,4) FF0(i,6);FF0(i,4) FF0(i,2) FF0(i,5);FF0(i,6)
FF0(i,5) FF0(i,3)];
              if (F2(1,1)+F2(2,2)+F2(3,3))/3<0
               NNR(i)==1;
            else
               SE=Triangle2D3Node_StressE(NC(i),NF(i),P1,F2);
               if NNR(i)==1 & SE>HH1(i) | NNR(i)==3
                  MMR(i)=(HH1(i)-SEQ(i))/(SE-SEQ(i));NNR(i)=3;
               end
            end
        end
        for i=1:nelem
```

```
xi=node(element(i,1),2);yi=node(element(i,1),3);xj=node(element(i,2),2);yj
=node(element(i,2),3);
        xm=node(element(i,3),2);ym=node(element(i,3),3);
        F1=[FFR(i,1) FFR(i,4) FFR(i,6);FFR(i,4) FFR(i,2) FFR(i,5);FFR(i,6)
FFR(i,5) FFR(i,3)];
        if (F1(1,1)+F1(2,2)+F1(3,3))/3<0
           ME=Triangle2D3Node_MatrixE(NU(i),NK(i),F1);
           k=Triangle2D3Node_StiffnessE(xi,yi,xj,yj,xm,ym,ME);
        else
           if NNR(i)==1
             ME=Triangle2D3Node_MatrixE(NU(i),NK(i),F1);
             k=Triangle2D3Node_StiffnessE(xi,yi,xj,yj,xm,ym,ME);
           elseif NNR(i)==2

MP=Triangle2D3Node_MatrixP(NC(i),NF(i),NU(i),NK(i),NM(i),aa(i),bb(i),HH2(i
),P2,F1);
             k=Triangle2D3Node_StiffnessP(xi,yi,xj,yj,xm,ym,MP);
           else
             ME=Triangle2D3Node_MatrixE(NU(i),NK(i),F1);

MP=Triangle2D3Node_MatrixP(NC(i),NF(i),NU(i),NK(i),NM(i),aa(i),bb(i),HH2(i
),P2,F1);
             MT=Triangle2D3Node_MatrixT(ME,MP,MMR(i));
             k=Triangle2D3Node_StiffnessT(xi,yi,xj,yj,xm,ym,MT);
           end
        end
        KKG
=Triangle2D3Node_Assembly(KKG,k,element(i,1),element(i,2),element(i,3));
      end
      %置"1"法处理边界条件
      for i=1:nconstrain
         m=constrain(i,1);                                    n=constrain(i,2);
UUG(2*(m-1)+n)=constrain(i,3);
         KKG(2*(m-1)+n,:)=0;                                KKG(:,2*(m-1)+n)=0;
KKG(2*(m-1)+n,2*(m-1)+n)=1; FFG(2*(m-1)+n)=0;
      end
      %求解节点位移增量
      UUG=KKG\FFG;
      %求解单元应变增量
      for i=1:nelem
         l=element(i,1);m=element(i,2);n=element(i,3);
```

```
u=[UUG(2*l-1),UUG(2*l),UUG(2*m-1),UUG(2*m),UUG(2*n-1),UUG(2*n)]';

xi=node(element(i,1),2);yi=node(element(i,1),3);xj=node(element(i,2),2);yj
=node(element(i,2),3);
            xm=node(element(i,3),2);ym=node(element(i,3),3);
            Straintemp=Triangle2D3Node_Strain(xi,yi,xj,yj,xm,ym,u);
StrainElem(i,1)=Straintemp(1,1);
            StrainElem(i,2)=Straintemp(2,1);StrainElem(i,3)=Straintemp(3,1);
        end
        %求解单元应力增量
        for i=1:nelem

xi=node(element(i,1),2);yi=node(element(i,1),3);xj=node(element(i,2),2);yj
=node(element(i,2),3);
           xm=node(element(i,3),2);ym=node(element(i,3),3);
           F1=[FFR(i,1) FFR(i,4) FFR(i,6);FFR(i,4) FFR(i,2) FFR(i,5);FFR(i,6)
FFR(i,5) FFR(i,3)];
           if (F1(1,1)+F1(2,2)+F1(3,3))/3>0
               if NNR(i)==1
                  ME=Triangle2D3Node_MatrixE(NU(i),NK(i),F1);

Stresstemp=ME*[StrainElem(i,1);StrainElem(i,2);StrainElem(i,3)];
               elseif NNR(i)==2

MP=Triangle2D3Node_MatrixP(NC(i),NF(i),NU(i),NK(i),NM(i),aa(i),bb(i),HH2(i
),P2,F1);

Stresstemp=MP*[StrainElem(i,1);StrainElem(i,2);StrainElem(i,3)];
               else
                  ME=Triangle2D3Node_MatrixE(NU(i),NK(i),F1);

MP=Triangle2D3Node_MatrixP(NC(i),NF(i),NU(i),NK(i),NM(i),aa(i),bb(i),HH2(i
),P2,F1);
                  MT=Triangle2D3Node_MatrixT(ME,MP,MMR(i));

Stresstemp=MT*[StrainElem(i,1);StrainElem(i,2);StrainElem(i,3)];
               end
           else
               ME=Triangle2D3Node_MatrixE(NU(i),NK(i),F1);

Stresstemp=ME*[StrainElem(i,1);StrainElem(i,2);StrainElem(i,3)];
```

```
          end
          StressElem(i,1)=Stresstemp(1,1); StressElem(i,2)=Stresstemp(2,1);
StressElem(i,3)=Stresstemp(3,1);
        end
        %更新单元应力
        for i=1:nelem

FF0(i,1)=FFR(i,1)+StressElem(i,1);FF0(i,2)=FFR(i,2)+StressElem(i,2);

FF0(i,4)=FFR(i,4)+StressElem(i,3);FF0(i,5)=FFR(i,5);FF0(i,6)=FFR(i,6);
        end
    end
    %更新硬化参数
    for i=1:nelem
        if NNR(i)==1
           FF0(i,3)=NU(i)*(StressElem(i,1)+StressElem(i,2));
        elseif NNR(i)==2 | NNR(i)==3
           FF0(i,3)=0.5*(StressElem(i,1)+StressElem(i,2));
        end
        F1=[FF0(i,1) FF0(i,4) FF0(i,6);FF0(i,4) FF0(i,2) FF0(i,5);FF0(i,6)
FF0(i,5) FF0(i,3)];
        DE=[StrainElem(i,1);StrainElem(i,2);StrainElem(i,3)];
        if (F1(1,1)+F1(2,2)+F1(3,3))/3>0

HH1(i)=HH1(i)+Triangle2D3Node_ParameterCH(NC(i),NF(i),NU(i),NK(i),NM(i),aa
(i),bb(i),
            HH2(i),P2,F1,DE);

HH2(i)=HH2(i)+Triangle2D3Node_ParameterRH(NC(i),NF(i),NU(i),NK(i),NM(i),
            aa(i),bb(i),mm(i),nn(i),HH2(i),P2,F1,DE);
        end
        SEQ(i)=Triangle2D3Node_StressE(NC(i),NF(i),P1,F1);
        if SEQ(i)>HH1(i)
           HH1(i)=SEQ(i);
        end
    end
    FFR=FF0;
    DisplaceNode=DisplaceNode+UUG;
  end
  for i=1:nelem
```

```
StressElem(i,1)=FF0(i,1);StressElem(i,2)=FF0(i,2);StressElem(i,3)=FF0(i,4)
;
  end
  % 求节点应力
  for i=1:nnode
      numElem=0;
      for j=1:nelem
          if (element(j,1)==i)
              StressNode(i,1)=StressNode(i,1)+StressElem(j,1);
              StressNode(i,2)=StressNode(i,2)+StressElem(j,2);
              StressNode(i,3)=StressNode(i,3)+StressElem(j,3);
numElem=numElem+1;
          elseif (element(j,2)==i)
              StressNode(i,1)=StressNode(i,1)+StressElem(j,1);
              StressNode(i,2)=StressNode(i,2)+StressElem(j,2);
              StressNode(i,3)=StressNode(i,3)+StressElem(j,3);
numElem=numElem+1;
          elseif (element(j,3)==i)
              StressNode(i,1)=StressNode(i,1)+StressElem(j,1);
              StressNode(i,2)=StressNode(i,2)+StressElem(j,2);
              StressNode(i,3)=StressNode(i,3)+StressElem(j,3);
numElem=numElem+1;
          end
      end
      StressNode(i,1)=StressNode(i,1)/numElem;
StressNode(i,2)=StressNode(i,2)/numElem;
      StressNode(i,3)=StressNode(i,3)/numElem;
  end
  % 提取节点位移、应力结果
    for i=1:nnode
        UUX(i,y)=DisplaceNode(2*i-1);UUY(i,y)=DisplaceNode(2*i);

StressNodeXX(i,y)=StressNode(i,1);StressNodeYY(i,y)=StressNode(i,2);

StressNodeXY(i,y)=StressNode(i,3);StressNode11(i,y)=(StressNodeXX(i,y)+Str
essNodeYY(i,y))/2+

(((StressNodeXX(i,y)-StressNodeYY(i,y))/2)^2+StressNodeXY(i,y)^2)^0.5;
        StressNode33(i,y)=(StressNodeXX(i,y)+StressNodeYY(i,y))/2-

(((StressNodeXX(i,y)-StressNodeYY(i,y))/2)^2+StressNodeXY(i,y)^2)^0.5;
```

```
    end
    for j=1:nnode

sumUUX1(j,y)=sumUUX1(j,y)+UUX(j,y);sumUUX2(j,y)=sumUUX2(j,y)+UUX(j,y)^2;

sumUUY1(j,y)=sumUUY1(j,y)+UUY(j,y);sumUUY2(j,y)=sumUUY2(j,y)+UUY(j,y)^2;

sumSXX1(j,y)=sumSXX1(j,y)+StressNodeXX(j,y);sumSXX2(j,y)=sumSXX2(j,y)+Stre
ssNodeXX(j,y)^2;

sumSYY1(j,y)=sumSYY1(j,y)+StressNodeYY(j,y);sumSYY2(j,y)=sumSYY2(j,y)+Stre
ssNodeYY(j,y)^2;

sumSXY1(j,y)=sumSXY1(j,y)+StressNodeXY(j,y);sumSXY2(j,y)=sumSXY2(j,y)+Stre
ssNodeXY(j,y)^2;

sumS111(j,y)=sumS111(j,y)+StressNode11(j,y);sumS112(j,y)=sumS112(j,y)+Stre
ssNode11(j,y)^2;

sumS331(j,y)=sumS331(j,y)+StressNode33(j,y);sumS332(j,y)=sumS332(j,y)+Stre
ssNode33(j,y)^2;
    end
  end
end
% 计算随机有限元节点位移、应力均值
EHD=sumUUX1/M;EVD=sumUUY1/M;EHS=sumSXX1/M;
EVS=sumSYY1/M;ESS=sumSXY1/M;E11=sumS111/M;E33=sumS331/M;
% 计算随机有限元节点位移、应力标准差
EIHD=zeros(nnode,ttmp);VTHD=zeros(nnode,ttmp);EIVD=zeros(nnode,ttmp);VTVD=
zeros(nnode,ttmp);
EIHS=zeros(nnode,ttmp);VTHS=zeros(nnode,ttmp);EIVS=zeros(nnode,ttmp);VTVS=
zeros(nnode,ttmp);
EISS=zeros(nnode,ttmp);VTSS=zeros(nnode,ttmp);EI11=zeros(nnode,ttmp);VT11=
zeros(nnode,ttmp);
EI33=zeros(nnode,ttmp);VT33=zeros(nnode,ttmp);
for j=1:ttmp
   for i=1:nnode

EIHD(i,j)=EHD(i,j)^2;EIVD(i,j)=EVD(i,j)^2;EIHS(i,j)=EHS(i,j)^2;EIVS(i,j)=E
VS(i,j)^2;
     EISS(i,j)=ESS(i,j)^2;EI11(i,j)=E11(i,j)^2;EI33(i,j)=E33(i,j)^2;
     VTHD(i,j)=(abs(M/(M-1)*(sumUUX2(i,j)/M-EIHD(i,j))))^0.5;
```

```
    VTVD(i,j)=(abs(M/(M-1)*(sumUUY2(i,j)/M-EIVD(i,j))))^0.5;
    VTHS(i,j)=(abs(M/(M-1)*(sumSXX2(i,j)/M-EIHS(i,j))))^0.5;
    VTVS(i,j)=(abs(M/(M-1)*(sumSYY2(i,j)/M-EIVS(i,j))))^0.5;
    VTSS(i,j)=(abs(M/(M-1)*(sumSXY2(i,j)/M-EISS(i,j))))^0.5;
    VT11(i,j)=(abs(M/(M-1)*(sumS112(i,j)/M-EI11(i,j))))^0.5;
    VT33(i,j)=(abs(M/(M-1)*(sumS332(i,j)/M-EI33(i,j))))^0.5;
  end
end
toc
```

随机变形场子程序(work目录下被调用函数)

变形场随机有限元程序中的子函数Triangle2D3Node_c和子函数Cholesky与随机温度场中的子函数Triangle2D3Node_c和子函数Cholesky完全相同，在此不再赘述。

```
function ME=Triangle2D3Node_MatrixE(NU,NK,FF)
%该函数计算弹性单元的弹性矩阵[C]e
%泊松比NU,回弹斜率NK
%输入弹性单元的应力状态FF(3*3)
%输出弹性矩阵ME(3*3)
I1=FF(1,1)+FF(2,2)+FF(3,3);P=I1/3;K=P/NK;G=3*K*(1-2*NU)/(2*(1+NU));
ME= [K+4/3*G K-2/3*G 0 ; K-2/3*G K+4/3*G 0 ; 0 0 G];
function MP=Triangle2D3Node_MatrixP(NC,NF,NU,NK,NM,aa,bb,H2,P2,FF)
%该函数计算塑性单元的塑性矩阵[C]ep
%输入黏聚力NC,内摩擦角NF,泊松比NU
%输入回弹斜率NK,Hvorslev斜率NM
%输入等向固结曲线函数基本参数aa,bb
%输入参考屈服面硬化参数H2,与初始体变对应的参考球应力P2
%输入塑性单元的应力状态FF(3*3)
%输出塑性单元塑性矩阵MP(3*3)
Pr=NC*cotd(NF);
I1=FF(1,1)+FF(2,2)+FF(3,3);
I2=FF(1,1)*FF(2,2)+FF(2,2)*FF(3,3)+FF(3,3)*FF(1,1)-FF(1,2)^2-FF(1,3)^2-FF(
2,3)^2;
I3=FF(1,1)*FF(2,2)*FF(3,3)+2*FF(1,2)*FF(2,3)*FF(1,3)-FF(1,1)*FF(2,3)^2-FF(
2,2)*FF(1,3)^2-FF(3,3)*
FF(1,2)^2;
J1=0;J2=1/3*(I1*I1-3*I2);J3=1/27*(2*I1*I1*I1-9*I1*I2+27*I3);P=I1/3;Q=(3*ab
s(J2))^0.5;
cos3L=3*3^0.5/2*J3*J2^(-1.5);sin3L=(1-cos3L^2)^0.5;cot3L=cos3L/sin3L;AR=(3
-sind(NF))/(3+sind(NF));
M0=6*sind(NF)/(3-sind(NF));MM=M0*(2*AR^4/(1+AR^4-(1-AR^4)*cos3L))^(1/4);
K=P/NK;G=3*K*(1-2*NU)/(2*(1+NU));ED= [K+4/3*G K-2/3*G 0 ; K-2/3*G K+4/3*G 0 ;
0 0 G];
DM=M0*(2*AR^4/(1+AR^4-(1-AR^4)*cos3L))^(5/4)*3*(AR^4-1)/(8*AR^4)*sin3L;
```

```
C1=1/(3*P)*(1-Q^2*(2*P+Pr)/((MM^2*P*(P+Pr)+Q^2)*(P+Pr)));
C2=2*3^0.5*Q/(MM^2*P*(P+Pr)+Q^2)+cot3L/J2^0.5*(-2*Q^2)/(MM^3*P*(P+Pr)+MM*Q
^2)*DM;
C3=3^0.5/(2*sin3L)*1/(J2^1.5)*(-2*Q^2)/(MM^3*P*(P+Pr)+MM*Q^2)*DM;
A1=[1;1;0];A2=1/(2*J2^0.5)*[2/3*I1-(FF(2,2)+FF(3,3));2/3*I1-(FF(1,1)+FF(3,
3));2*FF(1,2)];
A3=[(2/9*I1^2-1/3*I2)+(FF(2,2)+FF(3,3))*(-1/3*I1)+(FF(2,2)*FF(3,3)-FF(2,3)
^2);

(2/9*I1^2-1/3*I2)+(FF(1,1)+FF(3,3))*(-1/3*I1)+(FF(1,1)*FF(3,3)-FF(1,3)^2);
    (2*FF(2,3)*FF(1,3)-2*FF(3,3)*FF(1,2))+(2*FF(1,2)/3*I1)];
DF=C1*A1+C2*A2+C3*A3;ETA=Q/(P+Pr);
ETB=(MM^2+ETA^2)*ETA*Pr/(MM^2*P2*exp(H2)-ETA^2*Pr)+ETA;
RR=1/(P+Pr)*(P2*MM^2/(MM^2+ETA*ETB)*exp(H2)+Pr);MMF=MM+(RR-1)*(MM-NM);
AA=MM^4*(MMF^4-ETA^4)/(MMF^4*(MM^4-ETA^4))*1/(aa*bb*exp(bb*log(P))-NK)*(DF
(1)+DF(2));
MP=ED-ED*DF*DF'*ED/(AA+DF'*ED*DF);
function MT=Triangle2D3Node_MatrixT(ME,MP,m)
%该函数计算过渡单元的加权平均弹塑性矩阵[C]g
%输入弹性矩阵ME,塑性矩阵MP,加权系数m
%输出加权平均弹塑性矩阵ME(3*3)
MT=m*ME+(1-m)*MP;
function k=Triangle2D3Node_StiffnessE(xi,yi,xj,yj,xm,ym,ME)
%该函数计算弹性单元的刚度矩阵[k]e
%输入弹性单元的坐标xi,yi,xj,yj,xm,ym
%输入弹性单元的弹性矩阵ME(3*3)
%输出单元刚度矩阵k(6X6)
A = (xi*(yj-ym) + xj*(ym-yi) + xm*(yi-yj))/2;
betai = yj-ym; betaj = ym-yi; betam = yi-yj;
gammai = xm-xj; gammaj = xi-xm; gammam = xj-xi;
B = [betai 0 betaj 0 betam 0 ;0 gammai 0 gammaj 0 gammam ;gammai betai gammaj
betaj gammam betam]/(2*A);
k= 1*A*B'*ME*B;
function k=Triangle2D3Node_StiffnessP(xi,yi,xj,yj,xm,ym,MP)
%该函数计算塑性单元的刚度矩阵[k]ep
%输入塑性单元的坐标xi,yi,xj,yj,xm,ym
%输入塑性单元的塑性矩阵MP
%输出塑性单元刚度矩阵k(6X6)
A = (xi*(yj-ym) + xj*(ym-yi) + xm*(yi-yj))/2; betai = yj-ym; betaj = ym-yi;
betam = yi-yj;
gammai = xm-xj; gammaj = xi-xm; gammam = xj-xi;
```

```
B = [betai 0 betaj 0 betam 0 ;0 gammai 0 gammaj 0 gammam ;gammai betai gammaj
betaj gammam betam]/(2*A);
k=1*A*B'*MP*B;
function k=Triangle2D3Node_StiffnessT(xi,yi,xj,yj,xm,ym,MT)
%该函数计算过渡单元的刚度矩阵[k]g
%输入过渡单元的坐标xi,yi,xj,yj,xm,ym
%输入过渡单元的加权平均弹塑性矩阵MT
%输出过渡单元的刚度矩阵k(6X6)
A = (xi*(yj-ym) + xj*(ym-yi) + xm*(yi-yj))/2; betai = yj-ym; betaj = ym-yi;
betam = yi-yj;
gammai = xm-xj; gammaj = xi-xm; gammam = xj-xi;
B = [betai 0 betaj 0 betam 0 ;0 gammai 0 gammaj 0 gammam ;gammai betai gammaj
betaj gammam betam]/(2*A);
k=1*A*B'*MT*B;
function z = Triangle2D3Node_Assembly(KK,k,i,j,m)
%该函数进行单元刚度矩阵的组装
%输入单元刚度矩阵k
%输入单元的节点编号I、j、m
%输出整体刚度矩阵KK
DOF(1)=2*i-1;   DOF(2)=2*i;   DOF(3)=2*j-1;   DOF(4)=2*j;   DOF(5)=2*m-1;
DOF(6)=2*m;
for n1=1:6
   for n2=1:6
      KK(DOF(n1),DOF(n2))= KK(DOF(n1),DOF(n2))+k(n1,n2);
   end
end
z=KK;
function L=Triangle2D3Node_Loading(NC,NF,NU,NK,xi,yi,xj,yj,xm,ym,FF,DE)
%该函数对计算单元进行加-卸载判断
%输入黏聚力NC,内摩擦角NF,泊松比NU,回弹斜率NK
%输入计算单元的坐标xi,yi,xj,yj,xm,ym
%输入计算单元的应力状态FF(3*3)
%输入计算单元的应变矩阵DE(1*3)
%输出单元加-卸载情况(定义0,1,2分别表示卸载,加载,中性变载)
A = (xi*(yj-ym) + xj*(ym-yi) + xm*(yi-yj))/2; betai = yj-ym; betaj = ym-yi;
betam = yi-yj; gammai = xm-xj;
gammaj = xi-xm; gammam = xj-xi;
B = [betai 0 betaj 0 betam 0 ;0 gammai 0 gammaj 0 gammam ;gammai betai gammaj
betaj gammam betam]/(2*A);
Pr=NC*cotd(NF);
I1=FF(1,1)+FF(2,2)+FF(3,3);
```

```
I2=FF(1,1)*FF(2,2)+FF(2,2)*FF(3,3)+FF(3,3)*FF(1,1)-FF(1,2)^2-FF(1,3)^2-FF(
2,3)^2;
I3=FF(1,1)*FF(2,2)*FF(3,3)+2*FF(1,2)*FF(2,3)*FF(1,3)-FF(1,1)*FF(2,3)^2-FF(
2,2)*FF(1,3)^2-FF(3,3)*
FF(1,2)^2;
J1=0;J2=1/3*(I1*I1-3*I2);J3=1/27*(2*I1*I1*I1-9*I1*I2+27*I3);
P=I1/3;Q=(3*abs(J2))^0.5;cos3L=3*3^0.5/2*J3*J2^(-1.5);sin3L=(1-cos3L^2)^0.
5;cot3L=cos3L/sin3L;
AR=(3-sind(NF))/(3+sind(NF));M0=6*sind(NF)/(3-sind(NF));
MM=M0*(2*AR^4/(1+AR^4-(1-AR^4)*cos3L))^(1/4);
K=P/NK;G=3*K*(1-2*NU)/(2*(1+NU));
ED= [K+4/3*G K-2/3*G 0 ; K-2/3*G K+4/3*G 0 ; 0 0 G];
DM=M0*(2*AR^4/(1+AR^4-(1-AR^4)*cos3L))^(5/4)*3*(AR^4-1)/(8*AR^4)*sin3L;
C1=1/(3*P)*(1-Q^2*(2*P+Pr)/((MM^2*P*(P+Pr)+Q^2)*(P+Pr)));
C2=2*3^0.5*Q/(MM^2*P*(P+Pr)+Q^2)+cot3L/J2^0.5*(-2*Q^2)/(MM^3*P*(P+Pr)+MM*Q
^2)*DM;
C3=3^0.5/(2*sin3L)*1/(J2^1.5)*(-2*Q^2)/(MM^3*P*(P+Pr)+MM*Q^2)*DM;
A1=[1;1;0];A2=1/(2*J2^0.5)*[2/3*I1-(FF(2,2)+FF(3,3));2/3*I1-(FF(1,1)+FF(3,
3));2*FF(1,2)];
A3=[(2/9*I1^2-1/3*I2)+(FF(2,2)+FF(3,3))*(-1/3*I1)+(FF(2,2)*FF(3,3)-FF(2,3)
^2);

(2/9*I1^2-1/3*I2)+(FF(1,1)+FF(3,3))*(-1/3*I1)+(FF(1,1)*FF(3,3)-FF(1,3)^2);
    (2*FF(2,3)*FF(1,3)-2*FF(3,3)*FF(1,2))+(2*FF(1,2)/3*I1)];
DF=C1*A1+C2*A2+C3*A3;LL=DF'*DM*DE;
if LL>0
   L=1;
elseif LL<0
   L=0;
else
   L=2;
end
function PCH=Triangle2D3Node_ParameterCH(NC,NF,NU,NK,NM,aa,bb,H2,P2,FF,DE)
%该函数计算当前屈服面硬化参数增量值dH
%输入黏聚力NC,内摩擦角NF,泊松比NU
%输入回弹斜率NK,Hvorslev斜率NM
%输入等向固结曲线函数基本参数aa,bb
%输入参考屈服面硬化参数H2,与初始体变对应的参考球应力P2
%输入单元的当前应力状态FF(3*3)
%输入单元的应变增量矩阵DE(1*3)
%输出单元当前硬化参数增量值dH
Pr=NC*cotd(NF);I1=FF(1,1)+FF(2,2)+FF(3,3);
```

```
I2=FF(1,1)*FF(2,2)+FF(2,2)*FF(3,3)+FF(3,3)*FF(1,1)-FF(1,2)^2-FF(1,3)^2-FF(
2,3)^2;
I3=FF(1,1)*FF(2,2)*FF(3,3)+2*FF(1,2)*FF(2,3)*FF(1,3)-FF(1,1)*FF(2,3)^2-FF(
2,2)*FF(1,3)^2-FF(3,3)*FF(1,2)^2;
J1=0;J2=1/3*(I1*I1-3*I2);J3=1/27*(2*I1*I1*I1-9*I1*I2+27*I3);P=I1/3;Q=(3*ab
s(J2))^0.5;
cos3L=3*3^0.5/2*J3*J2^(-1.5);sin3L=(1-cos3L^2)^0.5;cot3L=cos3L/sin3L;AR=(3
-sind(NF))/(3+sind(NF));
M0=6*sind(NF)/(3-sind(NF));MM=M0*(2*AR^4/(1+AR^4-(1-AR^4)*cos3L))^(1/4);
K=P/NK;G=3*K*(1-2*NU)/(2*(1+NU));ED= [K+4/3*G K-2/3*G 0 ; K-2/3*G K+4/3*G 0 ;
0 0 G];
DM=M0*(2*AR^4/(1+AR^4-(1-AR^4)*cos3L))^(5/4)*3*(AR^4-1)/(8*AR^4)*sin3L;
C1=1/(3*P)*(1-Q^2*(2*P+Pr)/((MM^2*P*(P+Pr)+Q^2)*(P+Pr)));
C2=2*3^0.5*Q/(MM^2*P*(P+Pr)+Q^2)+cot3L/J2^0.5*(-2*Q^2)/(MM^3*P*(P+Pr)+MM*Q
^2)*DM;
C3=3^0.5/(2*sin3L)*1/(J2^1.5)*(-2*Q^2)/(MM^3*P*(P+Pr)+MM*Q^2)*DM;
A1=[1;1;0];A2=1/(2*J2^0.5)*[2/3*I1-(FF(2,2)+FF(3,3));2/3*I1-(FF(1,1)+FF(3,
3));2*FF(1,2)];
A3=[(2/9*I1^2-1/3*I2)+(FF(2,2)+FF(3,3))*(-1/3*I1)+(FF(2,2)*FF(3,3)-FF(2,3)
^2);

(2/9*I1^2-1/3*I2)+(FF(1,1)+FF(3,3))*(-1/3*I1)+(FF(1,1)*FF(3,3)-FF(1,3)^2);
    (2*FF(2,3)*FF(1,3)-2*FF(3,3)*FF(1,2))+(2*FF(1,2)/3*I1)];
DF=C1*A1+C2*A2+C3*A3;ETA=Q/(P+Pr);
ETB=(MM^2+ETA^2)*ETA*Pr/(MM^2*P2*exp(H2)-ETA^2*Pr)+ETA;
RR=1/(P+Pr)*(P2*MM^2/(MM^2+ETA*ETB)*exp(H2)+Pr);
MMF=MM+(RR-1)*(MM-NM);
AA=MM^4*(MMF^4-ETA^4)/(MMF^4*(MM^4-ETA^4))*1/(aa*bb*exp(bb*log(P))-NK)*(DF
(1)+DF(2));
DL=DF'*ED*DE/(AA+DF'*ED*DF);
DV=DL*(DF(1)+DF(2));
PCH=MM^4*(MMF^4-ETA^4)/(MMF^4*(MM^4-ETA^4))*1/(aa*bb*exp(bb*log(P))-NK)*DV
;
function
PRH=Triangle2D3Node_ParameterRH(NC,NF,NU,NK,NM,aa,bb,mm,nn,H2,P2,FF,DE)
%该函数计算参考屈服面硬化参数增量值dH-
%输入黏聚力NC,内摩擦角NF,泊松比NU
%输入回弹斜率NK,Hvorslev斜率NM
%输入等向固结曲线函数基本参数aa,bb
%输入临界状态曲线函数基本参数mm,nn
%输入参考屈服面硬化参数H2,与初始体变对应的参考球应力P2
%输入单元的当前应力状态FF(3*3)
```

```
%输入单元的应变增量矩阵DE(1*3)
%输出单元参考屈服面硬化参数增量值dH-
Pr=NC*cotd(NF);I1=FF(1,1)+FF(2,2)+FF(3,3);
I2=FF(1,1)*FF(2,2)+FF(2,2)*FF(3,3)+FF(3,3)*FF(1,1)-FF(1,2)^2-FF(1,3)^2-FF(
2,3)^2;
I3=FF(1,1)*FF(2,2)*FF(3,3)+2*FF(1,2)*FF(2,3)*FF(1,3)-FF(1,1)*FF(2,3)^2-FF(
2,2)*FF(1,3)^2-FF(3,3)*FF(1,2)^2;
J1=0;J2=1/3*(I1*I1-3*I2);J3=1/27*(2*I1*I1*I1-9*I1*I2+27*I3);P=I1/3;Q=(3*ab
s(J2))^0.5;
cos3L=3*3^0.5/2*J3*J2^(-1.5);sin3L=(1-cos3L^2)^0.5;cot3L=cos3L/sin3L;AR=(3
-sind(NF))/(3+sind(NF));
M0=6*sind(NF)/(3-sind(NF));MM=M0*(2*AR^4/(1+AR^4-(1-AR^4)*cos3L))^(1/4);
K=P/NK;G=3*K*(1-2*NU)/(2*(1+NU));ED= [K+4/3*G K-2/3*G 0 ; K-2/3*G K+4/3*G 0 ;
0 0 G];
DM=M0*(2*AR^4/(1+AR^4-(1-AR^4)*cos3L))^(5/4)*3*(AR^4-1)/(8*AR^4)*sin3L;
C1=1/(3*P)*(1-Q^2*(2*P+Pr)/((MM^2*P*(P+Pr)+Q^2)*(P+Pr)));
C2=2*3^0.5*Q/(MM^2*P*(P+Pr)+Q^2)+cot3L/J2^0.5*(-2*Q^2)/(MM^3*P*(P+Pr)+MM*Q
^2)*DM;
C3=3^0.5/(2*sin3L)*1/(J2^1.5)*(-2*Q^2)/(MM^3*P*(P+Pr)+MM*Q^2)*DM;
A1=[1;1;0];A2=1/(2*J2^0.5)*[2/3*I1-(FF(2,2)+FF(3,3));2/3*I1-(FF(1,1)+FF(3,
3));2*FF(1,2)];
A3=[(2/9*I1^2-1/3*I2)+(FF(2,2)+FF(3,3))*(-1/3*I1)+(FF(2,2)*FF(3,3)-FF(2,3)
^2);

(2/9*I1^2-1/3*I2)+(FF(1,1)+FF(3,3))*(-1/3*I1)+(FF(1,1)*FF(3,3)-FF(1,3)^2);
    (2*FF(2,3)*FF(1,3)-2*FF(3,3)*FF(1,2))+(2*FF(1,2)/3*I1)];
DF=C1*A1+C2*A2+C3*A3;ETA=Q/(P+Pr);
ETB=(MM^2+ETA^2)*ETA*Pr/(MM^2*P2*exp(H2)-ETA^2*Pr)+ETA;
RR=1/(P+Pr)*(P2*MM^2/(MM^2+ETA*ETB)*exp(H2)+Pr);MMF=MM+(RR-1)*(MM-NM);
AA=MM^4*(MMF^4-ETA^4)/(MMF^4*(MM^4-ETA^4))*1/(aa*bb*exp(bb*log(P))-NK)*(DF
(1)+DF(2));
DL=DF'*ED*DE/(AA+DF'*ED*DF);DV=DL*(DF(1)+DF(2));PRH=1/(mm*nn*exp(nn*log(P)
)-NK)*DV;
function SE=Triangle2D3Node_StressE(NC,NF,P1,FF)
%该函数计算单元等效应力值
%输入黏聚力NC,内摩擦角NF
%输入与初始体变对应的当前球应力P1
%输入计算单元的应力状态FF(3*3)
%%输出计算单元等效应力值SE
Pr=NC*cotd(NF);
I1=FF(1,1)+FF(2,2)+FF(3,3);
```

```
I2=FF(1,1)*FF(2,2)+FF(2,2)*FF(3,3)+FF(3,3)*FF(1,1)-FF(1,2)^2-FF(1,3)^2-FF(
2,3)^2;
I3=FF(1,1)*FF(2,2)*FF(3,3)+2*FF(1,2)*FF(2,3)*FF(1,3)-FF(1,1)*FF(2,3)^2-FF(
2,2)*FF(1,3)^2-FF(3,3)*FF(1,2)^2;
J1=0;J2=1/3*(I1*I1-3*I2);J3=1/27*(2*I1*I1*I1-9*I1*I2+27*I3);P=I1/3;Q=(3*ab
s(J2))^0.5;
cos3L=3*3^0.5/2*J3*J2^(-1.5);AR=(3-sind(NF))/(3+sind(NF));M0=6*sind(NF)/(3
-sind(NF));
MM=M0*(2*AR^4/(1+AR^4-(1-AR^4)*cos3L))^(1/4);SE=log(P/P1)+log(1+Q^2/(MM^2*
P*(P+Pr)));
function Strain=Triangle2D3Node_Strain(xi,yi,xj,yj,xm,ym,u)
%该函数计算单元的应变
%输入三个节点i、j、m的坐标xi,yi,xj,yj,xm,ym
%输入单元的位移列阵u(6X1)
%输出单元的应变Stress(3X1)
A = (xi*(yj-ym) + xj*(ym-yi) + xm*(yi-yj))/2; betai = yj-ym; betaj = ym-yi;
betam = yi-yj;
gammai = xm-xj; gammaj = xi-xm; gammam = xj-xi;
B = [betai 0 betaj 0 betam 0 ;0 gammai 0 gammaj 0 gammam ;gammai betai gammaj
betaj gammam betam]/(2*A);
Strain = B*u;
```

变形可靠性计算主程序

```
%分布拟合检验程序
ET= ETN;VT= VTN;N=10000;
% ETN为选择计算点的变形均值;
% VTN为选择计算点的变形标准差;
R=random('Normal',ET,VT,N,1);
MAX=max(R);MIN=min(R);
L=(MAX-MIN)/10;
t0=MIN+L*0;t1=MIN+L*1;t2=MIN+L*2;t3=MIN+L*3;t4=MIN+L*4;t5=MIN+L*5;
t6=MIN+L*6;t7=MIN+L*7;t8=MIN+L*8;t9=MIN+L*9;t10=MIN+L*10;
tt=[t0,t1;t1,t2;t2,t3;t3,t4;t4,t5;t5,t6;t6,t7;t7,t8;t8,t9;t9,t10];
f=zeros(10,1);ff=zeros(10,1);lff=zeros(10,1);
for i=1:N
  if t0<=R(i) & R(i)<=t1
     f(1)=f(1)+1;ff(1)=f(1)/N;
  elseif t1<=R(i) & R(i)<=t2
     f(2)=f(2)+1;ff(2)=f(2)/N;
  elseif t2<=R(i) & R(i)<=t3
     f(3)=f(3)+1;ff(3)=f(3)/N;
  elseif t3<=R(i) & R(i)<=t4
     f(4)=f(4)+1;ff(4)=f(4)/N;
```

```
  elseif t4<=R(i) & R(i)<=t5
    f(5)=f(5)+1;ff(5)=f(5)/N;
  elseif t5<=R(i) & R(i)<=t6
    f(6)=f(6)+1;ff(6)=f(6)/N;
  elseif t6<=R(i) & R(i)<=t7
    f(7)=f(7)+1;ff(7)=f(7)/N;
  elseif t7<=R(i) & R(i)<=t8
    f(8)=f(8)+1;ff(8)=f(8)/N;
  elseif t8<=R(i) & R(i)<=t9
    f(9)=f(9)+1;ff(9)=f(9)/N;
  elseif t9<=R(i) & R(i)<=t10
    f(10)=f(10)+1;ff(10)=f(10)/N;
  end
end
lff(1)=ff(1);
for i=1:9
   lff(i+1)=lff(i)+ff(i+1)
end
%可靠度计算程序
ES= ESM; VS= VSM;
% ESM为选择计算点不同年份的变形均值，30行4列;
% VSM为选择计算点不同年份的变形标准差，30行4列;
% LSM为选择计算点允许变形值;
n =zeros(30,4); N =10000;
for i=1:30
    for j=1:4
    R=random('Normal',ES(i,j),VS(i,j),N,1);
      for k=1:N
          if abs(R(k))<= LSM
             n(i,j)=n(i,j)+1;
          end
      end
    end
end
n=n/N;
```